HORST PÄTZOLD

Hauptformen des Futterbaues in den wichtigsten Klimazonen der Erde

Entwicklung und Entwicklungstendenzen in vergleichender Betrachtung

WISSENSCHAFTLICHE ABHANDLUNGEN

Nr. 53

Hauptformen des Futterbaues in den wichtigsten Klimazonen der Erde

Entwicklung und Entwicklungstendenzen in vergleichender Betrachtung

von

HORST PÄTZOLD

Mit 26 Tabellen

DEUTSCHE AKADEMIE
DER LANDWIRTSCHAFTSWISSENSCHAFTEN ZU BERLIN

AKADEMIE-VERLAG · BERLIN
1961

Anschrift des Verfassers:

Dipl.-Landw. Dr. agr. habil. HORST PÄTZOLD

Rostock, Trojanstr. 5

1961

Herausgegeben von der Deutschen Akademie der Landwirtschaftswissenschaften zu Berlin

Vorgelegt von Herrn Prof. Dr. Schick, Groß-Lüsewitz, und Prof. Dr. Petersen, Paulinenaue

Erschienen im Akademie-Verlag GmbH, Berlin W 8, Leipziger Str. 3—4

Lizenznummer: 202 · 100/438/61

Gesamtherstellung: VEB Druckerei „Thomas Müntzer" Bad Langensalza

Bestellnummer: 2068/53

Preis: DM 16,—

Printed in Germany

ES 22 D

INHALTSVERZEICHNIS

EINLEITUNG

Der Futterbau ist eine noch junge Disziplin im Rahmen der Landwirtschaft. Planmäßiger Anbau von Futterpflanzen erfolgte erst seit dem Zeitpunkt, als natürliches Grünland zur Futterversorgung nicht mehr ausreichte oder die Ertragsfähigkeit des Ackers durch einseitigen Anbau von Feldkulturen in Frage gestellt war. Dieser Zeitpunkt wurde in Mittel- und Westeuropa vor etwa 200 Jahren erreicht, in anderen Ländern der Erde wesentlich später. In einigen Gebieten tritt die Notwendigkeit, Futterbau betreiben zu müssen, erst in der Gegenwart auf. Daher ist die Entwicklung auf dem Gebiete des Futterbaues noch nicht abgeschlossen. Sie hat zu bestimmten Formen der Futtererzeugung geführt, deren Abgrenzungen zueinander jedoch nicht feststehen.

Die internationale Zusammenarbeit auf dem Gebiet des Futterbaues begann spät. Sie wurde gehemmt durch die in der Vergangenheit vorherrschende Abriegelung der einzelnen Staaten voneinander. Damit wurde eine räumlich enge Betrachtungsweise auch der Probleme des Futterbaues begünstigt. So konnte es geschehen, daß durch schematische Übertragung in Europa üblicher Bewirtschaftungsmethoden auf fremde Gebiete und durch Unkenntnis biologischer Zusammenhänge der Landwirtschaft häufig schwere Schäden zugefügt wurden. Diese Schäden hätten vermieden werden können, wenn man die Rolle des Futterbaues in den verschiedenen Klimazonen richtig eingeschätzt hätte.

Der steigende Bedarf einer stark wachsenden Bevölkerung der Erde nach tierischen Produkten zwingt heute zum Aufbau oder zur Verbesserung einer Futterwirtschaft in den wichtigsten Klimazonen. Hinzu kommt vielfach auch die Notwendigkeit, Futterbau aus bodenbiologischen Gründen betreiben zu müssen. Daher ringt man heute in allen Gebieten der Erde um die günstigste Gestaltung des Futterbaues, der organisch in das Gesamtgefüge der Landwirtschaft eingegliedert werden muß.

Die Forschung hat hierbei wichtige Aufgaben zu erfüllen. Einmal müssen die natürlichen Umweltverhältnisse klimatisch klar gekennzeichneter Gebiete ermittelt werden, um festzustellen, in welcher Form und mit welcher Intensität überhaupt Futterbau betrieben werden kann, zum anderen gilt es, bereits gewonnene Erfahrungen typischer Klimazonen miteinander zu vergleichen, um daraus allgemein gültige Erkenntnisse zu erarbeiten. Die erste Aufgabe kann durch planmäßige Forschung an typischen Standorten auf der Basis eines Staates oder eines enger umrissenen Gebietes durchgeführt werden. Sie hat in den meisten Ländern schon zu brauchbaren Ergebnissen geführt. — Die zweite Aufgabe ist noch ungelöst. Sie ist erst nach Sichtung eines großen Materials im Weltmaßstab möglich.

Diese Arbeit soll ein Beitrag zu der zweiten Aufgabe sein. Es galt zunächst festzustellen, inwieweit für das Pflanzenwachstum und speziell den Futterbau gültige Regeln aus den Klimaverhältnissen abgeleitet werden konnten. War dies erwiesen, so mußte die Nutzanwendung für den Futterbau gezogen werden. Dabei war es nötig, zunächst eine isolierende Betrachtung der wichtigsten Formen des Futterbaues in allen Klimazonen vorzunehmen. Bei vergleichender Betrachtung war es dann möglich, die Probleme des Futterbaues einzelner Länder im großen Zusammenhang zu sehen und Rückschlüsse für die Entwicklungstendenzen des Futterbaues in den einzelnen Klimazonen zu ziehen.

Die klimatischen Voraussetzungen für die Gestaltung des Futterbaues in jeder Klimazone wurden vorrangig behandelt. Umfang und Anteil der einzelnen Formen des Futterbaues hängen jedoch auch von der geschichtlichen Entwicklung der Landwirtschaft, der gegenwärtigen Bevölkerungsdichte, den Handelsbeziehungen, dem Streben nach verstärkter Flächen- oder Arbeitsproduktivität und manchen anderen Faktoren ab, die nur soweit berücksichtigt wurden, wie sie in ihrer Auswirkung auf den Futterbau erkennbar sind.

Genaue Kenntnisse über bestimmte Zweige der Landwirtschaft im Ausland lassen sich am besten durch einen längeren Aufenthalt in den betreffenden Ländern gewinnen. Diese Möglichkeit war dem Verfasser mit Ausnahme der Teilnahme am 8. Internationalen Graslandkongreß in England im Sommer 1960 bisher nicht gegeben. Er nahm dort jedoch die Gelegenheit wahr, durch persönliche Gespräche mit Fachkollegen vieler Länder die Richtigkeit seiner im Manuskript bereits vorliegenden Anschauungen zu prüfen.

Es sollen in dieser Arbeit nicht technische Einzelheiten des Futterbaues angeführt werden. Wesentlich ist das Herausschälen großer Zusammenhänge, um daraus allgemein gültige Erkenntnisse zu gewinnen. Dazu dürfte auch ein Literaturstudium ausreichen.

Verwertet wurden Statistiken der FAO, Statistiken einzelner Länder und wissenschaftliche Veröffentlichungen. Dabei wurden die wichtigsten Klimazonen erfaßt, nicht aber die Literatur aller Länder dieser Zonen. So wurden für den Futterbau interessante Gebiete ausgelassen, z. B. Südamerika und Ostasien, weil nicht ausreichend Literatur über diese Länder zu bekommen war. Daher kann und soll mit dieser Arbeit kein Anspruch auf Vollständigkeit erhoben werden. Sie soll vielmehr dazu dienen, neue Anregungen zu geben und eine gewisse Klarheit über die Rolle des Futterbaues im Weltmaßstab zu schaffen.

I. DIE DAUERWEIDE

Im Weltmaßstab liefert die Dauerweide den Hauptanteil des Futters für Rinder und Schafe. Unter den Begriff „Dauerweide“ fallen die natürlich vorkommenden Climaxformationen oder Vegetationstypen des Graslandes, also Steppe und Savanne, die als Weide genutzt werden, sowie die unter dem Einfluß des Menschen entstandenen oder künstlich angelegten Dauerweiden in den gemäßigten Breiten. Nach einer Aufstellung von THORNTHWAITE (zit. von J. R. HARLAN, 1956) haben die Vegetationstypen folgenden Anteil am Festland der Erde:

Tropischer Regenwald (einschl. Monsunwald)	2,5%
Wälder gemäßigter Breiten	17,8%
Grasland (Steppe und Savanne)	40,4%
Wüste	16,8%
Taiga	14,3%
Tundra	6,6%
	98,4%
Sonstiges	1,6%

40% der Erdoberfläche werden also vom natürlichen Grasland eingenommen und hauptsächlich als Dauerweide genutzt. Zwar nimmt der Ackerbau langsam auf Kosten des Graslandes zu, doch überwiegt heute noch bei weitem das Areal der Dauerweide, das im Weltmaßstab etwa $^2/_3$ der LN umfaßt.

Die Dauerweide hat Bedeutung in Halbwüsten, Steppen, Savannen und in den Zonen der gemäßigten Breiten. Sie ist also unter recht unterschiedlichen Umweltbedingungen möglich. Dort, wo der Ackerbau aus Wassermangel oder anderen Gründen noch nicht vorherrscht, ist die Dauerweide die einzige Form der Bodennutzung, die praktisch ohne Zutun des Menschen Gewinn durch Veredlung bringt. Mit zunehmender Feuchtigkeit gewinnt die Konkurrenz zwischen Dauerweide und Ackerbau an Bedeutung. Diese Konkurrenz tritt bereits in den Steppen in Erscheinung, setzt sich fort in den Savannen und gemäßigten Breiten und verliert sich erst im Vegetationstyp des tropischen Regenwaldes.

Die große Variationsbreite der Dauerweide, die von der Halbwüste bis zu den gemäßigten Breiten reicht, bedingt eine starke Unterschiedlichkeit des Pflanzenbestandes. Niederschlagshöhe und Regenverteilung sowie Temperaturschwankungen im Ablauf des Jahres führen zu einer sehr unterschiedlichen Zusammensetzung und Dichte des Bestandes, der einem standorttypischen Vegetationsrhythmus unterliegt. Die Nutzung muß sich den Umweltbedingungen anpassen. Es gilt, den Aufwuchs unter den so verschiedenen Umweltbedingungen durch das Vieh möglichst nutzbringend zu verwerten, ohne eine ernste Schädigung des Bestandes selbst zu bewirken. Diese Suche nach dem günstigsten Verhältnis zwischen Nutzung und Erhaltung des Bestandes gilt für die Dauerweide in allen Klimazonen. Die bisher gewonnenen Erkenntnisse sind noch gering und, soweit gewonnen, zu wenig in der Praxis verbreitet. Daher erklärt sich teilweise die Ertragsunterlegenheit des Dauergrünlandes gegenüber dem Ackerbau im Weltmaßstab.

a) in Halbwüsten

Der Ausdruck „Halbwüste" ist willkürlich. Die Halbwüste ist klimatisch und auch der Vegetation nach das Übergangsglied zwischen Wüste und Steppe. Wüsten weisen keine Gräser mehr auf, sondern nur noch vereinzelte Sukkulenten, vor allem Zwergsträucher und gelegentlich auch Annuelle (H. WALTER, 1943). Eine Beweidung von Wüstenzonen findet nicht oder nur selten statt, weil der Pflanzenbestand äußerst dünn, der Futterwert der dort existierenden Pflanzen sehr gering ist und die Wasserversorgung der Tiere auf große Schwierigkeiten stößt. Ackerbau ist ohne Bewässerung unmöglich und wird auch dann durch die sehr hohe, unproduktive Verdunstung erschwert.

Die Steppe wird gegenüber der Wüste durch eine wesentlich dichtere Pflanzendecke, jedoch ohne Bäume und Sträucher, charakterisiert. Mehrjährige Gräser sind die Hauptbestandsbildner. Ackerbau ist in den meisten Fällen möglich, Dauerweidenutzung herrscht jedoch vor.

Das Bindeglied zwischen den Climaxformationen Wüste und Steppe ist die Halbwüste. Gegenüber der Wüste unterscheidet sie sich durch das Vorkommen einiger mehrjähriger Grasarten, gegenüber der Steppe durch das Auftreten von Trocken- oder Zwergsträuchern. Annuelle treten in allen drei Klimazonen auf. Übergänge von der Halbwüste zur Wüste bzw. zur Steppe sind überall an den Randzonen vorhanden.

Die Niederschläge fallen in der Halbwüste recht unregelmäßig und liegen im Jahresdurchschnitt etwa zwischen 200 und 300 mm. Sie können mit großer Heftigkeit niedergehen. Für das Pflanzenwachstum in Halbwüsten ist das Mikrorelief sehr wichtig. Abflußlose Mulden lassen ein stärkeres Pflanzenwachstum zu, neigen aber auch zur Versalzung. Auf den Erhebungen können nur sehr trockenresistente, mehrjährige Arten ausdauern, die mit dem Niederschlagswasser auskommen, während in den Senken nach Regenfällen auch Annuelle auftreten. Daher ist der Futteranfall in Halbwüsten sehr schwankend. Nach stärkeren Regenfällen nimmt er durch das Auftreten von Ephemeren schnell zu, bis diese das generative Stadium erreicht haben und absterben. In der Folgezeit kann der Futterbedarf nur von Zwergsträuchern und den mehrjährigen, zu diesem Zeitpunkt meistens überständigen Gräsern, gedeckt werden. Der Futterwert ist entsprechend schlecht. Diese Zeit der schlechten Futterqualität und des geringen Aufwuchses erstreckt sich aber auf etwa $^2/_3$ des Jahresablaufes, so daß eine produktive Beweidung nur etwa 4 Monate lang durchführbar ist. In der Folgezeit kann nur noch mühsam der Erhaltungsfutterbedarf gedeckt werden.

Halbwüsten finden sich auf der Erde als Randgürtel von Wüsten oder als vorläufige Endphasen überbeweideter Steppen. Sie sind z. B. an der Grenze Europas und Asiens nördlich und ostwärts des Kaspischen Meeres, in Afrika am Nordrand der Sahara, in Kleinasien am nordwestlichen Rand der syrischen und am nordöstlichen Rand der arabischen Wüste, in Nord- und Mittelamerika in Arizona, Texas und New-Mexico und in Australien um das zentrale Wüstengebiet vorhanden. Da Ackerbau ohne Bewässerung in Halbwüsten nicht möglich ist, erfolgt eine Nutzung heute vorwiegend durch nomadische Beweidung mit Schafen, Ziegen oder auch Kamelen.

Für den Futteraufwuchs wichtig ist neben der Niederschlagshöhe und -verteilung der Temperaturfaktor im Jahresablauf. Die eurasiatische Halbwüstenzone am Kaspischen Meer auf der nördlichen Erdhälfte weist vom Dezember bis zum Februar durchschnittliche Monatstemperaturen unter dem Gefrierpunkt auf. Die während des Winters fallenden Niederschläge bilden daher eine Schneedecke. Den Pflanzen steht zum Wachstumsbeginn im Frühjahr somit Feuchtigkeit zur Verfügung. Außerdem sind die Niederschläge gleichmäßiger über das ganze Jahr verteilt als in den Halbwüsten der südlichen Hemisphäre. Diese klimatischen Faktoren begünstigen das Pflanzenwachstum in den Halbwüsten der nördlichen Halbkugel, so daß dort auch eine produktivere Nutzung möglich ist.

Eine von den Nutztieren unberührte Halbwüste hat schon hohe Anteile nackten Bodens. Der Deckungsgrad schwankt etwa zwischen 5 und 20%, kann in den Senken jedoch bis zu 50%, je nach der Jahreszeit, erreichen. Der Verbiß der Tiere, zumeist der Schafe, übt einen nachhaltigen Einfluß auf die Pflanzendecke und die Artenzusammensetzung aus. Eine zu scharfe Beweidung kann den Pflanzenbestand beträchtlich dezimieren.

Am Kaspischen Meer liegt die Hauptzeit der Beweidung z. B. im Frühling, da in dieser Zeit Feuchtigkeit vorhanden ist und das qualitativ beste Futter heranwächst. In der von Juni bis Oktober anhaltenden Trockenzeit ist nur überständiges Futter vorhanden; die wenigen Niederschläge verdunsten fast völlig und führen zu einem sehr schwachen Nachwachsen der Bestände. — Beweidet werden mehrjährige Gräser, insbesondere *Stipa*-Species und *Koeleria cristata* GRISEB., ferner die annuelle Grasart *Festuca sulcata* HACK. Je nach der Schärfe der Nutzung dieser „Dauerweiden" ändert sich der Bestand. Bei mäßiger Beweidung werden zuerst die mehrjährigen Gräser dezimiert, es verbleiben vor allem *Artemisia maritima* L. var. *incana* und *Pyrethrum achilleifolium* BIEB. Wird die Beweidung mehrere Jahre hindurch verstärkt durchgeführt, so sind nur noch *Atriplex laciniata* L. und annuelle Unkräuter anzutreffen (H. WALTER, 1943). Der Deckungsgrad nimmt ab, die fortgesetzte Beweidung kann zur völligen Entblößung der Oberfläche führen, der Schritt zur Wüste ist vollzogen.

Die Halbwüsten der südlichen Halbkugel zeigen gegenüber denen der nördlichen Hemisphäre eine höhere Jahresdurchschnittstemperatur und geringere

Temperaturschwankungen. Frostgrade treten selten auf, so daß bei ausreichender Wasserzufuhr, wie sie bei künstlicher Bewässerung gegeben ist, theoretisch ein ganzjähriges Wachstum möglich wäre. Auf die Rolle der Bewässerung wird später einzugehen sein.

Der natürliche Vegetationsverlauf in den Halbwüsten des Südens ist in noch höherem Maße von der Niederschlagshöhe und -verteilung abhängig. Die unproduktive Verdunstung tritt infolge der länger andauernden heißen Jahreszeit stärker in Erscheinung. Da eine Schneedecke fehlt, sind die Pflanzen stets nur auf die geringen Niederschläge angewiesen. Die Niederschlagsverteilung ist einseitiger. Auf eine kurze Regenzeit folgt meistens eine länger anhaltende, absolut trockene Periode, die nur von ausgesprochen trockenresistenten, mehrjährigen Pflanzen überstanden wird. Die Pflanzendichte ist infolge dieser ungünstigeren Klimafaktoren meistens geringer als in den Halbwüsten der nördlichen Halbkugel. Den härteren Umweltbedingungen zufolge nehmen Trockensträucher den Hauptanteil ein. Mehrjährige Gräser waren früher stärker im Bestand vertreten, weichen aber immer mehr der zu scharfen Beweidung. Annuelle beschränken sich auf die von der Feuchtigkeit begünstigten Senken.

Für die Beweidung durch Vieh spielt ferner die Wasserversorgung in den großräumigen Halbwüstenzonen eine große Rolle. Im Innern des australischen Kontinentes führt z. B. der Mangel an Wasserstellen, trotz Vorhandenseins artesischen Wassers, zu einer ständigen Überbeweidung in der Nähe dieser Tränkstellen. Die Unregelmäßigkeit der Niederschläge läßt nur Besatzstärken von etwa 0,01 RGV/ha zu. Geweidet werden gewöhnlich Schafe. Durch die hohe Verdunstung wird die Versalzung gefördert und begünstigt die Ausprägung einer Salzflora. Ihr typischer Vertreter, der Salzbusch, *Atriplex nummularia* LINDL., ist für die Beweidung nicht wertlos, da die Schafe seine Blätter in Trockenperioden verzehren (R. SCHICKELE, 1931). Die Futtersträucher oder -bäume sind auch in den Halbwüsten Australiens willkommener Ersatz für den Rückgang von Gräsern. Nach S. L. EVERIST (1958) sind es in Australien vor allem *Acacia aneura* F. MUELL., *Geijera parviflora* LINDL. und *Brachychiton populneum* R. BR., die einen gewissen Futterwert aufweisen.

Das Überhandnehmen der Verbuschung in Halbwüstenzonen ist in Südafrika am Kap in der Karroo zu einem ersten Problem geworden und hat zur Ausbildung einer Trockenstrauchsteppe geführt. Bei Niederschlägen von 200—300 mm herrschte vor dem Eindringen der Europäer eine Steppenvegetation mit mehrjährigen Gräsern und vereinzelten Büschen vor. H. WALTER (1954) konnte nachweisen, daß die bis heute zunehmende Verbuschung eine Folge zu scharfer Beweidung ist. Der häufige Verbiß gerade der wertvollsten Gräser führt zu einer vorzeitigen Erschöpfung der Wurzeln und somit zum Absterben der Pflanze. Dort, wo die Niederschläge bisher fast restlos von den Graswurzeln aufgefangen worden waren, konnten nach dem Absterben der Gräser auch tiefere Schichten mit Feuchtigkeit versorgt werden. Davon profitieren die Wurzeln der Büsche, die sich auf Kosten der Gräser in den Vordergrund schieben. Dieser Prozeß hält an.

Ein gewisser Teil von Büschen und Sträuchern ist für das Vieh in Halbwüsten vorteilhaft, da es in Trockenzeiten wenigstens etwas Nahrung findet. Die Verdrängung der Gräser hat jedoch Formen angenommen, die teilweise zu einer vollständigen Verbuschung ehemaliger Grasformationen führte und eine Beweidung in diesen Halbwüstenzonen ausschließt. — Diese Erscheinungen sind vielfach auch im Mittelmeerraum zu beobachten.

Die Einbeziehung der Halbwüsten in eine Beweidung durch Nutztiere war für die Erhaltung der Flora selbst negativ. Man muß daher die Frage stellen, ob der Nutzen bei der Beweidung der Halbwüsten bei einer Besatzstärke von bestenfalls 0,1 RGV/ha den Schaden rechtfertigt, der bisher in weiten Gebieten damit verbunden war. Vom Gesichtspunkt einer verantwortlichen Bodennutzung her muß diese Frage verneint werden. Dabei gibt es jedoch Unterschiede über die Notwendigkeit einer Beweidung in derart extrem ariden Zonen. In Australien und Südafrika dient die Nutzung vornehmlich einer Marktproduktion, geht also über den Eigenbedarf weit hinaus. Diese Art der Nutzung mit der für Pflanze und Boden negativen Wirkung dient zur billigen Erzeugung zusätzlicher Lebensmittel für eine, meistens in Übersee lebende, Industriebevölkerung. Anders liegen die Verhältnisse in Nordafrika. Dort führte die Besiedelung des fruchtbaren Küstenstreifens durch die Europäer zu einer Verdrängung der ackerbau- und viehzuchttreibenden Bewohner in Gebiete, die sie normalerweise nie genutzt hätten. Die Nutzung der Halbwüste durch zu starke Beweidung resultiert hier aus dem Zwang, das Leben zu fristen. Dies kann nur durch Ausnutzung der spärlichen Vegetation in Form der Beweidung erfolgen. Das Endergebnis, Gefährdung und Zerstörung der Pflanzendecke und weiteres Vordringen der Wüste, ist leider das gleiche wie in Australien und Südafrika. Die bisher zu beobachtende Entwicklung der Beweidung von Halbwüsten gibt daher zur Besorgnis Anlaß.

Dennoch ist eine nachhaltige Weidenutzung auch der Halbwüsten ohne Schädigung des Bestandes möglich, wie Forschungsergebnisse der letzten beiden Jahrzehnte zeigen. Es müssen jedoch bestimmte Maßnahmen durchgeführt bzw. aufeinander abgestimmt werden, wenn die erwünschte Weidenutzung auf die Dauer Erfolg haben und die Entwicklungstendenz positiv verlaufen soll. Neben

dem Abstimmen der Viehzahl mit der Weidefläche,
der Teilung der oft zu großen Herden,
der Einhaltung von Triftwegen,
der Vermehrung von Wasserstellen
und der besseren Ausnutzung der Niederschläge durch mechanische Maßnahmen, z. B. Ziehen von Furchen in welligem Gelände

gehört vor allem die Schaffung von Reservefutter zu den vordringlichen Aufgaben einer geordneten Weidewirtschaft in den Halbwüsten. Gerade der unterschiedliche Futteranfall fordert Futterreserven für Trockenzeiten, um ein Verhungern oder verlustreiches zu frühes Abstoßen der Tiere zu vermeiden.

Die Erzeugung von Reservefutter kann in Halbwüsten nur erreicht werden durch die Erhaltung und Mehrung des Pflanzenbestandes. Dazu dienen

die Schonung von Teilflächen zur Gewinnung von „Heu auf dem Halm" und zur Selbstaussamung,
die Nachsaat geeigneter Gräser
und die Niederhaltung wertloser Trockensträucher.

Eine Schonung bedeutet eine Unterteilung der Gesamtfläche und Ausschluß von Teilflächen von jeglicher Beweidung. Daß eine zeitweilige Schonung zur Regenerierung des Pflanzenbestandes wirksam sein kann, zeigen u.a. die Versuche von J. BLYDENSTEIN u. Mitarb. (1957) in Halbwüstenzonen Arizonas. Insbesondere profitierten davon die mehrjährigen Gräser, die zur Aussamung gelangen können. Voraussetzung für ein Gelingen dieser Maßnahme ist jedoch, daß Restbestände der erwünschten Pflanzenarten vorhanden sind, um eine Verbreitung der Art zu gewährleisten. Die Schonzeit kann entweder eine bestimmte Jahreszeit, sie kann aber auch ein oder mehrere Jahre umfassen. Die örtlichen Umweltfaktoren sind dabei zu berücksichtigen, ferner die Vermehrungsweise der erwünschten Arten, ob sie sich vorwiegend generativ oder vegetativ fortpflanzen und schließlich der artbedingte Zeitpunkt der Fortpflanzung. L. Ss. GAJEWSKAJA u. Mitarb. (1956) führen z. B. an, daß *Artemisia*-Weiden in Halbwüsten Mittelasiens 5 bis 6 Jahre hindurch nur im Frühjahr beweidet werden dürfen, bis dann für einige Jahre der Zeitpunkt der Nutzung gewechselt wird. Hier handelt es sich also um eine jahreszeitlich variierte Schonzeit. BLYDENSTEIN schlägt für Arizona dagegen einen mehrjährigen, vollständigen Beweidungsausschluß von Teilflächen vor.
Durch eine partielle Schonung wird vor allem die Selbstaussamung von Gräsern möglich. Die verbleibenden Fruchtstände und spärlichen Reste des Sprosses bilden dann eine Futterreserve, die als „Heu auf dem Halm" bezeichnet werden kann. Dieses überständige Gras ist zwar gering an Futterwert, kann daher nur mit Mühe den Erhaltungsbedarf der Tiere decken, verhütet aber ein Verhungern. Außerdem führt das nicht unterbrochene Wachstum bis zum generativen Stadium zur Auffüllung der Wurzeln mit Reservestoffen bei den mehrjährigen Gräsern. Die Einzelpflanze erfährt also eine allgemeine Kräftigung und kann sich daneben fortpflanzen. Daher wirkt sich eine zeitweilige Schonung stets vorteilhaft auf die Verbesserung des Bestandes in Halbwüsten aus.
Die Nachsaat geeigneter Gräser zur Verbesserung des Bestandes in Halbwüsten wird bis heute in sehr geringem Umfange betrieben. Vorhergehen muß eine mehrjährige Prüfung der infrage kommenden, sehr trockenresistenten Arten.
Mit derartigen Prüfungen geeigneter Gräser zur Nachsaat wurde in vielen Teilen der Erde begonnen. In der Hauptsache handelt es sich jedoch um Gräser, die für eine Steppenvegetation mit Niederschlägen über 300 mm infrage kommen. Als eine der wenigen mehrjährigen Pflanzen mit ausreichendem Futterwert, die wirklich mit weniger Niederschlägen, und zwar mit 150 mm auskommt, kann z. B. die aus Pakistan nach Ägypten importierte *Kochia indica* WIGHT angesprochen werden. Nach O. DAZ (1957) kommt ferner *Ehrharta calycina* SM. infrage. Diese

„Futterpflanzen“ wurden erstmalig zur Nachsaat in Halbwüstenzonen Ägyptens verwendet. Die größte Schwierigkeit bereitet die Beschaffung des nötigen Saatgutes. Immerhin scheint aber doch eine Möglichkeit gegeben zu sein, davastierte Halbwüstenzonen wieder mit einer spärlichen Pflanzendecke zu versehen.
Die Niederhaltung von Trockensträuchern zur Verbesserung des Bestandes spielt dort eine Rolle, wo der Anteil dieser Sträucher den Graswuchs hindert oder ausschließt. Dieses Niederhalten kann durch periodisches Abbrennen oder durch mechanische Maßnahmen mit Hilfe von Bulldozern erreicht werden. In den meisten Fällen wird das Abbrennen bevorzugt, da es die billigste Maßnahme ist. Die damit verbundene Schädigung der Gräser fällt in Halbwüsten kaum ins Gewicht, da die Gräser sehr schwach im Bestand vertreten sind.
Durch eine Kombination der angeführten Maßnahmen: Schonung, Nachsaat und Niederhalten der wertlosen Trockensträucher läßt sich auch in Halbwüsten ein für die Weidenutzung brauchbarer Pflanzenbestand auf lange Sicht erhalten. Allein durch organisatorische Maßnahmen, wie eine Vermehrung von Wasserstellen und eine Unterteilung der großen Weidegebiete, also Maßnahmen, die zur Bewirtschaftung gehören, könnte die Leistung der Halbwüsten beträchtlich erhöht werden. Da diese Maßnahmen jedoch zusätzliche Kosten verursachen und in ihrer positiven Wirkung erst langsam zum Erfolg führen, steht zu fürchten, daß sie selten zur Anwendung gelangen werden. Nur dort, wo eine starke Bevölkerungsdichte eine Erweiterung der LN nötig macht, wie z. B. in Ägypten, wurde mit der planmäßigen Bestandsverbesserung in Halbwüsten begonnen. In weiten, menschenarmen Gebieten wird die planlose, zu scharfe und schädigende Beweidung der Halbwüste wahrscheinlich andauern, die ein weiteres Vordringen der Wüste nach sich zieht.
Im Weltmaßstab ist die Halbwüste an der Futterversorgung der Nutztiere nur schwach beteiligt. In einzelnen Gebieten, wie in Australien und Südafrika, spielt sie als Futterlieferant jedoch eine Rolle. Schätzungsweise werden gegenwärtig etwa 20% des Welt-Schafbestandes von Halbwüsten ernährt.

b) in Steppen

Die natürliche Climax der Steppe ist auf der Erde weit verbreitet. Auf der nördlichen Halbkugel findet man Steppen im Westen Nordamerikas, in Nordafrika als schmalen Streifen beiderseits der Sahara, in Kleinasien südwestlich von Euphrat und Tigris sowie im Innern der Türkei und schließlich in ihrer größten Ausdehnung als eurasiatische Steppenzone vom Schwarzen Meer bis nach China. Die Steppen der südlichen Hemisphäre sind insgesamt gesehen weniger umfangreich, umfassen aber wesentliche Teile Südamerikas, Südafrikas und Australiens.
Hauptbestandsbildner der Steppen sind mehrjährige Gräser, die in etwas feuchteren Zonen eine Hochgrassteppe, in niederschlagsärmeren Gebieten eine Niedergrassteppe bilden. Ferner sind mehrjährige Kräuter und auch Annuelle im Bestand vertreten. Bäume und Sträucher fehlen, da die Niederschläge vollständig von der dichten Wurzelmasse der Gramineen abgefangen werden und somit kein Abfluß in

den Untergrund möglich ist. Der Deckungsgrad ist wesentlich höher als in den Halbwüsten und schwankt etwa zwischen 20 und 50%, erreicht in Ausnahmefällen bis zu 90%. — Die besten Böden haben sich unter der Hochgrassteppe gebildet, im Weltmaßstab überwiegt jedoch flächenmäßig die Niedergrassteppe. Der Ackerbau dehnt sich vor allem auf den fruchtbaren Böden der Hochgrassteppe aus. Niederschlagshöhe, -verteilung und Temperaturverlauf bestimmen den Aufwuchs auch in den Steppen. Die jährliche Niederschlagshöhe schwankt etwa zwischen 300 und 600 mm.
Bei einem Vergleich aller Steppenzonen der Erde sind 3 Typen erkennbar, die getrennt voneinander betrachtet werden müssen, um falsche Verallgemeinerungen zu vermeiden. Hierbei handelt es sich

auf der nördlichen Erdhälfte um
Steppen mit vorwiegend Frühjahrs- und Sommerniederschlägen und winterlicher Schneedecke,
auf der südlichen Halbkugel um
Steppen mit ausgesprochenen Sommerniederschlägen ohne winterlichen Schneefall und schließlich
auf beiden Erdhälften um
Steppen mit Winterniederschlägen oder ausgeglichener Niederschlagsverteilung.

1. Steppen der nördlichen Halbkugel mit vorwiegend Frühjahrs- und Sommerniederschlägen und winterlicher Schneedecke

Die Niederschlagsverteilung in den Steppen des Nordens weist zwar auch monatliche Höchstwerte im Frühjahr oder Sommer auf, ist aber dennoch ausgeglichener als in den Sommerregensteppen der südlichen Hemisphäre. Die Vegetationszeit beginnt im März/April und endet im Oktober, in den etwas südlicher gelegenen Teilgebieten dauert sie von Februar bis November. Sie dauert aber nie ganzjährig an, wie in den Steppen der südlichen Hemisphäre. Die Niederschläge fallen im Winter als Schnee, so daß eine stärkere Durchfeuchtung des Bodens beim Wachstumsbeginn eintritt und somit ausreichend Feuchtigkeit im Frühjahr für die Pflanzen zur Verfügung steht. Dies bedeutet einen großen Vorteil gegenüber den Steppen der südlichen Breiten ohne Schneedecke.
Die eurasiatische Steppe reicht nördlich des Schwarzen Meeres bis etwa zum Dnjepr. Die Jahresniederschläge liegen zwischen 300 und 470 mm, der Juni ist der regenreichste Monat. Eine Schneedecke ist 80—140 Tage lang vorhanden (H. WALTER, 1943). Die erste Hälfte der Vegetationszeit ist wesentlich feuchter als die zweite, in der häufig Trockenwinde aufkommen. Die relative Luftfeuchtigkeit wird dadurch sehr beeinträchtigt. In der Ukraine bewirkt der schnelle Temperaturanstieg in den Monaten April und Mai ein rasches Wachstum der Steppenvegetation im Frühling und Vorsommer. Zunehmende Wärme und Nachlassen der Niederschläge bedingen einen frühen Eintritt der generativen Phase, so daß der Futteranfall im Juli und August fast völlig versiegt. Im September erfolgt

nochmals ein schwächerer Aufwuchs. M. A. ALEXEJEW (1952) kennzeichnet die Höhe des Futteranfalles im Verlaufe der Vegetationszeit einer Steppenvegetation wie folgt (monatlicher Anfall in % des Gesamtfutteranfalles):

Mai	40%
Juni	35%
Juli	10%
August	—
September	10%
Oktober	5%

Die Weidezeit beträgt etwa 6 Monate. Da der Viehbesatz sich theoretisch während der Weidezeit nach dem ertragsschwächsten Monat richten müßte, ist ein Abstimmen von Besatz und Weidefläche ohne Zufütterung unmöglich. Die Beschaffung von Reservefutter bildet daher bei einer Beweidung der Steppe das wichtigste Problem. Die ursprünglichen Bestände der Hochgrassteppe der südlichen Sowjetunion weichen bei kontinuierlicher Beweidung annuellen Gramineen und Kräutern, z. B. *Poa bulbosa* L., *Eragrostis minor* HOST. und *Kochia sedoides* SCHRAD., die einen geringen Futterwert besitzen (H. WALTER, 1943). Bei Zugrundelegung der Ertragszahlen von W. LARIN (1958) läßt sich ein durchschnittlicher Weideertrag aller Steppen der SU, in Heu ausgedrückt, von 6,5 dt/ha errechnen. Die sich nach Norden zur Waldzone anschließenden, etwas feuchteren Waldsteppen liefern etwa 10 dt/ha. Bei derartig geringen Erträgen verliert die Steppe als Dauerweide an Bedeutung, da der Ackerbau in diesen Zonen mehr leistet. Für die Mobilisierung des im Boden ruhenden Ertragspotentials ist es durchaus kein Schade, wenn heute die meisten natürlichen Steppen der SU in Ackernutzung genommen werden, vorausgesetzt, daß diese Nutzung bodenschonend erfolgt.
Die Entwicklung der eurasiatischen Steppengebiete in den letzten 100 Jahren zeigt in der zweiten Hälfte des 19. Jh. ein schnelles Vordringen des Ackerbaues in der Ukraine. Vor diesem Zeitpunkt war nur eine schwache Viehhaltung in den Steppen üblich, da diese Gebiete sehr menschenarm waren. Eine Überbeweidung der Steppen gab es nicht. Der Ackerbau ging der Viehhaltung voraus, die stets eine untergeordnete Rolle spielte. — In den letzten 10 Jahren erfolgte in Sibirien eine erneute große Umbruchsaktion, in deren Verlauf 37,5 Mill. ha ehemaliger Steppen in Ackernutzung überführt wurden (F. T. WAHLEN, 1958). Ursache war der Wunsch nach Vermehrung von Marktfrüchten. Die Schwierigkeit bei der nunmehr begonnenen Ackernutzung besteht darin, die Ertragsfähigkeit der Steppenböden über lange Zeiträume hinweg zu gewährleisten. Darauf wird bei der Abhandlung des Feldfutterbaues einzugehen sein. — Für unsere Betrachtung genügt festzustellen, daß die Beweidung der Natursteppe in eurasiatischen Steppenzonen wenig produktiv und für den Pflanzenwuchs meistens schädigend ist. Eine Erhaltung dieser Steppen, auch aus futterwirtschaftlichen Gründen, ist nicht zu empfehlen, da Feldfutter höhere Erträge bringt. Die Entwicklungstendenzen sprechen eindeutig für den Ackerbau, zumal Getreide und Mais in den Steppenzonen anbauwürdig sind.

Die Steppengebiete des nordamerikanischen Kontinentes reichen von New Mexico bis nach Canada und umfassen wesentliche Gebiete der USA im Mittelwesten und Westen. Die Vegetationszeit dauert im Süden bis zu 10, im Norden etwa 7 Monate und ist im allgemeinen länger als in den eurasiatischen Steppen. Die Niederschläge fallen im Süden der USA hauptsächlich im Frühjahr, in den nördlichen Steppengebieten im Vorsommer. Die Gesamthöhe schwankt zwischen 300 und 600, zuweilen bis zu 700 mm und ist im Durchschnitt höher als in den Steppen Eurasiens. Flächenmäßig überwiegen Niedergrassteppen, Hochgrassteppen kommen in den niederschlagsreicheren Gebieten vor. Durch eine längere Vegetationszeit, mildere Winter und höhere Niederschläge sind die Steppen Nordamerikas von Natur aus stärker begünstigt als die Steppen der Sowjetunion. H. LUNDEGARD (1957) spricht außerdem von einer größeren Durchwurzelungstiefe der Steppengräser in Nordamerika, die durch eine bessere Wasserführung der Böden bedingt ist.
Die Nutzung der nordamerikanischen Steppen verlief in den letzten 100 Jahren etwas anders als die der eurasiatischen Steppen. In der zweiten Hälfte des 19. Jh. wurden große Steppengebiete unter den Pflug genommen und vornehmlich mit Weizen, später auch Mais, meistens in Monokultur, bebaut. Die Einbeziehung der Steppe in die Ackernutzung kam zum Beginn des 20. Jh. zum Abschluß, da genügend Ackerland zur Verfügung stand. Die verbliebenen Steppengebiete sind bis heute größer als die Ackerfläche.
Während die Steppen Eurasiens vor ihrer Ackernutzung kaum von Rind oder Schaf genutzt worden waren, dienten die Steppen Nordamerikas seit ihrer Erschließung als Futterbasis für die Rindfleischproduktion. Hier ging die Dauerweide dem Ackerbau voraus. Eine Beweidung der Steppen in Nordamerika war und ist lohnender, weil höhere Erträge erzielt werden.
Da der Ackerbau bis zur Jahrhundertwende an Fläche zunahm, Feldfutterbau im Rahmen von Fruchtfolgen so gut wie nicht betrieben wurde, mußte eine wachsende Viehzahl von einer verringerten Weidefläche ernährt werden. Die mangelhafte Weidebewirtschaftung trug daneben zu einer Verschärfung der Situation bei. So konnte sowohl eine Bestandsverschlechterung der verbliebenen Weideflächen durch Überbeweidung als auch eine Devastierung des in Ackerkultur genommenen Steppenbodens beobachtet werden. — Seit etwa 1930 nimmt die Ackerfläche ab und die Steppe allmählich wieder an Umfang zu.
Eine zu scharfe Beweidung wirkt sich für Niedergras- und Hochgrassteppe in ähnlicher Weise negativ aus. Erschwert wird die Situation durch die bis heute vorherrschende Standweide. Mehrere aufeinanderfolgende Dürrejahre können die Schädigungen am Pflanzenbestand beschleunigen.
Von den Hauptbestandsbildnern der Niedergrassteppen, *Andropogon*-Species, *Bouteloua gracilis* STEUD. und *Buchloe dactyloides* ENGELM., litten vor allem *Buchloe dactyloides* und die *Andropogon*-Arten unter der von 1951 bis 1955 andauernden Trockenheit, wobei der Deckungsgrad in Teilgebieten von 85 auf 20,9% zurückging. Bei zusätzlicher starker Beweidung, etwa bei 0,5 GV/ha, wird der Bestand noch stärker geschädigt. Wie stark der Ertrag vom Deckungsgrad und

den Niederschlägen abhängt, zeigen Beobachtungen von F. W. ALBERTSON und Mitarb. (1957). Bei einem Deckungsgrad von 30% und langanhaltender Trockenheit belief sich der in Heu gemessene Ertrag einer Niedergrassteppe in den Great Plains beispielsweise auf 5,6 dt/ha. Nach Einsetzen ergiebiger Regenfälle erhöhte sich der Deckungsgrad beträchtlich und es wurden 28 dt/ha geerntet. Höchsterträge im futterwüchsigen Jahr 1951 lagen bei 33,6 dt/ha.

Teilgebiete der Great Plains werden heute von fast reinen Beständen der Kammquecke, *Agropyrum cristatum* L. GAERTN., eingenommen. Die Kammquecke war vor 75 Jahren in Amerika unbekannt, sie wurde aus Sibirien importiert. Sie gilt als besonders dürreresistent und trägt stark zur Bestandsverbesserung in den Niedergrassteppen bei.

Wesentlich futterwüchsiger als die Niedergrassteppen sind die weniger umfangreichen Hochgrassteppen der USA, die Prärien, mit den Hauptbestandsbildnern *Sorghastrum nutans* NASH., *Panicum virgatum* L. und *Andropogon*-Species, auf denen bei Niederschlagsmengen von 500—700 mm 0,3—0,4 GV/ha ganzjährig ernährt werden können. Der stärkere Futterwuchs erlaubt eine ausgedehntere Weidezeit, die bei Jungvieh, bei entsprechender Zufütterung im Winter, ganzjährig durchgeführt wird (E. J. WOOLFOLK und Mitarb., 1948). Der bessere Futterwuchs verleitet andererseits zu erhöhtem Viehbesatz.

Durch zu scharfe Nutzung ist der Deckungsgrad häufig unter 30% gesunken. Die Erträge der Hochgrassteppe, in Heu gemessen, liegen bei mäßiger Beweidung zwischen 21 und 35 dt/ha, sinken bei starker Beweidung aber auf ⅓ dieser Mengen ab. Starke Beweidung reduzierte die Obergräser beispielsweise von 40 auf 5% am Bestande und begünstigte weniger wertvolle, ausläufertreibende Arten, z. B. *Bouteloua gracilis* und *Agropyrum smithii* RYDBERG. Wichtig für das Ausdauern der Obergräser, auch bei stärkerem Verbiß, ist die Durchwurzelungstiefe, die auf Lößunterlage in Arkansas bei einzelnen Grasarten 3,50 m erreicht (G. W. TOMANEK und Mitarb., 1957).

Die Daseinsberechtigung der Steppen als Dauerweide in Nordamerika ist bei den angeführten Erträgen durchaus gegeben. Sie kann um so leichter vertreten werden, als keine Notwendigkeit zur Ausdehnung der Ackerfläche besteht. — Die Leistungsgrenze der Steppenweiden ist aber noch nicht erreicht. Große Ertragsreserven liegen in:

der Verbesserung von Bewirtschaftungsmaßnahmen,
der Schaffung von Reservefutter für futterarme Zeiten
und in der Bestandsverbesserung durch Schonung oder Nachsaat.

Allein durch einen Übergang von der üblichen Standweide zur Umtriebsweide, also durch organisatorische Maßnahmen, könnte eine vorteilhaftere Verwertung des Futters in der Vegetationszeit erfolgen, wodurch die Erträge der Steppe um etwa 50% ansteigen würden. — Mineralische Düngung wird in den Steppen selten angewendet. Wachstumsbegrenzender Faktor ist häufig Stickstoff, der bei der Dauerweidenutzung nicht genügend erschlossen werden kann. Mehrjährige Untersuchungen von F. A. SNEVA und Mitarb. (1958) ergaben z. B., daß durch Zufuhr von 33,6 kg N/ha die Erträge einer Niedergrassteppe mit dem Hauptbestandsbildner *Agropyrum cristatum* verdoppelt werden konnten. Da die Ausbringung mit dem Flugzeug erfolgen kann, wäre der Arbeitsaufwand äußerst gering.

Auch in den Niedergrassteppen der Great Plains, dem Hauptsteppengebiet der USA, wird vornehmlich Jungvieh zur Fleischgewinnung gehalten. Dieses Jungvieh wird meistens ganzjährig geweidet und findet im Winter bei Schneefall Zuflucht in Schutzhütten, wo auch eine Zufütterung erfolgt. — Die Hauptniederschläge fallen im Vorsommer. Da die Temperaturen nicht die in den eurasiatischen Steppenzonen übliche Höhe erreichen, werden diese Niederschläge hier besser verwertet und gestatten ein ausgeglicheneres Wachstum. Zuweilen treten jedoch Dürreperioden auf, so daß auch im Sommer Zufutter nötig wird, wenn das Vieh nicht vorzeitig abgestoßen werden soll. Die Hauptbedarfszeit für Zufütterung liegt jedoch in den Wintermonaten. Dabei wird von der Steppe gewonnenes Heu benutzt. Wenn keine Möglichkeit zur Heuwerbung besteht, muß durch Schonung von Teilflächen minderwertiges „Heu auf dem Halm" auch im Winter als Reservefutter dienen. Diese Reservefuttergewinnung wird oft noch vernachlässigt, vor allem in futterarmen Jahren, in denen der Aufwuchs bereits während der Vegetationszeit restlos abgeweidet wird. Die Ausrichtung von Viehbesatz auf die Weidefläche ist aber Voraussetzung für eine gleichmäßige, hohe Weideleistung. Will man den Besatz nach den futterreichsten Monaten ausrichten, wie es häufig der Fall ist, so müssen Futtervorräte vorhanden sein, sei es in Form selbstgewonnenen Heues oder durch Zukauf von Futtermitteln.

Eine Bestandsverbesserung ist auf überbeweideten Steppen und ehemaligen devastierten Ackerflächen notwendig. Auf den überbeweideten Steppen ist die Nachsaat standortgeeigneter Gräser die wirksamste Maßnahme. Futterleguminosen gedeihen in Regionen mit Sommerregen nur bei stärkeren Niederschlägen, deshalb werden für die Nachsaat hier nur trockenresistente Gräser, häufig importierte Arten, benutzt. Dabei haben sich für die nördlichen Steppen der USA insbesondere die aus Sibirien importierte Grasart *Agropyrum cristatum* und die aus Turkestan stammende Species *Andropogon ischaemum* L. bewährt, daneben *Bromus inermis* LEYSS., *Bromus carinatus* HOOK., *Andropogon annulatus* FORSK. und *Andropogon caricosum* L. (E. O. GANGSTAD, 1956). Für die südlichen Steppenzonen eignen sich u. a. *Bouteloua gracilis*, *Bouteloua curtipendula* TOUR. und aus Afrika importierte *Eragrostis*-Arten (C. K. PEARSE und Mitarb., 1948). Für die Eignung der Arten bei der Nachsaat ist von Bedeutung, daß die natürlichen Ruhezeiten der Gräser mit den Trocken- oder Kälteperioden des Ansaatgebietes übereinstimmen. Zur Nachsaat wird meistens ein Artengemisch benutzt. Breitsaat ohne Bodenlockerung bringt wenig Erfolg. Ist der Restbestand sehr dünn und von schlechter Qualität, brennt man ihn ab und sät vom Flugzeug aus die Saat in die Asche oder drillt sie ein. In feuchteren Gebieten wird auch eine Schälfurche gezogen und sodann gedrillt, so daß man von einer Blanksaat sprechen kann. Danach wird die Ansaat 1—3 Jahre gänzlich von einer Beweidung ausgeschlossen oder nur gelegentlich leicht beweidet, bis sich ein voller Bestand entwickelt hat.

Die Wiederansaat ehemaligen Ackerlandes für eine Steppenweide betrifft erhebliche Flächen. Man benutzt für die Wiederansaat die „stubble-mulch"-Methode. Nach einer Pflugfurche wird im Juni/Juli Hirse dicht gedrillt, die bis zum Jahresende nicht zur Reife gelangt und kräftig beweidet wird. In die Stoppeln dieser Hirse wird später die Ansaat vorgenommen. Während des ersten Jahres dienen die Hirsestoppeln als Schutz vor Wind- und Wassererosion und fördern die Neubildung eines Gräserbestandes (C. K. PEARSE und Mitarb., 1948).
Die Entwicklungstendenz der Dauerweiden in den Steppen Nordamerikas sprechen für eine Beibehaltung und sogar Ausweitung der Steppenweiden. Im Gegensatz zu dem eurasiatischen Steppengebiet wirken sich die Klimafaktoren in Nordamerika günstiger für den Futterwuchs aus und zeigen gegenüber dem Ackerbau keinen so starken Ertragsunterschied. Die einseitig auf Arbeitsproduktivität ausgerichtete Landwirtschaft der USA begünstigt daneben die arbeitssparende Fleischviehhaltung in den Steppen. Außerdem besteht die Tendenz, das Ackerland einzuschränken, da mehr als der Eigenbedarf von der jetzigen Ackerfläche erzeugt wird. Wenn die Bewirtschaftungsmethoden der Steppenweiden noch verbessert werden, könnte die Leistung noch erheblich steigen.

2. Steppen der südlichen Halbkugel mit Sommerniederschlägen ohne winterlichen Schneefall

Die Landmasse der Erde ist nördlich des Äquators bedeutend größer als in den südlichen Breiten. Daher ist der absolute Umfang der Steppen auf der nördlichen Halbkugel auch größer. Prozentual zur Landfläche nehmen die Steppen der südlichen Breiten aber einen größeren Anteil ein. Sie sind für die Landwirtschaft Südamerikas, Südafrikas und Australiens von bestimmendem Einfluß. Dabei überwiegen auch in den südlichen Breiten die Steppen mit Sommerniederschlägen. Die Niederschlagsverteilung ist in den Sommerregensteppen der Südafrikanischen Union und Australiens sehr einseitig. Zwischen November und April fallen etwa 75% aller Niederschläge, die Wintermonate Juni—September sind häufig ganz trocken. Die Niederschlagshöhe schwankt zwischen 300 und 700 mm. Sie ist am niedrigsten in den Randgebieten zur Halbwüste und steigt in Richtung zur Savanne oder zum subtropischen Klima. Die Jahresdurchschnittstemperaturen liegen höher als in den Steppen der nördlichen Breiten. In den Wintermonaten werden Frostgrade in Südafrika selten, in Australien im Flachland nie gemessen. Wegen der hohen Sommertemperaturen ist die unproduktive Verdunstung sehr stark, so daß die Niederschläge nur teilweise von den Pflanzen ausgenutzt werden können. In den Wintermonaten sind die Niederschläge so gering, daß sie kaum eine Rolle spielen. Da sich keine Schneedecke bildet, fehlt auch eine tiefere Durchfeuchtung des Bodens. Theoretisch ist zwar ein ganzjähriges Wachstum der Pflanzen möglich, es wird jedoch durch die Trockenheit verhindert. Der Faktor Wasser bestimmt in noch stärkerem Maße als in den Steppen der nördlichen Hemisphäre den Futteraufwuchs. Nur bei künstlicher Bewässerung, worauf später einzugehen sein wird, kann die Vegetationszeit ganzjährig voll ausgenutzt werden.

Mehrjährige Gräser sind Hauptbestandsbildner der Steppen mit Sommerniederschlägen, wobei Horstgräser überwiegen. Der Deckungsgrad ist meistens geringer als in den Steppen nördlich des Äquators und erreicht selten 50%. Kräuter sind schwach vertreten, mehrjährige Leguminosen fehlen gänzlich. Annuelle treten in unterschiedlicher Häufigkeit nach stärkeren Niederschlägen auf. Strauchvegetation kommt wor, besonders dort, wo der Gräserbestand durch zu scharfe Beweidung dezimiert wurde. — In Gebieten mit mehr als 700 mm Jahresniederschlägen geht die Steppe in Savanne über.

In Südafrika erstrecken sich die Steppen mit Sommerniederschlägen von Südrhodesien über das Betchuanaland und Transvaal bis in den Oranje-Freistaat. Das südlich davon gelegene Kapland hat über das gesamte Jahr verteilte Niederschläge und die Südspitze des Kontinentes, die Karroo, ausgesprochene Winterniederschläge. Die Küste an der Süd- und Südost-Seite des Kontinentes weist schon subtropische Klimaeinflüsse auf. — Etwa $^2/_3$ der Steppen Südafrikas werden von periodisch strengen Sommerniederschlägen beherrscht. Die Niederschlagshöhe schwankt zwischen 325 und 650 mm.

Seit etwa 130 Jahren dient die Steppe Südafrikas als Dauerweide für Rind und Schaf. Eine Beweidung erfolgte vor dem Auftreten der Buren im Inneren des Landes nur sporadisch durch das Vieh von Hottentotten. Damals trat eine Schädigung der Natursteppe noch nicht auf. Seit dem großen Treck im Jahre 1830 und der Erschließung der Steppen durch die Buren nahm der Grad der Beweidung kontinuierlich zu, so daß heute nur noch „secondary grasslands", also mehr oder minder devastierte Steppen, zu finden sind. Das früher überall verbreitete wertvolle Rotgras, *Themeda triandra* FORSK., ist heute in vielen Gebieten völlig verschwunden (A. W. BAYER, 1955). Dabei ist der Viehbestand für europäische Verhältnisse keineswegs stark. — Die wichtigsten landwirtschaftlichen Daten der Südafrikanischen Union (ohne Südwestafrika, Betchuanaland, Basutoland und Swaziland) werden aus der folgenden Aufstellung deutlich (nach D. MEREDITH und Mitarb., 1955 und B. SKIBBE, 1958):

Dauergrünland (Steppe)	88,600	Mill. ha = 90% der LN
Ackerland	8,740	Mill. ha = 10% der LN
LN	97,340	Mill. ha
Bevölkerung	13	Mill.
Einwohner/km²	10,0	
AK/100 ha LN	2,3	
Viehbestand		
Rinder	12,5	Mill.
davon Kühe	5,0	Mill.
⌀ Milchleistung/Kuh	500	kg
Esel und Maulesel	0,9	Mill.
Schafe	31,0	Mill.
Schweine	1,1	Mill.
RGV/100 ha LN	13	

Mineralische Nährstoffzufuhr pro ha LN:

N	0,1	kg
P_2O_5	1,0	kg
K_2O	0,07	kg

Man könnte vermuten, daß die Ernährung dieses Viehbestandes, bei einem Anteil von 90% Dauergrünland an der LN und zusätzlichem Ackerfutterbau, keine Schwierigkeiten bereitet. Es spricht für den hohen Grad der Devastierung der Steppen und die unzureichenden Bewirtschaftungsmethoden, wenn dieses Vieh heute nur unzureichend ernährt wird.
In den reinen Steppengebieten Südafrikas werden Rindfleisch und Wolle produziert. Das Vieh bleibt ganzjährig draußen. In futterarmen Zeiten wird es meistens durchgehungert oder erhält etwas Zufutter.
Bei der Klassifizierung der Steppen unterscheidet der Südafrikaner zwischen 3 Typen:

sour veld
sweet veld und
mixed veld.

Sour veld sind Steppen mit relativ hohen Niederschlagsmengen und einer ausgedehnten Trockenperiode. Mit dem Einsetzen der Niederschläge im Frühjahr beginnt ein schnelles Wachstum der meistens horstbildenden Gräser. Typische Bestandsbildner der sour veld-Steppe sind *Digitaria*-Species, *Aristida junciformis* TRIN., *Heteropogon contortus* BEAUV. und *Panicum natalense* HOCHST. Diese Gräser erreichen in kurzer Zeit eine Höhe von 1 m und darüber und gelangen schnell in das generative Stadium. Sie sind blattarm. In Anpassung an Temperaturverlauf und Niederschlagsrhythmus ist die Wachstumszeit kurz, um Blüte und Fruktifikation vor Beginn der hohen Sommertemperaturen abzuschließen. Darunter leidet der Futterwert. Die sour veld-Weiden geben nur etwa 5 Monate ein brauchbares Futter ,dann sind die Bestände proteinarm und rohfaserreich, so daß sie nur noch als „Heu auf dem Halm" ein minderwertiges Futter liefern. Im Habitus entsprechen sie den Hochgrassteppen der nördlichen Breiten.
Sweet veld kommt bei geringeren Niederschlagsmengen vor. Bestandsbildner sind vornehmlich ausläufertreibende, mehrjährige Gräser, u. a. *Anthephora pubescens* NEES, *Cenchrus ciliaris* L., *Chloris gayana* KUNTH, *Digitaria pentzii* var. *stolonifera* STENT, *Sporobolus fimbriatus* NEES u. a. m. Infolge der geringeren Niederschläge ist der Bestand dünner als im sour veld, doch qualitativ besser. Die geringeren Niederschläge lassen nur ein langsames, aber stetiges Wachstum zu. Die Gräser sind blattreicher als im sour veld, und da sie sich vorwiegend vegetativ vermehren, fehlt die den Futterwert beeinträchtigende, generative Phase. Die sweet veld-Steppen können daher länger, aber mit geringerer Besatzstärke, beweidet werden. Man kann sie mit den Niedergrassteppen der nördlichen Halbkugel vergleichen.
Mixed veld stellt das Bindeglied zwischen sour veld und sweet veld dar. Bei mäßiger Regenversorgung ist ein gemischter Bestand von horstbildenden und ausläufertreibenden Gräsern die Regel.

Die in den letzten Jahrzehnten beobachteten Bestandsverschlechterungen auf allen drei Steppentypen sind, wie H. WALTER (1951) nachwies, nicht auf eine Klimaverschlechterung zurückzuführen, sondern auf eine scharfe Beweidung. Es liegen Berichte aus der Zeit der Einwanderung der Buren in das Landinnere vor, in denen ein lückenloser Gräserbestand der Steppe erwähnt wird, wo heute eine kümmerliche Strauch- oder Buschvegetation oder sogar entblößter Boden anzutreffen sind. Dieser Prozeß der Bestandsverschlechterung begann zunächst langsam, ging in den letzten Jahrzehnten jedoch schneller voran. Er wurde beschleunigt durch das beliebte alljährliche Abbrennen der Grasbestände und den zu häufigen Verbiß der Gräser, insbesondere in der Nähe der Wasserstellen. — Inzwischen haben auch Forschungen der letzten Jahre Klarheit über Ursache und Wirkung der Bestandsverschlechterungen erbracht.

Das Abbrennen der Steppe wird gewöhnlich im Herbst oder Winter, also im Juni oder Juli, vor allem auf sour veld, durchgeführt. Vertreter dieser Methode weisen auf eine arbeitssparende Beseitigung der überständig gewordenen Horstgräser und einen früheren Austrieb nach dem Abbrennen mit Einsetzen der Regenzeit hin. Demgegenüber haben langjährige Beobachtungen gezeigt, daß jährliches Abbrennen eine stetige Minderung der Bestandesdichte mit kontinuierlich fortschreitender Zerstörung der organishen Substanz in der Krume mit sich bringt J. W. C. MOSERT und Mitarb., 1956). Ein früheres Austreiben der Gräser war auf abgebrannten Flächen nicht zu beobachten. Bei oberflächlicher Betrachtung ist eine Täuschung über die Schnelligkeit des neuen Aufwuchses leicht möglich, da dieser auf kahlgebrannten Flächen früher sichtbar wird als auf unberührten Beständen unter dem Schutz der alten Gräser. — Der Einsatz des Feuers gegen eine zunehmende Verbuschung ist auch von zweifelhaftem Wert, da Büsche den Brand meistens besser überstehen als die wertvollen Gräser.

Auch vom Standpunkt der Erträge erwies sich das Abbrennen als negativ. Fünfjährige Gegenüberstellungen von jährlichem Abbrennen gegenüber Abmähen von Natursteppe erbrachten folgende Erträge (J. D. SCOTT, 1955):

TABELLE 1

	Heuertrag	
	nach Abmähen	nach Abbrennen
1. Jahr	23,5 dt/ha	14,6 dt/ha
2. Jahr	16,8 ,,	16,8 ,,
3. Jahr	50,4 ,,	33,6 ,,
4. Jahr	16,8 ,,	16,8 ,,
5. Jahr	17,9 ,,	9,0 ,,
5jähriger ⌀	25,1 dt/ha	18,1 dt/ha

SCOTT stellte ferner fest, daß die Gräser im Frühjahr auf der gemähten Fläche um 3 Wochen früher austrieben, da die Triebe auf den abgebrannten Parzellen durch Feuer teilweise zerstört oder geschädigt worden waren.

Aus den angeführten Ertragszahlen wird auch die durch die Niederschläge verursachte Schwankung der Erträge deutlich, die von Jahr zu Jahr 300% betragen kann. — Die relativ hohen Erträge sind einmal durch die niederschlagsreichere Gegend des Versuchsortes mit 600 mm, zum anderen durch die schonende Behandlung während des Versuches zu erklären, die eine Beweidung ausschloß. Sie können keinesfalls als Durchschnittswerte betrachtet werden, denn die devastierten Steppen liefern nur etwa 5 dt Heu/ha.

Zur Feststellung der pflanzenphysiologischen Ursachen für die Devastierung der Natursteppen bei zu starker Dauerbeweidung wurden von H. WEINMANN (1955) kombinierte Schnittzeiten -und Düngungsversuche durchgeführt. Die Tab. 2 und 3 zeigen die Ergebnisse der Wurzel- und Heuertragsuntersuchungen, zunächst ohne Mineraldüngung bei wechselnder Schnitthäufigkeit:

TABELLE 2

Schnitthäufigkeit pro anno	Wurzelgewicht dt/ha Trs.	Stärke %	Zucker %	Zucker + Stärke kg/ha	Heu dt/ha
1	28,2	1,86	3,22	149	22,5
2	23,4	1,77	2,80	107	24,3
4	13,8	1,73	2,68	61	20,2
8	9,9	1,13	1,86	30	16,7
	⌀ 18,8				⌀ 20,9

Bei einer Mineraldüngergabe von: N : 83 kg/ha
P_2O_5: 34 kg/ha
K_2O: 17 kg/ha

wurden im selben Zeitraum folgende Ergebnisse erzielt:

TABELLE 3

Schnitthäufigkeit pro anno	Wurzelgewicht dt/ha Trs.	Stärke %	Zucker %	Zucker + Stärke kg/ha	Heu dt/ha
1	26,9	1,65	3,76	146	43,7
2	20,9	1,24	3,94	102	40,2
4	21,7	1,21	3,03	92	40,7
8	8,6	0,85	2,64	30	23,5
	⌀ 19,5				⌀ 37,0

Diese zweijährigen Ergebnisse zeigen, daß auf ungedüngter Steppe zweimal, auf gedüngter höchstens viermal jährlich beweidet werden darf, weil eine stärkere Beanspruchung die Wurzeln zu sehr schwächt. Da in Farmnähe und in der Umgebung der Wasserstellen eine mehr als achtmalige Beweidung üblich ist, kann die fast völlige Vernichtung des Gräserbestandes dort nicht in Erstaunen setzen und erklärt die geringen Durchschnittserträge der Steppen.

Neben der Erzeugung der benötigten Futtermenge spielt auch die Futterqualität in Südafrika eine für die Viehwirtschaft wichtige Rolle, insbesondere auf sour veld. Nach dem schnellen Frühjahrswachstum sinkt der Proteingehalt der Gräser mit dem Erreichen des Blühstadiums schnell ab. Untersuchungen von D. C. H. PLOWES (1957) zeigten, daß in den Gräsern beim Wachstumsbeginn ein Rohproteingehalt von etwa 20% in der Trs. vorhanden ist, der nach 8—10 Wochen auf 5% abfällt. Während der winterlichen Trockenzeit liegt der Rohproteingehalt der meisten Gräser zwischen 2 und 3%. Durch häufigen Verbiß und Kurzhalten des Bestandes kann das Sinken des Proteingehaltes vermindert werden. Dann entsteht aber eine Diskrepanz zwischen Futtermenge und -qualität. Häufige Nutzung schädigt den Bestand, erhöht jedoch den Futterwert durch Steigerung des Proteingehaltes. — Inwieweit allein die Nutzungshäufigkeit die Qualität des Weidefutters beeinflußt, soll an der folgenden Aufstellung (nach H. WEINMANN, 1955) gezeigt werden, wobei keine mineralische Düngung angewendet wurde (die Zahlen sind Durchschnittswerte zweier Versuchsjahre):

TABELLE 4

Schnitthäufigkeit pro anno	Rohprotein % der Trs.	Futterertrag dt Trs./ha
1	4,62	27,9
2	5,06	28,8
4	6,37	27,8
9	8,68	15,6
16	9,56	9,7

Die günstigste Kombination wäre hier eine viermalige Nutzung, die einen mäßigen Proteingehalt mit relativ hohen Erträgen verbindet. Berücksichtigt man aber die Tatsache, daß die Wurzelmenge bei viermaliger Nutzung in zwei Jahren um etwa die Hälfte abnimmt, so muß daraus die Folgerung gezogen werden, daß ohne Rücksicht auf die Qualität des Weidefutters auf ungedüngten Steppen theoretisch nur zweimal jährlich beweidet werden dürfte. Diese Folgerung steht im Gegensatz zu der Praxis, wo viel häufiger beweidet wird.

Die Ursachen der Bestandsverschlechterung in den Steppen Südafrikas sind erforscht. Damit eröffnen sich auch Möglichkeiten, diese Ursachen in Zukunft zu vermeiden und eine Bestandserhaltung und -verbesserung in die Wege zu leiten. Bei Durchschnittserträgen von nur 5 dt Heu/ha sind die Steppen den Erträgen des Ackerbaues stark unterlegen. Wenn der Ackerbau heute erst 10% der LN einnimmt, so ist dieser Umstand auf die geringe Bevölkerungsdichte zurückzuführen. Außerdem ist der Ersatz der Steppenweide durch den Feldfutterbau schwierig und kostspielig, da Futterleguminosen in den Sommerregengebieten bisher nicht anbauwürdig sind. Daher muß die Steppe zunächst weiterhin den Hauptanteil des Futters liefern.

Eine Ertragserhöhung der Steppen ist zunächst möglich durch Bewirtschaftungsmaßnahmen. Dazu gehören: Unterteilung der Dauerweideflächen, Vermehrung der Wasserstellen, Teilung zu großer Herden, Niederhaltung wertloser Sträucher und Schonung von Teilflächen, um gutes Heu im Frühjahr oder „Heu auf dem Halm“ im Winter als Reservefutter zu gewinnen. Die Überbrückung futterarmer Zeiten war früher mehr dem Zufall überlassen. Im Notfall wurde Maisstroh verwendet oder es wurden Futtermittel gekauft. Allmählich sieht man den Vorteil einer Heugewinnung ein. Wenn der eiweißreiche Aufwuchs der Steppe im Vorsommer zu Heu gemacht wird, liefert er ein gutes Futter. Nach Angaben von D. MEREDITH (1955) wurden in einem Jahre in der Südafrikanischen Union 600000 ha zu Heu gemacht, davon 210000 ha von der Steppe. Im Durchschnitt wurden 16 dt/ha geerntet, wobei die Steppe gegenüber dem reinen Feldgrasbau aber geringere Erträge brachte. Diese Heumenge, die pro RGV Rind 87 kg bedeutet, reicht jedoch nicht aus, um eine gleichmäßige Futterversorgung über futterarme Zeiten hinweg zu gewährleisten.

Neben dem Faktor Wasser schränkt der Wachstumsfaktor Stickstoff das Pflanzenwachstum in den Steppen mit Sommerregen stark ein. Da Leguminosen in Steppen mit Sommerregen fehlen und der Anbau kleeartiger Futterpflanzen in diesen Steppengebieten bisher nicht gelang, ist der Einsatz mineralischen Stickstoffes bisher die einzige Möglichkeit, Futtermenge und -qualität zu verbessern.

Eine Steigerung des Eiweißgehaltes durch mineralische N-Zufuhr ist zwar möglich, jedoch sehr teuer. Bei Anwendung mineralischer Stickstoffdüngemittel wird der Rohproteingehalt von Steppengräsern durch Zufuhr von 45 kg N/ha beispielsweise nur um 0,56% erhöht (H. WEINMANN, 1955). Erst bei Verabreichung sehr hoher Mengen mineralischen Stickstoffes kann der Rohproteingehalt stärker gehoben werden. Nur zur Verbesserung der Qualität wären aber Gaben von 200 kg N/ha z. Zt. nicht zu verantworten, auch wenn gleichzeitig ein merklicher Ertragsanstieg erfolgt.

Ob sich bei einer Nutzung der Steppe als Dauerweide eine mineralische Stickstoffdüngung lohnt, ist eine Frage der Preisrelationen. Nach Untersuchungen von T. D. HALL und Mitarb. (1950) erbrachte ein mineralischer Düngungsversuch im achtjährigen Durchschnitt folgende Gewichtszunahmen bei Rindern pro anno:

TABELLE 5

O-Parzelle	66 kg/ha
P	70 kg/ha
NP	135 kg/ha
NPK	131 kg/ha

(N: 27, P_2O_5: 35, K_2O: 17 kg/ha)

Bei einer Verdoppelung des Fleischzuwachses wäre eine mineralische N-Düngung von 27 kg/ha zweifellos gerechtfertigt; pro kg N wurden hierbei 2,5 kg Fleischzuwachs erzielt. — Außerdem würde sich eine mineralische Stickstoffgabe auch für die zur Heunutzung vorgesehenen Flächen lohnen. Bisher beschränkt sich die Anwendung mineralischer Düngemittel fast ausschließlich auf subtropische Kulturen an der Küste.

Eine Bestandsverbesserung der Steppen durch Nachsaat, wie z. B. in den USA, rentiert sich nicht. Einmal sind die Umweltbedingungen für das Gelingen einer Nachsaat ungünstiger, zum anderen wird das wenige, vorhandene Gräsersaatgut dem Feldfutterbau zugeführt, wo ein höherer Nutzen erzielt wird. Daher kann eine Bestandsverbesserung nur durch eine zeitweilige Schonung von Teilflächen mit Selbstaussamung der Gräser erreicht werden. Sie wird selten angewendet.

Die Entwicklungsperspektive der Dauerweide in Südafrika gibt zur Besorgnis Anlaß. Eine wirksame und billige Verbesserung der Steppen durch Nachsaat von Futterleguminosen ist nicht durchführbar, eine Nachsaat von Gräsern kostspielig und risikoreich. Die klimatischen Umweltverhältnisse sind härter als in den Steppen der nördlichen Breiten. Die Existenzberechtigung der Steppenweiden in Südafrika ist bei Durchschnittserträgen von 5 dt Heu/ha gegenüber dem Acker und auch dem Feldfutterbau nicht gegeben. — Der Ackerbau dehnt sich nur langsam auf Kosten der Steppe aus, da die bodenerhaltenden Funktionen bei einer Ackernutzung schwierig zu erfüllen sind. Außerdem ist die Güte der Steppenböden in Südafrika bei weitem nicht mit der Bodengüte der Steppen in den nördlichen Breiten zu vergleichen, die fruchtbarer und homogener sind. Ferner fehlt der Antrieb zu großen Umbruchsaktionen wegen der geringeren Bevölkerungsdichte. Aus diesen Gründen wird die Dauerweide in Südafrika auch in Zukunft den Hauptflächenanteil an der LN einnehmen.

Eine Erhöhung der Steppenerträge ist durch Bewirtschaftungsmaßnahmen ohne größere Kosten möglich. Die Erträge könnten weiter durch mineralische N-Zufuhr gesteigert werden. Über die Anwendung dieser Möglichkeit entscheiden Preisrelationen. Die Forschung hat Ursachen und Auswirkungen der bisher vorherrschenden, negativen Steppennutzung in Form der Dauerweide geklärt. Ob diese Erkenntnisse genutzt werden, bleibt abzuwarten.

Welche Bedeutung man der Erhaltung der Steppen und Verbesserung ihrer Ertragsfähigkeit für die Bevölkerung Südafrikas zumißt, zeigt ein Ausspruch von A. W. BAYER (1955): „Whether civilisation in South Africa survives or not will be determined by the way we manage our grasslands“ (S. 550).

In Australien liegen Steppen mit Sommerniederschlägen im Norden des Kontinentes. Auch sie werden als Dauerweide genutzt. Da die Jahresdurchschnittstemperaturen infolge der geographisch bedingten, größeren Nähe zum Äquator und des trocken-heißen Wüstengebietes im Innern des Landes mit etwa 18—21° noch höher als in Südafrika sind, ferner in den Wintermonaten so gut wie kein Niederschlag fällt, halten nur besonders dürreresistente, im Futterwert häufig schlechte Gräser im Bestand aus. Leguminosen fehlen, so daß Wasser und Stickstoff die ertragsbegrenzenden Faktoren darstellen. — Die Durchschnittserträge der vielfach devastierten Steppen betragen in Heu nur 3—5 dt/ha. In diesen Zonen überwiegt die Schafhaltung, es werden aber auch Rinder zur Magerfleischgewinnung aufgezogen, die ganzjährig weiden. Zufütterung erfolgt selten.

Ackerbau wird in den Sommerregenzonen nur stellenweise im Landinneren betrieben; er findet erst an der subtropischen Küste stärkere Verbreitung. Infolge der Menschenarmut in Nordaustralien, eine Folge des extremen, für Ackerbau und Weidenutzung gleich ungünstigen Klimas, werden Maßnahmen zur Weideverbesserung oder zur produktiveren Nutzung des Aufwuchses kaum ergriffen. Da der Süden und Südwesten des Kontinentes bessere Umweltbedingungen bieten, richten sich die Maßnahmen zur Verbesserung der Weidewirtschaft vor allem auf diese Gebiete. In der Entwicklungsperspektive werden die Steppen mit Sommerregen in Australien erst dann stärker an Interesse gewinnnen, wenn dort eine intensivere Besiedelung erfolgt und der Bedarf nach tierischen Produkten am gleichen Ort steigt. Bisher waren die unter großem Risiko erzeugten Wolle- und Fleischmengen einem weiten und teuren Transportweg unterworfen, bis sie an die Stelle des Verbrauchers im Inland oder zum Exporthafen gelangten. Eine Verkehrserschließung ist ebenfalls Voraussetzung für eine intensivere Nutzung dieser Steppenzonen.

3. Steppen mit Winterniederschlägen oder ausgeglichener Niederschlagsverteilung auf der südlichen und nördlichen Erdhälfte

Typische Winterregenzonen mit Steppenvegetation liegen in Südwest-Australien, am Kap in Südafrika und im Küstengebiet des Mittelmeeres in Nordafrika und Kleinasien. Steppen mit ausgeglichener Niederschlagsverteilung umfassen Süd- und Südost-Australien, Südamerika (Argentinien) und kleinere Gebiete der Südafrikanischen Union zwischen der Winterregenzone am Kap und dem Sommerregengebiet im Oranje-Freistaat.

Die Steppen mit Winterregen liegen in Gebieten, in denen selten Frostgrade auftreten, so daß das Pflanzenwachstum von der Temperatur her theoretisch kaum unterbrochen wird. Von besonderer Bedeutung ist die Niederschlagsverteilung für das Pflanzenwachstum. Die Hauptniederschläge fallen in den kühleren Wintermonaten, so daß eine unproduktive Verdunstung fortfällt. Das Niederschlagswasser wird entweder gleich von den Pflanzen verwertet oder bis zu einem gewissen Grade im Boden gespeichert. Es tritt also eine tiefere Durchfeuchtung des Bodens vor der Hauptvegetationszeit im Frühjahr auf. Diese Durchfeuchtung reicht auch bei geringeren Niederschlägen, z. B. bei 300 mm aus, um Getreide, insbesondere Gerste, bis zur Trockenzeit im Sommer reifen zu lassen. Die Hauptruhezeit mehrjähriger Pflanzen und auch der mehrjährigen Steppengräser liegt im trockenen und heißen Sommer. Bereits im Herbst beginnt die neue Vegetation mit dem Einsetzen der ersten Niederschläge. — Das Wachstum der Steppenpflanzen verläuft bei den niederen Herbst- und Wintertemperaturen zunächst langsam, erreicht im Frühjahr sein Maximum, worauf sich die generative Phase bis zum Sommer anschließt. Die produktive Weidezeit beträgt etwa 8 Monate, gewöhnlich wird aber ganzjährig geweidet.

Der Pflanzenbestand der Steppen in Winterregengebieten setzt sich aus ein- und mehrjährigen Gräsern und Kräutern zusammen. Der entscheidende Unterschied zum Bestand in den Sommerregensteppen besteht im Auftreten annueller und auch mehrjähriger Leguminosen. Ihr Anteil in der Natursteppe ist zwar gering, entscheidend für die Weidewirtschaft ist jedoch die Anbauwürdigkeit von Leguminosen überhaupt. — Bei zu scharfer Beweidung treten auch in Winterregensteppen auf Kosten der Gräser Trockensträucher und Büsche auf. Typisch dafür sind die überbeweideten Steppen des Mittelmeerraumes.

Gegenüber den Steppen mit Sommerniederschlägen auf der „kalten", nördlichen Halbkugel besitzen die Winterregensteppen den Vorteil einer längeren Vegetationszeit, gegenüber den Sommerregensteppen der südlichen Halbkugel den Vorteil einer produktiveren Verwertung der Niederschläge und den Vorzug der Anbau-

würdigkeit von Legumniosen. Diese, von der Natur aus bestehenden Vorteile, wurden erst vor kurzem erkannt. Ihre Anwendung erfolgte erst in jüngster Zeit zum Nutzen der Dauerweide und des Feldfutterbaues.
Die Steppen mit ausgeglichener Niederschlagsverteilung ähneln im Wachstumsverlauf denen der Winterregensteppen, da die Pflanzen sich auch hier durch ein langsameres und stetigeres Wachstum auszeichnen und ein Ruhestadium im Sommer durchlaufen. Leguminosen treten auch hier auf. Daher können die Steppen mit Winterregen und ausgeglichener Niederschlagsverteilung gemeinsam abgehandelt werden.
In Australien sind Steppen mit einseitigen Winterregen im Südwesten des Kontinentes vertreten, während sich Steppen mit annähernd ausgeglichener Niederschlagsverteilung in Südaustralien, Victoria und Neu-Südwales befinden. Es sind dies die landwirtschaftlich wichtigsten und am stärksten besiedelten Gebiete des Kontinentes.
Die Entwicklung der Steppen im südlichen Teile Australiens verlief ungestört bis zum Auftreten der Merinos, von denen erste Exemplare 1796 importiert wurden. 100 Jahre später waren bereits mehr als 100 Millionen Merinos vorhanden. Die planlose, zu scharfe Beweidung, die durch das Fehlen ausreichender Wasserstellen in den Steppen örtlich noch verschärft wurde, führte zu tiefen Störungen des natürlichen Gleichgewichtes zwischen Boden und Pflanze. Als einzige, wirksame Gegenmaßnahme wurde bis vor kurzem nur die absolute Schonung großer Flächen und eine einschneidende Verminderung der Viehbestände angesehen. Erst der Forschung gelang es, einen Ausweg zu zeigen.
Die gegenwärtige Situation der australischen Landwirtschaft wird durch folgende Daten gekennzeichnet (FAO, YEARBOOK 1956 und B. SKIBBE, 1958):

TABELLE 6

Dauergrünland (Steppe)	362 Mill. ha = 94% der LN
Ackerland	23 Mill. ha = 6% der LN
LN	385 Mill. ha
Bevölkerung	9,0 Mill
Einwohner/km²	1,2
Einwohner/100 ha LN	2,3
Erwerbstätige in der Landwirtschaft	15 %
AK/100 ha LN	0,13
Viehbestand	
Rinder	15,5 Mill
davon Kühe	4,5 Mill.
ø Milchleistung/Kuh	1880 kg
Schafe	125 Mill.
RGV/100 ha LN	6

Die Milchviehhaltung konzentriert sich im Südosten des Landes, wo zusätzlich Ackerfutterbau bzw. Bewässerungsfutterbau betrieben wird. Magervieh wird in den reinen Steppenzonen gehalten. Das Schaf spielt die Hauptrolle in der Landwirtschaft.

Der Verbiß der Schafe hat die ursprüngliche Steppenvegetation in fast allen Gebieten nahezu völlig verschwinden lassen. In dem durch strenge Winterniederschläge gekennzeichneten Südwest-Australien waren früher z. B. die qualitativ hoch geschätzten Gräser *Themeda australis* STAPF, *Aristida jerichoensis* DOMIN, *Chloris acicularis* LINDL. und *Cenchrus*-Species Hauptbestandsbildner. Heute sind sie nahezu verschwunden. — Im Süden und Südosten, in der Zone ausgeglichener Niederschlagsverteilung, bildeten vormals die wertvollen Gräser *Stipa falcata* D. K. HUGHES, *Paspalidium gracile* D. K. HUGHES u. a. wesentliche Teile des Bestandes. Schon bei leichter Beweidung breiten sich minderwertige Arten, z. B. *Chloris truncata* R. BR. und *Erodium cygnorum* NEES, bei stärkerem, kontinuierlichem Verbiß schließlich nahezu wertlose annuelle Species aus, z. B. *Tribulus terrestris* L. (E. G. CUTHBERTSON, 1957). Die Zerstörung der Narbe kann schließlich zu völliger Bodenentblößung oder zu einer Verbuschung führen. — Die Überweidung fast aller Steppen hat dazu geführt, daß die durchschnittliche Besatzstärke etwa 0,1 GV/ha beträgt. Da gewöhnlich ganzjährig beweidet wird, muß das Vieh vor der Sommertrockenheit entweder abgestoßen oder durchgehungert werden.

Neben den schon in den anderen ariden Steppenzonen erwähnten Maßnahmen zur Verbesserung einer Weidebewirtschaftung liegen die wichtigsten Ertragsreserven in einer nachhaltigen Bestandsverbesserung. Eine Schonung durch völligen Ausschluß von Teilflächen von der Beweidung kann, nach Untersuchungen von O. B. WILLIAMS (1956), in Steppen mit 400 mm Jahresniederschlag in 3 bis 6 Jahren zur Regenerierung des Bestandes führen. Voraussetzung ist, daß eine noch ausreichende Zahl von Pflanzen der gewünschten Arten für die Selbstaussamung vorhanden ist. Das ist aber meistens nicht der Fall. Daher bleibt als wirksamste Maßnahme einer Bestandsverbesserung die Nachsaat geeigneter Futterpflanzen. In den Steppen mit Sommerregen waren dazu nur Gräser geeignet. Das natürliche Vorkommen von Leguminosen in Winterregensteppen deutet schon auf die Möglichkeit ihres Anbaues hin. Diese Möglichkeit wurde in Australien erst seit etwa 1945 ergriffen, seit nämlich mit der aus dem Mittelmeerraum importierten Kleeart *Trifolium subterraneum* L. eine besonders geeignete Leguminose entdeckt worden war. Diese annuelle Kleeart mit der Fähigkeit, sich auch in der Steppe durch Selbstversamung unter- und oberirdisch im Bestand zu erhalten, wurde anfangs in ihrem Anbauwert verkannt, da gewisse Voraussetzungen für ihr Gedeihen notwendig sind. Erst als erwiesen war, daß neben einer *Rhizobium*-Impfung des Saatgutes vor allem Phosphorsäure und Molybdän in ausreichendem Maße im Boden vorhanden sein müssen, wurde *Trifolium subterraneum* die wichtigste Futterpflanze des Kontinentes. —

Nach Untersuchungen von K. D. Mc. LACHLAN (1955) sind 75% der australischen Böden arm an Phosphorsäure und 31% arm an Molybdän. Diese Umstände und die Abhängigkeit dieser Kleeart von Winterniederschlägen müssen bei ihrer Verwendung berücksichtigt werden. — *Trifolium subterraneum* gedeiht auch auf sauren Böden bis zu einem p_H-Wert von etwa 4,5 (KCL). Dadurch kommt diese Kleeart für den Anbau auf den meisten Böden des Kontinentes infrage. *Trifolium*

subterraneum kann im Feldfutterbau wie auch zur Bestandsverbesserung der Steppen verwendet werden. Hier interessiert zunächst die Einsaat bzw. Nachsaat in Natursteppen. Sie wird heute in Steppen von Westaustralien, Südaustralien, Victoria und Neu-Südwales durchgeführt. Der Bodenfrüchtige Klee wird zu Beginn der Regenzeit, also im Herbst, nach einer Mineraldüngung mit Superphosphat + Mo, mit einer Saatstärke von 8—10 kg/ha ausgedrillt. Da die gelichteten Steppen ohnehin genügend freien Boden aufweisen, sind die Keimbedingungen im allgemeinen günstig. Während der feuchten und kühleren Wintermonate hat der Klee gute Entwicklungsmöglichkeiten und schließt das Wachstum mit der meistens unterirdischen Aussamung im Sommer ab. In Victoria wurden z. B. nach erfolgter Nachsaat beim ersten Schnitt 150 dt Grünmasse/ha geerntet, wo früher nur etwa 6 dt/ha heranwuchsen (F. R. DRAKE und Mitarb., 1954).
Die Besatzdichte konnte in den Steppen nach den bisher vorliegenden Erfahrungen durch Nachsaat von *Trifolium subterraneum* etwa vervierfacht werden. Sie stieg von 0,2 auf 0,8 RGV/ha. Ferner ist durch den höheren Futteraufwuchs die Möglichkeit gegeben, Heu in den Steppen zu werben und dadurch eine Futterreserve zu schaffen.
Neben diesen, für die Beweidung wichtigen Erkenntnissen ist noch die Stickstoffanreicherung für die Steppenböden von großer Bedeutung. Diese Böden weisen häufig nur einen Stickstoffgehalt von 0,02—0,05% auf. Mineralische N-Düngung ist bei dem Umfang der Steppen nicht rentabel. Die Masse der Steppen im Inneren des Landes ist auf die Ausnutzung symbiotischen Stickstoffes angewiesen. — Neben der importierten Kleeart *Trifolium subterraneum* gibt es auch einige einheimische Futterleguminosen, die für die Zukunft vielleicht von Bedeutung sein können, so z. B. *Medicago tribuloides* DESR. und *Medicago scutella* MILL. — Es sind bis heute bei weitem noch nicht alle vorkommenden kleeartigen Futterpflanzen auf ihre Anbauwürdigkeit in Steppen mit Winterregen erforscht. So wurde z. B. vor einigen Jahren in Westaustralien die mehrjährige Leguminose *Psoralea eriantha* BENTH., „Bullamon lucerne“, gefunden. Diese Leguminose zeichnet sich durch eine kräftige Pfahlwurzel aus, die in 1,50 m Tiefe noch eine Stärke von 3 cm aufweist. — Analysen des Heues zeigten (bei einem Gehalt von 9,6% Wasser) folgende Inhaltswerte:

TABELLE 7

Rohprotein	15,4%
Fett	3,8%
Rohfaser	27,6%
Kohlenhydrate	35,6%
Asche	8,0% (davon CaO 1,3 und P_2O_5 0,41%)

Durch Mahd der Steppe wird die Ausbreitung dieser Futterleguminose gefördert. Beweidungsversuche auf einem Reinbestand mit Rindern bewiesen auch die Bißverträglichkeit; während der neunmonatigen Beweidungszeit konnten 4 GV/ha ernährt werden, wo früher nur Bruchteile dieses Besatzes halbjährlich ihre Nahrung fanden (P. J. SKERMAN, 1957).

Das so plötzliche Aufkommen dieser wertvollen, mehrjährigen Futterleguminose wird mit dem starken Rückgang der Kaninchenplage infolge der Myxomatose in diesem Gebiet in Verbindung gebracht. Die Kaninchen hatten die Angewohnheit, nicht nur die oberirdischen Sproßteile, sondern auch die Pfahlwurzel ständig zu verbeißen, so daß die Pflanzen eingehen mußten.

Die Nachsaat des Bodenfrüchtigen Klees zur Bestandsverbesserung der Steppen hat eine neue Epoche in der Weidewirtschaft Australiens eingeleitet. Sie ist in den Steppen mit mindestens 350, besser noch 400 mm Jahresniederschlägen möglich. Die Ergiebigkeit des Futteraufwuchses nimmt mit steigenden Niederschlägen zu; deshalb wird die Nachsaat auch in feuchteren Zonen vorgenommen.

Das kleine Winterregengebiet am Kap an der Südspitze Afrikas ist mit etwa 200 mm Jahresniederschlägen so regenarm, daß eine Bodennutzung ohne künstliche Bewässerung nicht infrage kommt. Es hat sich dort in der Karroo eine Trockenstrauchsteppe gebildet, die in geringem Maße von Ziegen und Schafen genutzt wird. Neue, für die Gesamtbetrachtung der Steppen wichtige Erkenntnisse können in diesem Gebiet nicht gewonnen werden.

Das Mittelmeergebiet zeigt streng periodische Winterniederschläge. Es ist für unsere Betrachtung insofern von besonderer Bedeutung, als eine Steppenbildung hier erst durch den Einfluß des Menschen bewirkt wurde. — Die Küsten und die sich daran anschließenden Gebiete zum Inneren des Landes zu trugen in vorgeschichtlicher Zeit immergrünen, subtropischen Wald. Hauptbestandsbildner war *Quercus ilex* L. Hirtenvölker und -stämme mit großen Herden von Rindern, Schafen und Ziegen verursachten Degradationen, bis sich Steppenformationen ausbildeten. Dieser Prozeß nahm in den Zeiten Carthagos und Roms seinen Fortgang. Hinzu kam der steigende Holzbedarf für die Schiffahrt sowie die Wirkung absichtlich oder durch Unachtsamkeit bzw. Blitzschlag hervorgerufener Waldbrände. Die Zerstörung des Waldes erhielt durch das Eindringen der Kamele im 7. Jh., im Gefolge der Mohammedaner, noch eine beträchtliche Beschleunigung (P. VAGELER, 1955). So entwickelte sich aus der früher vorherrschenden Climax des immergrünen Waldes allmählich eine Steppe, die heute nur noch einen relativ schmalen Landstreifen parallel zur Küste Nordafrikas und Kleinasiens einnimmt. Diese Steppe geht nach dem Landinneren zu in die Halbwüsten- und Wüstenzonen über, die kontinuierlich an Umfang gewinnen. — Während der Einfluß einer zu scharfen Beweidung in Südafrika und Australien erst 100 oder 120 Jahre andauert, kann die Auswirkung menschlichen Unverstandes im Mittelmeerraum über mehrere tausend Jahre verfolgt werden.

Vom landwirtschaftlichen Gesichtspunkt aus kann man unterscheiden zwischen dem regenreicheren Küstenstreifen Nordafrikas mit Plantagenwirtschaft, dem sich daran anschließenden Tafelland mit Steppencharakter, das immer stärker in die Ackernutzung einbezogen wird und dem angrenzenden Halbwüsten- und Wüstengebiet der Sahara. Diese Gliederung gilt sinngemäß auch für die kleinasiatische Mittelmeerküste.

Da sich der Ackerbau durch Überbevölkerung an der Küste auf Kosten der Steppe landeinwärts ausdehnt und schon in Gebieten mit nur 350 mm Jahresniederschlägen betrieben wird, wird die Steppe zusehends verkleinert. Auf diesen Steppen wachsen bei entsprechender Schonung brauchbare, mehrjährige Futterpflanzen, z. B. *Artemisia herba alba* ASSO., *Stipa lagascae* GUSS. und *Stipa barbata* DESF. Auch Leguminosen kommen vor. Bei mäßiger Beweidung weichen die guten Futterpflanzen weniger brauchbaren Arten wie *Salsola vermiculata* L. und *Poa sinaica* STEUD., und bei zu scharfem Verbiß bleibt nur noch *Gymnarrhena micrantha* DESF., bis schließlich eine völlige Entblößung des Bodens auftreten kann (H. PABOT, 1957). — Geweidet werden Kamele, Ziegen, Schafe und Rinder, meistens in nomadischer Form. Häufigkeit, Lage und Ergiebigkeit der Wasserstellen sind für die Weidewirtschaft von großer Wichtigkeit. Da die Niederschläge in diesen Gebieten 350 mm nicht überschreiten, meistens noch geringer sind, rechnet man mit Durchschnittserträgen von 3 dt. Heu /ha.

Charakteristisch für das Mittelmeergebiet Nordafrikas ist die strikte Trennung zwischen seßhaften Ackerbauern und nomadischen Viehzüchtern bei der Bevölkerung. Die Nomaden betreiben keinen Ackerbau, produzieren daher auch kein Reservefutter. Trotzdem führen sie eine ganzjährige Beweidung durch. Die Beweidung beginnt nach den ersten, ergiebigen Niederschlägen in der Trockensteppe, wird dann in den tiefer gelegenen Steppen fortgesetzt und schließlich in das Gebirge oder Bergland verlegt, wo die Strauchvegetation eine notdürftige Nahrungsquelle im Sommer bietet. — Diese Weideeinteilung hat nur Erfolg, wenn die Jahreswitterung normal verläuft. In ausgesprochenen Dürrejahren kann diese Einteilung schwere Viehverluste nicht verhindern. So fielen 1945 allein in Algerien 7 Mill. Schafe der Trockenheit und dem Mangel an Reservefutter zum Opfer (A. T. SEMPLE, 1952). — Streitigkeiten einzelner Stämme um die Weideplätze verhindern auch eine dauernde, befriedigende Lösung der Weidebewirtschaftung.

In der Neuzeit hat die starke Besiedelung durch europäische Einwanderer die ackerbautreibenden Bevölkerungsteile immer weiter in die Steppe verdrängt. Diese wird dadurch ständig kleiner und die Viehhaltung erschwert. Im Rahmen des Ackerbaues wird bisher nur geringfügig Feldfutterbau betrieben, der nur zur Ernährung des Zugviehs ausreicht. Damit ist auch die Möglichkeit, Futterreserven zu erzeugen und evtl. im Austausch gegen Veredlungsprodukte an Nomaden abzugeben, sehr gering. Da die Viehzahl der Nomaden nur in Dürrejahren zwangsweise abnimmt, sonst eher steigt, ist die Überbeweidung der Steppen zu einer Dauererscheinung geworden.

Die Erhaltung der Steppe ist nötig, weil dadurch dem Vordringen der Wüste Einhalt geboten werden kann. Die Nutzung als Dauerweide kann produktiver gestaltet werden, wenn die bereits wiederholt geschilderten Maßnahmen zur Verbesserung des Bestandes in ariden Zonen ergriffen werden. Die Schwierigkeit durchgreifender Maßnahmen ist nur hier besonders groß, weil eine Reihe der Mittelmeerländer noch um seine politische Selbständigkeit ringt.

Die Möglichkeit einer Bestandsverbesserung wird durch die Anbauwürdigkeit von Leguminosen bedeutend erleichtert. Nach P. A. ORAM (1956) sind für eine Nachsaat in Steppen mit Niederschlägen um 350 mm z. B. *Medicago tribuloides*, *Medicago scutella* und *Lotus corniculatus* L., von den Gräsern *Ehrharta calycina* SM.,

Cenchrus ciliaris und *Lolium subulatum* VIS. geeignet. Ferner ist auch *Medicago sativa* L. in den Steppen Algeriens anbauwürdig (P. VAGELER, 1955). Größere Aktionen, wie eine planmäßige Nachsaat, erfordern jedoch erhebliche Mengen an Saatgut. Das bisher in geringem Umfang vorhandene Saatgut anbauwürdiger Futterpflanzen wird in erster Linie dem Feldfutterbau zugeführt, wo es einen sichereren Nutzen erbringt.

Eine großräumige Nachsaat hätte erst dann Erfolg, wenn auch die Nomaden seßhaft gemacht worden wären und eine derartige Maßnahme unterstützen würden. Lohnenswert wäre es, die Viehhaltung mehr in die Zone des Ackerbaues zu verlegen, wo durch Feldfutter eine bessere Futtergrundlage geschaffen werden könnte. Es hängt also stark von organisatorischen Maßnahmen ab, ob, wann und mit welchem Erfolg eine Bestandsverbesserung durchgeführt werden kann. Die derzeitige Nutzung der Steppe in Form der Dauerweide bringt so geringe Erträge, daß theoretisch auch die Restflächen der Steppen vom Ackerbau eingenommen werden könnten. Praktisch ist dies aber nicht möglich, da lohnender Ackerbau, auch als „dry-farming", nur bis zu 350 mm Jahresniederschlägen betrieben werden kann.

Gegenüber den Winterregensteppen Australiens ist die Situation im Mittelmeerraum schwieriger, weil die Devastierung der Steppen hier stärkere Formen angenommen hat. Die Steppen des Mittelmeeres sind flächenmäßig kleiner, sollen aber pro Flächeneinheit eine größere Tierzahl ernähren. In Australien wird eine weit über den Eigenbedarf hinausgehende Marktproduktion betrieben, in den Steppen des Mittelmeerraumes versuchen die Bewohner mühsam, ihre nackte Existenz mit Hilfe ihres Viehs zu erhalten. Die Erfahrungen aus der Vergangenheit zeigen, daß die Erhaltung der Steppe notwendig ist. Durch die Forschung sind reale Wege hierzu eröffnet worden. Die zukünftige Entwicklung muß zeigen, ob sich allmählich das nötige Verantwortungsbewußtsein bei den maßgebenden Stellen durchsetzt, mit der Erhaltung der Steppe auch die Erhaltung alten Kulturbodens zu sichern.

Die Entwicklungstendenzen der als Dauerweide genutzten Steppen der Erde sind verschieden. Die Steppen der nördlichen Halbkugel mit Sommerregen weisen eine relativ kurze Vegetationszeit auf. Der Futteraufwuchs erfolgt schnell, läßt im Sommer stark nach und gibt im Herbst eine Nachweide. Dort, wo die Erträge gering, der Boden fruchtbar und der Bedarf nach Ackerland hoch sind, weicht die Steppe dem flächenproduktiveren Ackerbau, wie in der Sowjetunion, wo die Viehhaltung in den Steppen auch vorher eine nur untergeordnete Rolle spielte. — Dort, wo die Erträge höher und ausgeglichener sind, eine Viehhaltung mit Nutzen betrieben werden kann und kein zusätzlicher Bedarf nach Marktfrüchten besteht, behauptet die Steppe als Dauerweide ihre Position, wie z. B. in den Vereinigten Staaten. Sie hat daneben strukturerhaltende Aufgaben.

Die Steppen der südlichen Breiten mit Sommerregen liegen in menschenarmen Gebieten. Sie dienen seit ihrer Besiedelung durch Europäer einseitig der Fleisch- und Wollgewinnung zum Export bei sehr geringem Arbeitsaufwand. Die durch unsachgemäße, zu starke Beweidung aufgetretenen Devastierungen der Steppe können durch organisatorische Maßnahmen und Verbesserung der Bewirtschaftungsweise eingedämmt werden. Eine Bestandsverbesserung durch biologische Maßnahmen ist sehr schwierig, da für eine Nachsaat nur Gräser infrage kommen, deren Anbau Schwierigkeiten bereitet. Dennoch werden diese Steppen weiter als Dauerweide genutzt, da der Ackerbau wegen der geringen Bevölkerungsdichte nur langsam an Umfang gewinnt. Die Existenzberechtigung dieser Steppen ist also gesichert, ihr Nutzwert jedoch gering.

Die Winterregensteppen und die Steppen mit ausgeglichener Niederschlagsverteilung in den südlichen Breiten waren bis vor kurzer Zeit durch Überbeweidung ebenfalls stark in Mitleidenschaft gezogen. Ihre Entwicklungsperspektive hat sich durch die Möglichkeit der Nachsaat von Leguminosen grundlegend verbessert. Bei Vorhandensein des nötigen Saatgutes können die Erträge dieser Steppen wesentlich und in kurzer Zeit gehoben werden. Dadurch steigt ihre Daseinsberechtigung, insbesondere in den dünn besiedelten Gebieten. — Da der Vorzug des Leguminosenwachstums auch für den Feldfutterbau gilt, werden diese Steppen in dichtbesiedelten Gebieten dem flächenproduktiveren Feldfutterbau weichen. — Verhängnisvoll ist die Situation in Winterregensteppen nur dort, wo die Existenz vieler Bewohner einseitig von der Beweidungsmöglichkeit und der Ergiebigkeit der Steppen abhängt, deren Bestände aber nie ausreichend Futter liefern.

c) in Savannen

Die Savanne ist die letzte Vegetationsstufe des Graslandes zur humiden Seite. Sie grenzt an tropische Zonen, wo die Niederschläge höher sind als in den Steppen, infolge mehrmonatiger Trockenzeiten aber nicht ausreichen, um den Boden dauernd feucht zu halten. Daher ist kein geschlossener Waldbestand möglich. Meistens treten zwei Regenzeiten auf, die durch eine extreme Trockenperiode und eine mit mäßigen Niederschlägen versehene Zeitspanne voneinander getrennt sind. Die Niederschlagsmengen liegen zwischen 500 und 1 500 mm.

Typisch für die Savanne ist eine Grasflur von hohen, steifen Gramineen. Der Aufwuchs erfolgt während der Regenzeit und verläuft relativ schnell. Bei Eintritt der Trockenzeit sind die Gräser mit der Fruchtbildung fertig. Da die Gräser mehr als mannshoch werden, wird ein hoher Anteil der Nährstoffe für die Gerüstsubstanzen benötigt. Aus diesem Grunde sinkt der Futterwert mit zunehmendem Wachstum sehr schnell.

In der Grasflur eingestreut stehen vereinzelt xerophytische Bäume, so z. B. *Adansonia digitata* L., Euphorbien, Akazien und Eucalyptus. Daneben treten Halbsträucher und Sträucher auf (H. LUNDEGARDH, 1957).

Die wichtigsten Savannenzonen liegen in Afrika beiderseits des Äquators in Uganda, Tanganyika, Nordrhodesien und Nigerien, in Südamerika in Brasilien und schließlich in Nordaustralien. Sie werden meistens als Dauerweiden genutzt. Leider verhindert das Auftreten der Tsetse-Fliege in vielen baumreichen Savannen bisher eine Viehhaltung. Besatzzahlen, die nur einen Landesdurchschnitt angeben, täuschen insofern über die Besatzstärke, da Teilgebiete völlig von der Viehhaltung ausgeschlossen sind, die Restgebiete daher umso stärker besetzt sind.

In Tanganyika bestehen 54% der LN aus Dauerweide (Savanne und Steppe); es werden im Durchschnitt 20 RGV/100 ha gehalten (FAO Yearbook, 1956). In Kenia werden 90% der LN von der Savanne eingenommen; auf 100 ha LN werden 40 RGV gehalten. — Savannenländer weisen also gegenüber Steppenländern einen wesentlich höheren Viehbesatz auf. Die Savanne liefert auch mehr Futter als die Steppe, leider jedoch von schlechter Qualität. Die Qualität des Aufwuchses entspricht nur in den ersten 3—4 Monaten den erwünschten Anforderungen, dann beginnt der Proteingehalt stark zu fallen. Durch die Schnelligkeit des Aufwuchses vermag das Vieh die Bestände nicht kurz zu halten, und in den meisten Monaten des Jahres steht dann nur ein überständiges Futter von schlechter Qualität zur Verfügung, mit dem gerade der Erhaltungsbedarf gedeckt werden kann.
In Tanganyika existieren in Teilgebieten bereits Savannen bei 500 mm Niederschlägen. Hauptbestandsbildner bei den mehrjährigen Gräsern sind *Hyparrhenia-*, *Sporobolus-*, *Themeda-* und *Eragrostis*-Arten (J. R. HARLAN, 1956). Da der Baumwuchs in diesen Trockensavannen selten ist und daher keine Tsetse-Fliegen auftreten, konzentriert sich die Viehhaltung häufig in solchen Trockensavannen. Die Beweidung wird ganzjährig betrieben, meistens mit Rindern und Ziegen. Da sich die Viehzahl mehr nach der besten Zeit des Futterwuchses richtet, ist Überbeweidung auch in den Savannen häufig. Zur Beseitigung des alten, überständigen Gräserbestandes wird dieser gegen Ende der Trockenzeit meistens abgebrannt, wodurch die Gräser beträchtlich geschädigt werden und der Boden an Humus verarmt. Eine Verbesserung dieser Trockensavannen, die teilweise auch in Kenia anzutreffen sind, ist durch die Beweidungstechnik möglich, wie das folgende Beispiel zeigt. In dem östlich des Rudolf-Sees gelegenen Trockengebiet von Kitui mit sehr schwankenden Niederschlägen waren die Naturweiden durch Überbeweidung stark in Mitleidenschaft gezogen. Annuelle Gräser, Büsche und vereinzelte Sukkulente überwogen im Bestand, so daß bei einer Trockenperiode in den Jahren 1953/54 durch Futter- und Wassermangel 30000—40000 Stück Vieh eingingen. 1953 wurden erstmalig auf großen Flächen Baum- und Strauchwuchs maschinell beseitigt und nach einer flachen Furche, kurz vor Beginn der Regenzeit, die Ansaat eines Gräsergemisches von *Chloris myriastachya* HOCHST. + *Eragrostis superba* PEYR. + *Cenchrus ciliaris* auf einer Teilfläche vorgenommen. Der Anbau von Leguminosen ist unter diesen Trockenbedingungen noch zu unsicher. Während der Regenzeit wurde zusätzlich das ausläufertreibende *Cynodon dactylon* L. PERS, angepflanzt. Zwei Jahre lang wurde diese Fläche nicht beweidet, dann war ein voller Bestand erreicht. — In den Folgejahren wurden weitere Ansaaten auf Teilflächen vorgenommen und die Beweidung des gesamten, 16317 km² großen Gebietes, planmäßig eingeteilt. Die Unterteilung erfolgte nach der Möglichkeit der Wasserversorgung für das Vieh und dem Wuchsstadium der Gräser. Unterschieden wird zwischen Weiden, bei denen.

a) Tränkwasser nur kurzfristig zur Verfügung steht,
b) Tränkwasser mehrere Monate zur Verfügung steht und
c) Tränkwasser dauernd vorhanden ist.

Nach Beginn der ersten Regenzeit wird mit der Beweidung bei a) begonnen, sie wird dann im Laufe der Vegetationszeit über b) nach c) fortgeführt. Um zu starken Verbiß zu vermeiden, ist jedes Nutzungsgebiet in weitere camps unterteilt (S. M. JORDAN, 1957).

Dieses Beispiel zeigt, daß bei Anwendung erprobter Forschungsergebnisse durch eine wissenschaftlich untermauerte Weideführung und durch administrative Maßnahmen eine wesentlich verbesserte Leistung der Dauerweide in der Trockensavanne erreicht werden kann.

Die Ziege ist immun gegen die Schädigung durch die Tsetse-Fliege. Daher ist sie stärker, als allgemein üblich, am Nutzviehbestand beteiligt. Bei den Rindern wird in beschränktem Umfange Milchgewinnung betrieben, doch werden pro Tier nur etwa 500 kg/anno gewonnen. Die gesamte Viehhaltung leidet noch unter einseitigen Vorstellungen der einheimischen Bevölkerung, die in der Viehzahl und nicht in der Leistung pro Tier den Maßstab des Wertes erblickt. Außerdem ist das Schlachten zum Verzehr wenig beliebt; gegessen werden in erster Linie gefallene Tiere (R. SCHICKELE, 1931). Die marktorientierte Viehnutzung europäischer Siedler beginnt sich jedoch auf die Denkungsweise der einheimischen Bevölkerung auszudehnen.

In Kenia sind schon bei 700 mm Jahresniederschlägen gute Weiden vorhanden, deren Hauptbestandsbildner *Themeda triandra*, *Aristida*- und *Eragrostris*-Species sind (S. JU. SCHOKOLSKAJA, 1953). Daneben sind die Böden wesentlich fruchtbarer als in Südafrika und Tanganyika und weisen in Teilgebieten einen Humusgehalt von 5—8% auf (H. F. BIRCH und Mitarb., 1956). Grauerden und teilweise sogar Schwarzerden begünstigen eine ackerbauliche Nutzung.

Bei durchschnittlichen Temperaturen von 18—20° ist das Wachstum der Gräser in den feuchteren Savannen wesentlich stärker als in den Trockensavannen. Viehbesatz und Pflanzenwuchs sind jedoch zu wenig aufeinander abgestimmt, um die Futtermengen auf dem Wege der Beweidung produktiv zu verwerten. Der Rohproteingehalt der Savannengräser liegt zu Beginn des Wachstums zwischen 10 und 12% der Trs., er sinkt bei zunehmendem Alter auf 3—5%, während der Rohfasergehalt zunimmt. Nur eine relativ kurze Zeit nach dem Austrieb der Gräser können bei den aufgenommenen Futtermengen brauchbare tierische Leistungen erzielt werden. In der überwiegenden Zeit begrenzt die Aufnahmefähigkeit der Tiere an Trockenmasse eine ausreichende Eiweißzufuhr, so daß nur noch der Erhaltungsbedarf gesichert wird. So liegt beispielsweise die Besatzstärke der Savannen Nigerias bei ganzjähriger Weidezeit nur bei 0,2—0,3 GV/ha, obwohl schätzungsweise 80 dt Trs./ha heranwachsen.

Eine Erhöhung der Weideleistung kann durch eine bessere Ausnutzung des ersten, proteinreicheren Aufwuchses erreicht werden. Die einfachste Lösung wäre, Teile des frischen Aufwuchses zu Heu zu machen. Durch häufige Mahd oder starke, kontinuierliche Beweidung könnten die Naturbestände eine Zeit lang kurz gehalten werden, so daß proteinreicheres Weidefutter für einen längeren Zeitraum zur Verfügung stände. Es ist jedoch sehr fraglich, ob die Savannengräser eine derart häufige Nutzung auf die Dauer vertragen. Mangel an Menschen, Maschinen und auch Initiative haben, jedenfalls bisher, keine Vorratsfutterwirtschaft in den Savannen aufkommen lassen.

Die einheimischen Gräser der Savannen werden im Futterwert teilweise von importierten Species übertroffen, die einen höheren Proteingehalt während der Wachstumszeit aufweisen. Diese Tatsache macht man sich weniger für eine Verbesserung der natürlichen Savannen zunutze als vielmehr für den Feldfutterbau. Auf Grund der weit höheren Flächenleistung des relativ jungen Feldfutterbaues wird die Savanne langsam zurückgehen. Der Ackerbau greift ohnehin stark auf Savannengebiete über, insbesondere in Kenia, wo fruchtbare Böden vorhanden sind. Die strukturerhaltende Aufgabe der Savanne muß hier ebenfalls vom Feldfutterbau übernommen werden. Diese Aufgabe ist umso wichtiger, als die Niederschläge in den Savannen oft mit großer Heftigkeit herniedergehen. Daher muß in den feuchteren Savannenzonen eine mehrjährig ausdauernde Grasflora als bodenerhaltendes Element der Fruchtfolgen bestehen, da eine Abschwemmung der Krume andernfalls einen Ackerbau in kurzer Zeit unmöglich macht.

Die Daseinsberechtigung der Savanne bei ihrer derzeit extensiven Nutzung ist infrage gestellt. Allein durch Bewirtschaftungsmaßnahmen könnte der Futteranfall jedoch produktiver verwertet, vor allem zeitlich besser verteilt werden, wodurch eine wesentliche Erhöhung des Viehbestandes möglich wäre. Gleichzeitig müßte aber die bisher übliche nomadische Nutzung einer seßhaften, ortsgebundenen Nutzung Platz machen. Diese Folgerung ist den nur viehzuchttreibenden Stämmen der Eingeborenen unangenehm. Da sich der Ackerbau auf Kosten der Savanne ausdehnt, dieser Ackerbau aus Fruchtfolgegründen auf den Feldfutterbau nicht verzichten kann, wird sich eine Verschiebung der Viehhaltung zugunsten der ackerbautreibenden Stämme anbahnen. Diese Entwicklungstendenz ist folgerichtig, da sie zu einer Bodennutzung mit höherer Flächenleistung führt.

d) in gemäßigten Breiten

Die gemäßigten Breiten weisen gegenüber den Steppen und Savannen eine größere Ausgeglichenheit des Klimas auf. Diese Ausgeglichenheit bezieht sich auf Niederschlagsverteilung, relative Luftfeuchtigkeit und Temperaturverlauf. Ausgeprägte Regen- oder Trockenzeiten fehlen, da meistens maritime Umwelteinflüsse vorherrschen. Daher sind auch die Dauerweiden in ihrem Futteranfall ausgeglichener. Die Vegetationszeit kann im günstigsten Falle ganzjährig sein, wird aber meistens durch milde Winter eingeschränkt. Hauptbestandsbildner der Dauerweiden sind mehrjährige Gräser, Kräuter und Weißklee. — Begünstigt werden Gräser mit vegetativer Vermehrung. Der Blattanteil dieser Gräser ist hoch, die Qualität des Futters im Vegetationsverlauf nahezu gleichbleibend und gut. In ihrem Wachstum können diese Gräser etwa mit denen der Winterregensteppen verglichen werden, die jedoch durch die Sommertrockenheit zu einem längeren Ruhestadium gezwungen werden. Qualitativ ist der Futteraufwuchs der Dauerweiden in den gemäßigten Breiten dem der Winterregensteppen beträchtlich, dem der Sommerregensteppen und Savannen um ein Mehrfaches überlegen. In der Quantität leisten nur die Savannen mehr oder mindestens ebensoviel wie die Dauerweiden der gemäßigten Breiten.

Der Temperaturfaktor bestimmt die Vegetationszeit der Dauerweiden in den gemäßigten Breiten. Wasser steht meistens in jeder Jahreszeit zur Verfügung. Eine durch Mangel an Wasser bedingte Wachstumspause, wie in Steppen und Savannen, ist selten und dann nur von kurzer Dauer. Daher endet die Weidezeit auf den Dauerweiden der gemäßigten Zonen mit dem Auftreten von Frosttemperaturen. Wo keine Fröste vorkommen, wie z. B. im Tiefland von Neuseeland, kann sie im günstigsten Falle 12 Monate, in Mitteleuropa dagegen nur 5—6 Monate betragen. Wenn eine noch kürzere Weidezeit eingehalten werden muß, dehnt sich der ertragsstärkere Feldfutterbau auf Kosten der Dauerweide aus.

Es kommt noch ein wesentliches, wenn nicht entscheidendes Unterscheidungsmerkmal zwischen den Dauerweiden gemäßigter Breiten und denen der Steppe oder Savanne hinzu: die Frage nach der natürlichen Climax. Steppe und Savanne sind Endstadien einer Vegetation, die sich auf natürlichem Wege, ohne Einfluß des Menschen, entwickelt haben. Eine Steppe kann sich zwar auch durch unsachgemäße Nutzung aus einer Savanne bilden, stellt aber auch dann ein biologisches Gleichgewicht der Vegetation zu ihrer Umwelt dar. Demgegenüber ist die Dauerweide der gemäßigten Breiten ein künstliches, durch Eingriff des Menschen aus der Climax des Waldes hervorgegangenes Produkt, oder, wie W. DAVIES (1954) sagt, eine Stufe in der ökologischen Entwicklung. Ohne den ständigen Verbiß der Nutztiere würde die Dauerweide der gemäßigten Breiten in kurzer Zeit wieder von einer Busch- und Waldvegetation besiedelt werden.

Aus dieser Überlegung ergeben sich Folgerungen für die mögliche und erlaubte Nutzungsintensität: Die Dauerweide der gemäßigten Breiten ist durch die Jahrhunderte währende, ständig an Stärke zunehmende Beweidung von Nutztieren allmählich entstanden. Die sich heute dem Auge bietende Narbe bildete sich durch eine lange und scharfe, auf den tierischen Verbiß ausgerichtete Selektionszeit. In den letzten Jahrzehnten wurden Bißverträglichkeit und Ausdauer verschiedener Gräser noch durch Züchtungsarbeiten weiter verbessert. Damit ist die Dauerweide unserer Breiten für ihren eigentlichen Nutzungszweck: Eine lange und intensive, alljährlich wiederkehrende Beweidung, prädestiniert.

Die Dauerweiden der Steppen und Savannen entstanden ohne den Verbiß von Nutztieren; sie dienten über lange Zeiträume hinweg nur dem Wild als Futterquelle. Ihr biologisches Gleichgewicht war ohne den Menschen und seine Nutztieranhäufung stabil. Der Ausleseprozeß der Steppenpflanzen verlief von Natur aus zugunsten der horstbildenden Gräser mit früher und reichlicher Samenbildung. Diese Gräser dienten ferner dazu, die Bodenstruktur zu erhalten.

Ohne Kenntnis dieser Zusammenhänge legte der Europäer anfangs an Steppen und Savannen dieselben Maßstäbe bei der Nutzung an, wie in seinem Heimatland. Auch bei einem vergleichsweise schwachen Nutztierbesatz änderte sich der Pflanzenbestand der Steppen in wenigen Jahren entscheidend. Der häufige Verbiß führte zu einer negativen Auslese der Arten, bis kaum noch futterwertige Pflanzen

vorhanden waren. Die von Natur aus vorkommenden Arten waren eben nie für eine derart starke Nutzung geeignet. Damit war das ausgewogene biologische Gleichgewicht zwischen Boden und Pflanze zerstört, und es bedarf heute mühevoller und kostspieliger Maßnahmen, um es auch nur annähernd wieder herzustellen. Bei Berücksichtigung dieser Tatsachen ist es offensichtlich, daß die Dauerweide der gemäßigten Breiten allen anderen überlegen sein muß. Die Möglichkeiten, ihre Leistungen zu steigern, sind zahlreich. Eine Gefährdung des biologischen Gleichgewichts ist bei den Dauerweiden gemäßigter Zonen nur in extremen Fällen denkbar.
Bei der folgenden Abhandlung über die Dauerweiden gemäßigter Breiten werden die Berg- und Gebirgsweiden nicht berücksichtigt, sondern nur die Dauerweiden des Flachlandes. So wichtig Almweiden auch für einzelne Länder, wie Österreich und die Schweiz, sein mögen, im Weltmaßstab ist ihr Umfang gering. Außerdem ist die Existenzberechtigung der Gebirgsweiden auch für die Zukunft so unumstritten, daß sich eine Erörterung erübrigt.
Auf der nördlichen Erdhälfte sind die wichtigsten Länder mit einem hohen Anteil an Dauergrünland in Europa Irland, Großbritannien und die Niederlande, auf der südlichen Halbkugel Neuseeland. Alle diese Länder liegen im Climaxbereich der Wälder gemäßigter Breiten, auf der Norsdpitze Neuseelands kommen noch subtropische Einflüsse hinzu. — Bei der Reihenfolge der Abhandlung soll mit dem Land der günstigsten Klimaverhältnisse für die Dauerweide begonnen werden. Es folgen dann der Reihe nach die Länder mit abnehmender Gunst der Umweltfaktoren, bis die Gebiete erreicht sind, in denen der Feldfutterbau die Dauerweide verdrängt und somit der Anschluß an die Formen des Feldfutterbaues gewonnen ist. Geschildert werden die bisherige Entwicklung der Dauerweiden in den einzelnen Ländern, ihr derzeitiger Zustand und die in den Ländern übliche Bewirtschaftungsweise und -intensität. Aus der vergleichenden Betrachtung werden dann Rückschlüsse für die Entwicklungstendenzen gezogen.
Neuseeland besteht aus der Südinsel und der sich nordostwärts anschließenden, etwas kleineren Nordinsel zwischen dem 47. und 34. Breitengrad. Die Australien zugewandte Westküste und das Landinnere werden von Gebirgszügen und Hochland eingenommen. Ausgesprochene Niederungen finden sich nur an der Ostküste der Südinsel und an Flüssen und einzelnen Buchten der Nordinsel. Einer Ackernutzung sind von Natur aus enge Grenzen gesetzt.
Die wichtigsten Klimadaten beider Inseln zeigt die folgende Aufstellung (nach E. B. LEVY, 1955)

TABELLE 8

	Nordinsel	Südinsel
Jahresdurchschnittstemperatur	11,2°	10,2°
Monatsminimum	5,4°	4,2°
Monatsmaximum	16,6°	17,2°
Bodenfrost	3 Tage	6 Tage
	26 Nächte	118 Nächte
⌀ Niederschlagsmenge	1209 mm	832,2 mm
Amplituden	762—3810 mm	381—6350 mm

Extreme Temperaturschwankungen fehlen; die Vegetation wird auf der Südinsel um etwa 2 Monate, im Juni und Juli, auf der Nordinsel, mit Ausnahme der Gebirgslagen, so gut wie gar nicht unterbrochen. Für die landwirtschaftliche Nutzung ist die Südinsel infolge der zerklüfteten Gebirgsküste im Westen und des relativ trockenen Hochlandes im Inneren von geringerer Bedeutung. Die Nordinsel hat ausgeglichenere Temperaturen und ganzjährig besser verteilte Niederschläge. Außerdem sind die vulkanischen Böden im Inneren leichter zu kultivieren.

Die landwirtschaftliche Nutzung Neuseelands begann erst im 19. Jh., und zwar durch Schafhaltung auf den durch Rodung entstandenen Weiden und durch Ackerbau in den Niederungen, vornehmlich mit dem Anbau von Weizen. Die Nutzung der Dauerweiden erfolgte anfangs nur durch Schafe zur Wollproduktion, nach dem Fallen der Wollpreise auch durch Rinder zur Fleischgewinnung. Milchgewinnung zum Butter- und Käseexport begann in größerem Umfang erst seit 1914.

Die neuseeländische Statistik (Report of the Farm Production . . ., 1955) gibt für die Bodennutzung folgende Werte an, die sich von den statistischen Angaben der FAO etwas unterscheiden:

TABELLE 9

Total area cultivated (Kulturfläche)	8048141 ha
unimproved land	9467443 ha
Total area occupied	17515584 ha
Bevölkerung	2,0 Mill.
Einwohner/km²	7
Einwohner/100 ha LN	25
Erwerbstätige i. d. Landw.	16%
AK/100 ha LN	1,6
Viehbestand	
Rinder	5744878
davon Kühe	1999140
⌀ Milchleistung/Kuh (1956)	2694 kg
Schafe	38010954
Pferde	158280
Schweine	648902
RGV/100 ha LN (ohne Ödland)	97
Hauptfutterfläche/RGV	0,98 ha
Mineralische Nährstoffzufuhr pro ha LN	
N	0,9 kg
P_2O_5	48,0 kg
K_2O	4,2 kg

Es ist nicht angebracht, das „unverbesserte Land“, in diesem Falle das Öd- und und Unland der Bergländereien, schon heute in die LN einzubeziehen. Dieses „unimproved land“ wird von Heide, Buschformationen, Farnen und lockerem Nadelwald eingenommen. Beweidet wird es nur teilweise und unregelmäßig von

Schafen und Jungvieh, kann jedoch noch nicht als Kulturland bezeichnet werden. Es bildet, ähnlich wie in Großbritannien, das große Landreservoir Neuseelands für die Zukunft.

Die Ackerfläche wird nach der neuseeländischen Statistik mit 846657 ha angegeben. Bezieht man dieses Ackerland auf die Kulturfläche, so ergibt sich ein Verhältnis von 90% Dauergrünland zu 10% Acker. Auf dem Acker nehmen Futterpflanzen auch noch mehr als 50% ein.

Bis zur heutigen Ergiebigkeit guter neuseeländischer Weiden war eine Reihe von Schwierigkeiten zu überwinden. Beide Inseln Neuseelands waren, der natürlichen Climaxgesellschaft entsprechend, zu Beginn landwirtschaftlicher Erschließung fast vollständig bewaldet. Durch Rodung oder Abbrennen der Busch-, Farn- und Waldbestände wurde der Graswuchs ermöglicht, der sich durch natürliche Berasung ausdehnte. Der Verbiß des Weideviehs verhinderte ein Wiederaufkommen des Waldes. — Diese ersten „Naturweiden" Neuseelands setzten sich hauptsächlich aus *Festuca novae-zelandia* (HACKEL) COKKAYNE, *Poa caespitosa* FORST., *Agrostis tenuis* SIBTH., *Anthoxanthum odoratum* L. und einigen anderen, in ihrem Futterwert minderwertigen Arten zusammen. Kleearten fehlten gänzlich (A. R. DINGSWALL, 1955). Mit zunehmender Besatzstärke verbesserten sich diese Weiden zwar etwas, zumindest in den Niederungen. Sie bestanden dann vornehmlich aus *Agrostis*- und *Poa*-Arten, jedoch weiterhin ohne Klee, und blieben in ihren Erträgen weit hinter denen Westeuropas zurück. Im Hügellande setzte sich als wertvollstes Gras *Dactylis glomerata* L. durch. Da mineralische Düngung ebenfalls fehlte, waren weitere Ertragssteigerungen nicht möglich. Die durchschnittliche Leistung neuseeländischer Weiden kann zu dieser Zeit auf etwa 1000 kg Stw./ha beziffert werden. Bis etwa 1930 wurde der wachsende Futterbedarf nur durch Ausdehnung der Weideflächen, nicht durch höhere Flächenleistung gedeckt. Da hierzu beträchtliche Kapitalaufwendungen nötig gewesen wären, die um diese Zeit nicht zur Verfügung standen, schien die neuseeländische Landwirtschaft vor einer ernsten Krise zu stehen (F. R. CALLAGHAN, 1958). Es bleibt das Verdienst der Forschung, hier einen entscheidenden Ausweg gefunden zu haben.

Die Fortschritte auf dem Gebiet der Grünlandbewirtschaftung Neuseelands sind mit dem Namen von WILIAM DAVIS eng verknüpft (F. R. CALLAGHAN, 1958). Er erkannte, daß die Leistungskapazität der Weiden Neuseelands bei der Gunst der Umweltverhältnisse noch lange nicht erschöpft war. Unter seiner Leitung wurde 1928 erstmalig mit Düngungsversuchen auf dem Dauergrünland begonnen, wobei eine hohe Bedürftigkeit des Bodens an Phosphorsäure, häufig auch an Molybdän und Cobalt, festgestellt werden konnte. Nach Richtlinien vonW.DAVIES erfolgte weiterhin eine systematische Selektion der in Neuseeland vorkommenden Futterpflanzenarten, daneben wurden englische Zuchtsorten importiert und in langjährigen Anbauversuchen auf ihre Anbaueignung geprüft. Entscheidend war dabei die Einfuhr von *Trifolium repens* L. und *Lolium perenne* L., die bisher in Neuseeland unbekannt waren. Als hemmend für das Kleewachstum erwiesen sich in den ersten Jahren die Armut der Böden an Phosphorsäure, Schwefel und Spurenelementen (T. W. WALKER und Mitarb., 1955). — Für die Grasnarbe war

Stickstoff der am stärksten wirkende Wachstumsfaktor. Insofern kam der Einfuhr des Weißklees überragende Bedeutung zu. Die „klassischen“ Versuche von D. SEARS in Palmerston North aus den Jahren 1946—1950 (zitiert von A. JÄNTTI, 1958) erbrachten folgende Erträge im Durchschnitt von 5 Jahren:

TABELLE 10

	Ertrag Trs.	rel.	% N i. d. Trs.
Reiner Grasbau ohne Düngung	1800 kg/ha	= 100%	2,4
Reiner Grasbau + CaO + P_2O_5	2000 ,,	= 110%	—
Grasbau + CaO + P_2O_5 + Kot + Harn	5200 ,,	= 289%	3,0
Weißkleegras	9000 ,,	= 500%	4,1
Weißkleegras + CaO + P_2O_5	11500 ,,	= 639%	—
Weißkleegras + CaO + P_2O_5 + Kot + Harn	15000 ,,	= 833%	4,4

Die Möglichkeiten der Ertragssteigerung auf reinen Grasweiden ohne Stickstoffzufuhr sind, wie die Aufstellung zeigt, begrenzt. Erst wenn durch Kot und Harn bescheidene Mengen an Stickstoff zugeführt werden, steigen die Erträge rasch an. Allein durch *Rhizobium*-Stickstoff beim Anbau von Weißklee werden fünffache Erträge gegenüber reiner Grasweide erzielt; diese Relation ist eindeutig. Sie ist in Europa nie zu erreichen. Schließlich bringt die Zufuhr organischer und mineralischer Düngung eine weitere Steigerung auf insgesamt 150 dt Trs./ha. Diese weitere Ertragserhöhung fällt aber nicht so eindeutig aus wie die allein durch Klee erzielte Steigerung.

Die Bedeutung des Klees, sei es zu kurzfristiger oder langfristiger Nutzung, ist für Neuseeland weitaus höher einzuschätzen als für die Länder Europas. Einer Vegetationszeit von 200—250 Tagen in Europa steht in Neuseeland eine so gut wie ganzjährig andauernde Vegetation gegenüber, die dazu noch gut verteilte und ausreichende Niederschläge bei nahezu optimalen Temperaturen für den Futterwuchs aufweist. In den drei Wintermonaten fallen auf der Nordinsel immerhin noch 10% des Jahresfutters an (F. R. CALLAGHAN, 1958). Die höheren Temperaturen erlauben den Kleearten, im Gegensatz zu Europa, ein viel längeres und intensiveres Wachstum. Die N-Fixierung ist entsprechend größer. Daraus ist die starke Wachstumssteigerung auch der Gräser erklärlich, die mit in den Genuß dieser Stickstoffquelle gelangen. Besonders stark profitieren dabei die auf vegetatives Wachstum gezüchteten Weidesorten von *Lolilum perenne*, das vormals in Neuseeland unbekannt war.

Mit diesen Erkenntnissen begann eine neue Epoche der neuseeländischen Grünlandbewirtschaftung. Viele der unproduktiven, alten *Agrostis*-Dauerweiden wurden umgebrochen und mit *Trifolium repens* und *Lolium perenne* angesät. Je nach Entwicklung und Verwendungszweck dauert ein solcher, ohne Deckfrucht angesäter Bestand, 5, 10 oder 15 Jahre aus. Die Langlebigkeit des Weißklees bestimmt die Nutzungsdauer. Daher ist die Trennung zwischen Dauergrünland und Feldfutterbau heute in Neuseeland schwierig, da meistens Kleegras zu vieljähriger Nutzung angebaut und als „pasture“, also angesätes Gras, betrachtet und unter Dauergrünland geführt wird. — Nach E. B. LEVY (1955) unterscheidet man zwischen:

permanent pasture (Grünland mit mindestens 10jähriger Anbaudauer)
long rotation pasture (Grünland mit 6—10jähriger Anbaudauer. Hierzu gehören die besten Niederungsweiden Neuseelands)
short rotation pasture (3—5jähriges Kleegras)
temporary pasture (1—2-jähriges Kleegras).

Gewöhnlich werden short rotation- und temporary pasture dem Feldfutterbau zugerechnet. Sie wechseln auch mit Feldfrüchten in einer Fruchtfolge ab, während permanent- und long rotation pasture nach einem Umbruch meistens ohne Acker-Zwischennutzung sofort wieder neu zu Weideland angesät werden. Man kann diese beiden Formen also als periodisch erneuertes Grünland bezeichnen.

Bei Neuansaaten wird ein Verhältnis von Klee zu Gras wie 50:50 angestrebt. Mit zunehmendem Alter sinkt gewöhnlich der Kleeanteil, und allmählich bildet sich eine Grasnarbe aus, die dem Typus einer Dauerweide nahekommt. Damit ist gleichzeitig ein erheblicher Ertragsabfall verbunden. Dieser Ertragsabfall ist auf sinkenden Kleeanteil, mangelnde Stickstoffzufuhr und wachsende Bodenverdichtungen zurückzuführen. Er ist stärker als in Europa, weil die Erträge bei einem höheren Kleeanteil die Europas übertreffen.

Daneben gibt es jedoch noch eine große Anzahl von Dauerweiden, die relativ extensiv genutzt werden, als Hauptbestandsbildner *Agrostis*-Arten aufweisen und nicht periodisch umgebrochen werden. Dies sind die Dauerweiden des Hügellandes und ferner Hoflagen, deren Umbruch nicht immer möglich ist oder zunächst noch zu kostspielig erscheint.

In zahleichen Experimenten wurde versucht, die Leistungsgrenze des periodisch erneuerten Grünlandes zu fixieren. So berichtet u. a. P. B. LYNCH (1956) von Weideproduktionsvergleichen im Bezirk Wellington auf der Nordinsel, die mindestens dreijährig, teilweise bis zu 14 Jahren durchgeführt wurden. In Marton wurden dabei durchschnittlich 113 dt Trs./ha geerntet. Auf guten Niederungsweiden mit *Lolium* und *Trifolium repens* können nach I. V. HUNT (1957) 3 RGV pro ha ganzjährig ausreichend ernährt werden. E. B. LEVY (1955) gibt die möglichen Erträge von „Permanent grass of high productivity“ mit 112—179 dt Trs/ha an, wobei *Trifolium repens*, *Lolium perenne* und short rotation H_1-grass im Bestand vorherrschen müssen. Auf solchen Dauerweiden können 8400 kg Stw./ha erzielt werden (E. B. LEVY, 1955). — Dies mögen einige Beispiele für die in Neuseeland bei Ausnutzung guter Klimaverhältnisse und ausreichender Düngung möglichen Leistungen der Dauerweide sein. Von diesen Möglichkeiten wird bis heute noch recht wenig Gebrauch gemacht.

Möglichkeiten zur Ertragssteigerung durch den Anbau importierter Kleearten wirken sich auch auf die minderwertigen Öd- und Unlandflächen des Binnenlandes aus. Hierfür zeigt sich die aus Australien importierte Kleeart *Trifolium subter-*

raneum als besonders geeignet. Das Landinnere der Nordinsel weist auf Böden vulkanischen Ursprungs eine Strauch-, Gebüsch- und Koniferenvegetation auf, deren Lücken vorwiegen ddurch *Danthonia rigida* STEUD. eingenommen werden. Im 19. Jh. hatte man zwar schon vereinzelt mit einer extensiven Nutzung dieser Flächen durch Schafe begonnen, ohne jedoch Kulturmaßnahmen größeren Stiles einzuleiten. (G. R. MOSS, 1956). Erst seit 1945 wurde mit einer systematischen Kultivierung dieser Ödlandflächen begonnen. Dadurch wird das Kulturland durch Gewinnung neuer Dauerweiden im Hügelland erweitert.

Eine Ödlandkultivierung beginnt mit dem Abholzen bzw. der mechanischen Beseitigung von Holzgewächsen durch Bulldozer. Nach 3—4 Jahren wird das für eine Ansaat vorgesehene Gebiet in einer trockenen Jahreszeit abgebrannt und bereits wenige Tage darauf die Ansaat und Düngung vom Flugzeug aus vorgenommen (B. A. GUNNING, 1956). Als günstigste Aussaatzeit gilt der Herbst, also der Zeitraum März/April. Verwendet wird eine vielseitige Kleegrasmischung, die sich gewöhnlich aus *Trifolium repens*, *Trifolium subterraneum*, *Lolium perenne*, *Dactylis glomerata*, *Cynosurus cristatus* L. und *Poa pratensis* L. zusammensetzt (G. R. MOSS, 1956). Je nach Bodengüte wird die Mischung variiert; auf trockeneren Standorten bevorzugt man z. B. *Trifolium subterraneum* (R. S. WHITEHEAD, 1954), in Niederungen *Trifolium repens* und *Lolium perenne*. Gleichzeitig erfolgt die mineralische Düngung mit dem Flugzeug, wobei vor allem Phosphorsäure und Magnesium verabreicht werden. Kalkgaben wirken nur bei p_H-Werten unter 6,0 positiv (C. DURING, 1956). Spurenelemente, insbesondere Co und Cu, zeigten bisher teils eine fördernde, teils auch gar keine Wirkung. Manchmal ist eine der Ansaat vorausgehende, mehrfach wiederholte Mineraldüngung notwendig, damit auch die Kleearten gedeihen. Impfung des Kleesaatgutes ist bei erstmaliger Ansaat nötig.

Ist die Ansaat gelungen, wird kräftig mit Schaf und Rind beweidet, um das Wiederaufkommen wertloser Gräser, wie *Holcus lanatus* L. und *Poa trivialis* L., zu verhindern. Gegen das Wiederaustreiben von Fichtensämlingen werden Jungrinder eingesetzt, da der Verbiß der Schafe allein nicht ausreicht. Aus diesem Grunde wird in den neuen Weidegebieten ein zahlenmäßig engeres Verhältnis von Schaf zu Rind mit etwa 3,5:1 angestrebt, während der Landesdurchschnitt 6:1 beträgt (D. M. GREIG, 1954). — Im allgemeinen wird der gewünschte Kleegrasbestand 3 Jahre nach der Ansaat erreicht. Jährlich werden auf der Nordinsel etwa 18000 ha Ödland auf diese Weise in Kultur genommen. Während vorher auf diesem Ödland nur mit einem Besatz von 0,22 RGV/ha (R. S. WHITEHEAD, 1954) bzw. 0,25 bis 0,3 (nach E. B. LEVY, 1955) gerechnet werden konnte, steigt der mögliche Besatz nach erfolgreicher Kleegraseinsaat bis zu 1,5 RGV/ha. Damit kann die Leistung des kultivierten Berggrünlandes etwa halb so hoch taxiert werden wie die guter Niederungsweiden.

Auf der Südinsel wurde die Ödlandkultivierung zwar auch in Angriff genommen, macht jedoch geringere Fortschritte. Ursache dafür ist das für den Futterwuchs nicht ganz so günstige Klima, das ganzjährige Beweidung nur in Teilgebieten erlaubt. Es muß daher ein Abtrieb der Herden vor Beginn des Winters in tiefere

Lagen bzw. eine Aufstallung mit Zufütterung erfolgen, beides Maßnahmen, die die Rentabilität gefährden. Das noch nicht kultivierte Ödland wird z. Z. mit einer Besatzstärke von 0,025 GV/ha durch Schafe äußerst extensiv beweidet (I. A. COLLIER, 1957). Bei Neuansaaten haben sich besonders *Trifolium subterraneum* und *Dactylis glomerata*, vereinzelt auch *Lotus corniculatus* L. und *Arrhenatherum elatius* (L.) J. et C. PRESL. bewährt.

Die Bestrebungen um eine Erhöhung des Futteranfalles auf den Dauerweiden Neuseelands verlaufen also in zwei Richtungen: Durch Ausdehnung der Weidefläche im Hügelland und durch höhere Flächenleistung auf den älteren Niederungsweiden in Form des periodisch erneuerten Grünlandes. Dieses periodisch erneuerte Grünland ist der Dauerweide alter Prägung überlegen, weil Zuchtsorten von Weißklee mit einer hohen N-Fixierung und leistungsfähige Zuchtsorten von Gräsern zum Anbau gelangen, die mehr leisten als der alte Pflanzenbestand. Voraussetzung ist also das Vorhandensein derartiger Sorten. Der erste Schritt auf diesem Wege war die Einfuhr von *Trifolium repens* und *Lolium perenne* aus England. *Lolium perenne* liefert aber nicht den erwünschten gleichmäßigen Futteranfall, da es im Winter und Sommer eine Vegetationsruhe durchläuft. Ein gewisser Futterausgleich für die Hochsommerperiode kann durch eine verstärkte Beimischung von *Festuca pratensis* HUDS. gelingen. Prüfungen von Weißklee oder Rotklee mit Wiesenschwingel erbrachten im Gebiet von Wellington Erträge von 100,58 dt, während Kleegras mit Deutschem Weidelgras 94,64 dt Trs./ha lieferte (S. M. MACLEAN, 1956).

Von der züchterischen Seite her gelang L. CORKILL mit der Kreuzung von *Lolium perenne* × *Lolium multiflorum* = short rotation H_1-grass die Züchtung eines Grases, das einen gleichmäßigeren Futteranfall über den Jahresablauf aufweist als die Ausgangsarten. Mit Weißklee oder auch in Reinsaat angebaut hält es bis zu 5 Jahren im Bestande aus, es darf jedoch nicht ständig kurz verbissen werden (G. K. McPHERSON, 1956). Mähweidenutzung ist am günstigsten. — In jüngster Zeit züchtete P. E. BARCLAY das „long rotation H_1-grass", das eine größere Ausdauer als das „short rotation H_1-grass" aufweist. Dieses Gras scheint für das periodisch erneuerte Grünland am besten geeignet zu sein. — Aus Australien wurde *Lolium rigidum* importiert, das Wuchsfreudigkeit mit Ausdauer verbindet und sich in Neuseeland steigender Beliebtheit erfreut (E. J. WARING und Mitarb., 1954). Schließlich ist noch *Phalaris tuberosa* zu nennen, das, mit Kleearten angesät, hohe Erträge bringen kann. Es wird auch zur Grassilage verwendet, ist in seinen Boden- und Nährstoffansprüchen aber ziemlich anspruchsvoll (G. A. BLAKE, 1956).

Die Bestrebungen in Neuseeland laufen darauf hinaus, möglichst ganzjährig Weide- bzw. Grünfutter bei geringem Arbeitsaufwand zu erzeugen. Dazu dienen alle Formen der Futtergewinnung. Den größten Anteil an der Futterlieferung bestreitet heute noch die alte Form der Dauerweide. Bei einem AK-Besatz für die gesamte Landwirtschaft Neuseelands von nur 1,6 AK/100 ha LN können nicht alle für die Ertragssteigerung als richtig erkannten Maßnahmen kurzfristig durchgeführt werden.

Es sind Bemühungen im Gange, auch die alten Dauerweiden ohne Umbruch bestandsmäßig zu verbessern. Dazu gehört die Nachsaat von Klee- und Grasarten. Diese Methode der Bestandsverbesserung wurde bereits bei der Bewirtschaftung der Steppen erläutert, wo sie dank des lockeren, nie den Boden ganz deckenden Bestandes technisch leicht durchführbar ist. Dort sind Wassermangel oder Erosionserscheinungen die störenden Elemente für das Gelingen der Nachsaat. Im futterwüchsigen Neuseeland ist jedoch auf allen kultivierten Grünlandflächen eine dichte Narbe, meistens von ausläufertreibenden Arten, zu finden. Hier bereitet die Pflanzenkonkurrenz bei der Schaffung des „Saatbettes" ohne Umbruch erheblich mehr Schwierigkeiten, so daß die gebräuchliche Methode der Nachsaat problematisch ist. Die umbruchlose Nachsaat hat jedoch neue Aspekte erfahren, seit selektive Herbicide gefunden wurden (Dalapon), die Dikotyle, also auch Kleearten, schonen, Gramineen hingegen schädigen. So kann der minderwertige, alte Grasbestand durch Anwendung von Dalapon einige Wochen vor der geplanten Nachsaat geschwächt werden, so daß eine Nachsaat nunmehr Erfolg verspricht. Bei Versuchen um die beste Aussaatmethode für eine Nachsaat von Kleegras in alte Weidenarben erwies sich das Drillen mit starken „Ritzern" vor dem Drillschar einer Breitsaat bei weitem überlegen (A. R. DINGSWALL, 1955). — Nachgesät werden in erster Linie Kleearten, dann auch wertvolle Gräser, z. B. short rotation H_1-grass. Der feuchte und kühle Winter gibt die Voraussetzung für eine gute Anfangsentwicklung, so daß der Bestand in der Hauptvegetationszeit schon voll genutzt werden kann. Auf diese Weise können minderwertige Dauerweiden relativ schnell und kostensparend verbessert werden. Die mögliche Besatzstärke ist nach erfolgter Nachsaat meistens doppelt bis dreifach so hoch.

Eine Düngung des Grünlandes in Neuseeland ist erst üblich, seit man erkannte, daß ein Gedeihen des Klees von Phosphorsäure und häufig auch Spurenelementen abhängt, die selten in ausreichendem Maße im Boden vorhanden sind. Der Anteil der gedüngten Flächen ist jedoch bis heute noch gering. Nach Angaben der neuseeländischen Statistik betrug die mit Mineraldüngern und Kalk gedüngte Grünlandfläche:

1945: 1488340 ha
1955: 3214600 ha

Trotz der starken Zunahme bedeutet dies, daß 1955 erst 41% der Kulturfläche oder rund 20% der gesamten Fläche, einschließlich des Ödlandes, abgedüngt werden. Nahezu die Hälfte der Flächen wird mit dem Flugzeug gedüngt, eine, besonders im Hügelland, arbeitssparende Methode. — Die mineralische Nährstoffzufuhr ist einseitig auf Phosphorsäure abgestimmt. Das Verhältnis der zugeführten Nährstoffe N:P:K beträgt 1:60:5. Die Phosphorsäuredüngemittel sind meistens mit Mg, Co, Cu und J versetzt, um dem Mangel an Spurenelementen vorzubeugen. Eine Stickstoffdüngung auf dem Grünland fehlt fast völlig; die geringen mineralichens Stickstoffmengen dienen vornehmlich dem Gartenbau. Das Grünland empfängt ausreichend symbiotischen N, soweit Kleearten im Bestand vorhanden sind. Da Stalldung praktisch nicht anfällt, spielt eine organische Düngung keine nennenswerte Rolle.

Bei einem Besatz von 97 RGV/100 ha wird vom ha Hauptfutterfläche praktisch eine RGV ganzjährig ernährt. Der Anteil des Ödlandes am Futteraufkommen ist dabei nicht berücksichtigt. Bei dem sehr geringen Viehbesatz auf den Ödlandflächen fällt er auch wenig ins Gewicht. Diese durchschnittliche Leistung neuseeländischer Dauerweiden mit knapp 2000 kg Stw./ha ist etwa ebenso hoch wie die guter deutscher Dauerweiden, wo während der 5—6monatigen Weidezeit 2 RGV/ha ernährt werden, wenn mineralisch ausreichend gedüngt wird. Sie ist für Neuseeland mit sehr viel günstigeren Klimaverhältnissen anscheinend nicht sonderlich hoch.

Dieser erste Eindruck täuscht. Man muß berücksichtigen, daß nur 131000 Menschen, das sind 22% der erwerbstätigen Männer, in der Landwirtschaft Neuseelands beschäftigt sind. Bei einem AK-Besatz von 1,6/100 ha LN werden 97 RGV, davon 20 Milchkühe, auf 100 ha gehalten. Die Milchviehhaltung nimmt noch an Umfang zu. Vor 1918 machten Shorthorns mehr als 50% des Rinderbestandes aus, 1950 war dagegen der Anteil der Jerseys auf 49,7% gestiegen (G. KLAUDER, 1956). Die Milchleistung betrug 1956 2694 kg mit 130 kg Butterfett (J. B. QUIGG, 1957). Pro Schaf wurden 5,07 kg Rohwolle produziert, obwohl Fleischgewinnung auch bei der Schafhaltung Hauptziel der Produktion ist. — Nur, wenn man den geringen AK-Besatz berücksichtigt, ist zu verstehen, daß viele der noch möglichen Maßnahmen zur Ertragssteigerung der Dauerweiden in Neuseeland bis heute ungenutzt blieben. So umfaßt, wie schon erwähnt, die mineralisch gedüngte Fläche erst 41% der LN, der Elektrozaun wird bisher nur beim Feldfutterbau eingesetzt und auf den meisten Dauerweiden dominiert noch die Standweide. Es gibt also eine Reihe von Maßnahmen, mit denen die Erträge der Dauerweiden noch zu steigern wären, doch muß einmal die Absatzfrage im Falle einer verstärkten Produktion geregelt und zum anderen der erhöhte AK-Bedarf gesichert sein. Für die Entwicklungsperspektiven der Dauerweiden in Neuseeland kann es nur von Vorteil sein, wenn noch erhebliche Ertragsreserven vorhanden sind. Die hohe Arbeitsproduktivität des neuseeländischen Farmers bei vorwiegender Weidewirtschaft, einschließlich Milchviehhaltung, wird durch die Zahl von 136 t GE/AK gekennzeichnet, die nur noch vom australischen Farmer mit einer Leistung von 180 t GE/anno übertroffen wird. Sie liegt um ein Vielfaches höher als z. B. in den Niederlanden, wo 10 t GE/AK produziert werden (GE-Werte errechnet nach B. SKIBBE, 1958).

Es ist nicht schwer, in Einzelbetrieben hohe Flächenleistungen von der Weide zu erzielen. Das Beispiel Neuseelands zeigt, wie man mittlere bis gute Erträge mit höchster Arbeitsproduktivität koppeln kann.

Die Entwicklungstendenzen sprechen für eine Ausdehung des periodisch erneuerten Grünlandes in Neuseeland. Über die ökonomisch richtige Intensität der Nutzung entscheiden volkswirtschaftliche Faktoren. Man hat es in Neuseeland in der Hand, weiter rationell zu intensivieren oder gegebenenfalls auch zu extensivieren. Die geringe Bevölkerungsdichte und die Gunst der natürlichen Umweltverhältnisse lassen beide Möglichkeiten zu.

Irland, bzw. die Irische Republik, ist das klimatisch am stärksten maritim beeinflußte Gebiet Europas. Milde Sommer und Winter lassen eine etwa 10monatige Vegetationszeit zu. Aber auch in den Wintermonaten tritt im Durchschnitt der Jahre nur an 49 Tagen Bodenfrost auf, so daß Jungvieh ganzjährig auf der Weide gehalten werden kann. Milchvieh wird etwa 3—4 Monate aufgestallt. Schneefall ist selten. Die Jahresniederschläge liegen in den meisten Gebieten zwischen 800 und 1500 mm. Sie nehmen zur Westseite der Insel hin zu und sind einigermaßen gleichmäßig über das Jahr verteilt. Nur im Südwesten überwiegen winterliche Niederschläge.

Klima und Grundeigentumsverhältnisse begünstigten schon früher einseitig die Dauerweide mit Rind- und Schaffleischproduktion. Auch nach der Erringung der Selbständigkeit im Jahre 1921 und dem Rückgang britischen Grundbesitzes dominiert weiterhin die Dauerweide.

Die landwirtschaftlichen Verhältnisse Irlands werden durch die folgende Tabelle charakterisiert (nach Pâturage et Production . . . , 1954 und B. SKIBBE, 1958):

TABELLE 11

Dauergrünland	3,474 Mill. ha = 74% der LN
Acker	1,231 Mill. ha = 26% der LN
LN	4,705 Mill. ha
Bevölkerung	2,933 Mill.
Einwohner/km²	62
Einwohner/100 ha LN	42
Erwerbstätige in der Landwirtschaft	40%
AK/100 ha LN	11
Viehbestand	
Rinder	4,394 Mill.
davon Kühe	1,174 Mill.
∅ Milchleistung/Kuh	2,100 kg
Schafe	2,930 Mill.
Pferde	0,435 Mill.
Schweine	0,880 Mill.
RGV/100 ha LN	74
Hauptfutterfläche/RGV	1,2 ha
Mineralische Nährstoffzufuhr/ha LN	
N	3 kg
P_2O_5	12 kg
K_2O	9 kg

Von den 3.474 Mill. ha Dauerweiden sind 1,2 Mill. ha Hutungen. Hauptbestandsbildner der Dauerweiden sind *Agrostis*-Arten und *Festuca rubra* L. Weiden mit *Lolium perenne* und *Trifolium repens* sind bis heute noch selten. Auf den Hutungen sind hauptsächlich *Calluna*, *Nardus stricta* L. und *Molinia*-Species vertreten. Von den Hutungen werden etwa 600, von den Dauerweiden durchschnittlich 1750 kg Stw./ha erzielt.

In Irland wird vor allem Rindfleischproduktion betrieben. Nur ¼ des Rinderbestandes sind Kühe, deren Milch vielfach zur Aufzucht von Mastkälbern verwendet wird. Standweide herrscht vor. Die pro ha LN verabfolgten geringen mineralischen Düngermengen kommen vor allem dem Ackerbau zugute.

Der einfachste Weg zur Ertragsverbesserung der Dauerweiden ist die Zufuhr von Stickstoff. Eine mineralische N-Zufuhr ist z. Z. noch zu kostspielig. Daher bemüht man sich zunächst um eine Erhöhung des Weißkleeanteiles.

Der erste Schritt zur Bestandsverbesserung der Dauerweide ist die Düngung mit Kalk, da die meisten Weiden physiologisch sauer sind, dann folgt die Düngung mit Phosphorsäure. Der Weißklee nimmt dann erfahrungsgemäß auf etwa 30% am Bestand zu. Zwar bindet der Weißklee in Irland nicht so viel N wie in Neuseeland, doch bedeutend mehr als auf dem europäischen Kontinent. — Mit der Zufuhr symbiotischen Stickstoffes nehmen auch anspruchsvollere, aber wüchsigere Grasarten im Bestand zu, so daß im Laufe weniger Jahre eine positive Bestandsumschichtung erfolgt. Durch diese Düngungsmaßnahmen könnten die Erträge der meisten Dauerweiden Irlands um mindestens 50% gehoben werden. Eine sinnvolle Bewirtschaftung würde eine weitere Leistungssteigerung nach sich ziehen. Bisher wird jedoch erst ein bescheidener Teil der Dauerweiden von diesen Verbesserungsmaßnahmen erfaßt.

Der zweite Schritt zu einer bedeutenden Leistungssteigerung der Dauerweide ist der Übergang zum periodisch erneuerten Grünland. Dazu ist, wie in Neuseeland, die Ansaat leistungsstarker Zuchtsorten von *Trifolium repens* und *Lolium perenne* nötig. Hinzu kommen reichliche NPK-Düngung und die Durchführung der Umtriebsweide für Fleischvieh und Portionsbeweidung für Milchvieh. Bei entsprechend häufiger Nutzung kann zur Förderung des Graswuchses noch mit mineralischem Stickstoff in Höhe von 100—140 kg/ha gedüngt werden. Der Weißklee verschwindet dabei nicht, solange die Beschattungswirkung der Gräser fortfällt. — Diese, z. Z. höchste Entwicklungsstufe der Weide wird erst auf wenigen Betrieben Irlands durchgeführt. Sie fordert einen hohen Grad der Bewirtschaftungsintensität, der heute noch nicht zur Forderung für alle Betriebe erhoben werden kann.

Die für Irland klimatisch so günstigen Voraussetzungen für eine leistungsstarke Viehwirtschaft werden bei weitem noch nicht ausgenutzt. Es fehlt der notwendige Antrieb zu einer allgemeinen Leistungssteigerung in der Landwirtschaft. Diese Erscheinung mag in einer gewissen Resignation der durch Jahrhunderte in ärmlichen Verhältnissen lebenden ländlichen Bevölkerung und im Mangel an weiteren Absatzmöglichkeiten für tierische Produkte seine Erklärung finden. In Neuseeland ist der Farmer aufgeschlossener; er fühlt sich als Pionier einer zukunftsreichen Entwicklung. In Irland besagt allein der Rückgang der Bevölkerungszahl von 6 auf knapp 3 Mill. in den letzten hundert Jahren, daß der Ire selbst wenig Vertrauen zur Zukunft hat. Insofern ist es nicht verwunderlich, wenn die Bewirtschaftung der Dauerweide extensiv und wenig arbeitsproduktiv durchgeführt wird. 11 AK für 100 ha LN sind bei der vorherrschenden Bewirtschaftungsweise zu viel.

Die Entwicklungsmöglichkeiten für die Dauerweiden Irlands sind dennoch günstig. Aus Gründen, die ihre Erklärung in der Geschichte des Volkes und in der Situation der gesamten Volkswirtschaft und des Außenhandels finden, wird die Weidewirtschaft in Irland z. Z. sehr extensiv betrieben. Dies kann sich ändern, denn an keiner Stelle Europas sind so viele unausgeschöpfte Möglichkeiten höherer Futterproduktion vorhanden wie auf den Weiden der grünen Insel.

Die Niederlande sind für die Güte ihrer Dauerweiden bekannt. Sie sind das am stärksten maritim beeinflußte Land auf dem europäischen Kontinent, sind aber niederschlagsärmer als Irland, denn es fallen im Jahre zwischen 600 und 800 mm Regen. Am niederschlagsreichsten sind die Monate Juli und August. Die Temperaturen erlauben eine etwa 7monatige Weidezeit für Kühe, und auch das Jungvieh wird meistens nur für 2—3 Monate im Winter aufgestallt. Immerhin ist noch ein erheblicher Bedarf an Winterfutter vorhanden, der in Neuseeland fortfiel und in Irland nur einen geringen Teil des Jahresfutters betraf.

Der Temperaturfaktor kann gegenwärtig von den Menschen noch nicht beeinflußt werden, wohl aber der Faktor Wasser. Von dieser Möglichkeit wurde in den Niederlanden für die Dauerweide Gebrauch gemacht. In mühevoller Pionierarbeit haben es die Niederländer verstanden, das Wasser nutzbar zu machen und unter Kontrolle zu bringen. Die Beherrschung des Wassers ist wichtigste Voraussetzung für eine hochproduktive Weidenutzung in Gebieten, in denen Wasser nicht ausreichend während der Vegetationszeit zur Verfügung steht. Den natürlichen Nachteil der geographischen Lage gegenüber Neuseeland und auch Irland haben die Holländer damit für den Faktor Wasser ausgleichen können.

Der Anteil an Dauergrünland war in den Niederlanden schon im vorigen Jahrhundert recht hoch, als der Getreidebau noch den wichtigsten Zweig der Landwirtschaft bildete. Billige Getreideimporte aus Übersee begünstigten dann die Veredlungswirtschaft. Ein Zwang zu hoher Flächenleistung war zunächst noch nicht gegeben; dieser Zwang trat erst nach dem Verlust der meisten Kolonien nach 1945 ein. Man sah sich plötzlich genötigt, den Bedarf einer stark angewachsenen Bevölkerung nach Möglichkeit im Inland zu decken.

Die wichtigsten Kennziffern der niederländischen Landwirtschaft zeigt die folgende Aufstellung (FAO Yearbook, 1956 und B. SKIBBE, 1958):

TABELLE 12

Dauergrünland	1,263 Mill. ha = 55% der LN
Acker	1,044 Mill. ha = 45% der LN
LN	2,307 Mill. ha
Bevölkerung	10,434 Mill.
Einwohner/km²	297
Einwohner/100 ha LN	452
Erwerbstätige in der Landwirtschaft	20%
AK/100 ha LN	25
Viehbestand	
Rinder	2,900 Mill.
davon Kühe	1,532 Mill.
ø Milchleistung/Kuh	4000 kg mit 4% Fett
Schafe	0,360 Mill.

Pferde	0,250 Mill.
Schweine	1,900 Mill.
RGV/100 ha LN	108
Hauptfutterfläche/RGV	0,55 ha
Mineralische Nährstoffzufuhr/ha LN:	
N	79 kg
P_2O_5	52 kg
K_2O	67 kg

Die Durchschnittszahl von 55% der LN für Dauerweiden darf nicht darüber hinwegtäuschen, daß es Betriebe gibt, die zu 100% aus Dauerweiden bestehen und solche, die gar kein Grünland aufweisen. — Der Feldfutterbau spielt mit 3% an der Ackerfläche eine unbedeutende Rolle.

Die Bodenverhältnisse allein sind für den hohen Grünlandanteil nicht verantwortlich zu machen. Zwar liegen an der Westküste, oft unter dem Meeresspiegel, dem Meer abgerungene, schwere Marschböden, die eine Dauerweide begünstigten. Im Osten und Südosten herrschen jedoch Böden mit Podsolcharakter vor, die eher für den Getreide- und Feldfutterbau geeignet sind. Dank der Wasserbeherrschung konnten aber auch hier gute Dauerweiden geschaffen werden.

Die Bemühungen um eine Steigerung der landwirtschaftlichen Produktion richteten sich seit 1945 gleichermaßen auf Acker- und Dauergrünland. Es lag nahe, wie in Großbritannien von 1939—1944, eine Grünland-Umbruchsaktion einzuleiten, um auf diese Weise die höchsten Erträge pro Flächeneinheit zu erzielen und die Futterversorgung stärker aus dem Feldfutterbau zu decken. Dieser Weg wurde nicht beschritten, weil man erkannte, daß bisher noch keine volle Ausnutzung des möglichen Futterwuchses auf den Dauerweiden erfolgt war.

Die Dauerweiden der Niederlande liegen zum größten Teil an typischen Weidestandorten. Nach Kartierungen von T. A. DE BOER (1954) sind nur 2,5% aller Weiden zu trocken. Ertragsbegrenzend wirkt der fehlende Stickstoff. Der Weißklee im Bestande bindet nicht ausreichend symbiotischen N, um die erwünschten hohen Erträge zu erreichen. So bleibt nur die mineralische N-Zufuhr. Daher werden in den Niederlanden auch die höchsten mineralischen Düngergaben auf der Erde verabfolgt. Trotz der selbst für Europa überdurchschnittlichen Nährstoffzufuhr werden nach W. FUCHS (1955) noch 45% aller Weiden mangelhaft bewirtschaftet. Daher ist es vielleicht erklärlich, daß im Durchschnitt aller Weiden „nur" 3000 kg Stw./ha erzielt werden (I. M. A. PENDERS, 1956). Zur Feststellung der bei normaler oder sehr starker mineralischer Düngung erreichbaren Erträge wurden zahlreiche Düngungsversuche auf der Dauerweide durchgeführt.

In 10jährigen Versuchen von T. A. de BOER und Mitarb. (1956) wurden z. B. bei einer konstanten jährlichen Gabe von 70 kg N + 60 kg P_2O_5 + 120 kg K_2O und sechs Schnitten pro anno Erträge zwischen 57,2 und 99,5 dt Trs./ha erzielt. Der Gehalt an verd. Rohprotein schwankte zwischen 11,5 und 13,3% der Trs. Daß mit diesen Düngermengen die Ertragsgrenze der Dauerweiden keinesfalls erreicht ist, zeigen Spitzenbetriebe der Praxis. Auf dem Betrieb des Bauern de Boer in Friesland, einem reinen Weidebetrieb, werden bei einer jährlichen Mineraldüngergabe von 444 kg N/ha und entsprechender PK-Düngung pro ha Weidefläche 6000 kg Stw. erzielt. Die tägliche Weidezeit beträgt nur einige Stunden am Vormittag, dann folgt die Aufstallung und Zufütterung angewelkten Weidefutters. Heu, Silage und Kraftfutter (durch künstliche Trocknung) werden von der Weide ebenfalls geliefert; der Zukauf von Futtermitteln ist gering. Pro ha Weidefläche werden 9040 kg Milch erzielt. Die Weidezeit beginnt Ende März und endet ausgangs Oktober.

Die Forschung hat, insbesondere seit 1945, neue Wege gewiesen, um mit Hilfe einer starken Unterteilung der Weide und hoher Mineraldüngergaben alle Futterarten von der Dauerweide zu erzielen. Durch sinnvolles Ineinandergreifen aller Bewirtschaftungsmaßnahmen können in einem gut geleiteten und technisch ausgerüsteten Weidebetrieb Weidefutter, Heu, Grassilage und Trockenfutter gewonnen werden. Dadurch gelingt es, von derselben Fläche Sommer- und Winterfutter zu erzeugen und die überholte Form einer Dauerwiese überflüssig zu machen. Nach Angaben von T. A. de BOER (1954) werden 58% aller Dauerweiden als Mähweiden genutzt. Mengenmäßig wird der Futteraufwuchs gegenwärtig zu 70% abgeweidet, 24,5% werden zu Heu, 5% zu Grassilage gemacht und 0,5% künstlich getrocknet. Damit erübrigt sich die Notwendigkeit, Feldfutter in größerem Umfange anzubauen, obwohl Kleegras, bei einem Anteil von 1,5% am Ackerlande, im Durchschnitt 4000 kg Stw./ha erbringt. Es ist aber risikoloser, die Dauerweide auch als Heulieferanten zu benutzen. Außerdem reicht der Stalldunganfall aus, um den Humusbedarf des Ackerlandes zu decken.

Die hohe tierische Leistung mit durchschnittlich 4000 kg Milch pro Kuh ist das Ergebnis guten, jahrzehntelangen züchterischen Wirkens und einer ganzjährig auf Leistung abgestimmten Fütterung. Kennzeichnend hierfür ist die Zufütterung, die auch im Sommer durchgeführt wird. Bei Berücksichtigung aller Tiergattungen werden auf Stw.-Basis 27% des Jahresfutters von Futtergetreide und anderen Futtermitteln bestritten. Bei dem hohen Grad der Bewirtschaftungsintensität müssen alle Möglichkeiten, die Leistungsgrenze beim Rind zu erreichen, ausgeschöpft werden. — In Neuseeland und Irland wird die Dauerweide meistens als Standweide ohne Zufutter genutzt, um ohne größeren Aufwand den Bedarf der Tiere bei mittleren oder auch schwächeren Leistungen zu decken. Dafür spricht auch die Betriebsstruktur mit größeren Flächen. Die mögliche Leistungsgrenze wird weder auf der Weide noch beim Weidevieh erreicht. — Im kleinbäuerlichen Holland mit einem AK-Besatz von 25/100 ha LN, der also doppelt so hoch wie in Irland und 16mal höher als in Neuseeland ist, können und müssen alle individuell möglichen Maßnahmen zur verlustarmen Verwertung des Weidefutters und zur Ausnutzung der Leistungsgrenze beim Vieh ausgeschöpft werden. Nur bei hoher Flächenproduktivität ist es möglich, auch eine angemessene Arbeitsproduktivität zu erreichen. Dabei wird der Qualität der Agrarerzeugnisse in den Niederlanden eine hohe Bedeutung zugemessen.

Die Erträge der Dauerweide sind noch steigerungsfähig. 45% aller Flächen werden nach holländischen Maßstäben noch mangelhaft bewirtschaftet. Wenn im Durchschnitt aller Betriebe 80 kg N/ha verabfolgt werden, so ist durch die Forschung andererseits bewiesen, daß 160 kg N/ha für niederländische Verhältnisse durchaus rentabel sind, wobei diese Stickstoffmengen in erster Linie der Dauerweide zugute kommen.

Die Vorstellung, daß ein hoher Anteil an Dauergrünland Kennzeichen einer extensiven Bewirtschaftungsweise ist, trifft heute nur noch für die Dauerweiden der Steppen zu. Dort darf kein starker Auftrieb erfolgen, da die Steppenpflanzen einen ständigen Verbiß nicht vertragen. In den gemäßigten Breiten kann die Dauerweide extensiv und wenig rationell bewirtschaftet werden, wie es das irische Beispiel zeigt, sie kann extensiv und rationell genutzt werden, wie in Neuseeland, und schließlich hochintensiv und so rationell wie möglich, wenn ein Zwang zu hoher Flächenproduktivität besteht, wie in den Niederlanden. Diese weite Variationsbreite in der möglichen Bewirtschaftungsintensität verschafft der Dauerweide in den gemäßigten Breiten einen Vorteil gegenüber dem Feldfutterbau.

Die Entwicklungstendenzen der Dauerweiden in den Niederlanden können positiv beurteilt werden, weil es gelungen ist, den notwendigen Intensitätsgrad der Bodennutzung auch auf das Grünland auszudehnen. Solange gute Exportmöglichkeiten für tierische Produkte bestehen und somit eine günstige Verwertung der Arbeitskraft durch die Veredlungswirtschaft möglich ist, wird die Dauerweide auch in Zukunft die wichtigste Form der Futtergewinnung in den Niederlanden bleiben.

Auch in Großbritannien sind für die Dauerweide relativ günstige Umweltbedingungen vorhanden. Die Niederschlagsmengen nehmen in England von der Ost- zur Westküste von 450 bis etwa 1 000 mm zu, sie erreichen an der Westküste Schottlands sogar 1 500 mm. Die Winter sind, außer in Gebirgslagen, milde. Wenn zuweilen Schnee fällt, bleibt er nur kurzfristig liegen. Die Weidezeit für Milchkühe beträgt in England 8—9 Monate, das Jungvieh bleibt häufig schon ganzjährig draußen.

Die Entwicklungsgeschichte der britischen Landwirtschaft wurde bereits an anderer Stelle geschildert (H. PÄTZOLD, 1954/55). Hier genügt die Feststellung, daß erst mit dem Einsetzen größerer Getreideimporte im 19 Jh. und dem dadurch bedingten Rückgang der Ackerfläche die Dauerweide an Bedeutung gewann. Bei dem vorherrschenden Großgrundbesitz konnten auf der Dauerweide billig Rind- und Hammelfleisch produziert werden. In der zweiten Hälfte des 19. Jh. gewann der Ackerbau zur Getreideerzeugung noch einmal kurzfristig an Bedeutung, bis sich die Situation ab 1878, mit dem Einsetzen des unbeschränkten Freihandels, endgültig zugunsten der extensiv bewirtschafteten Dauerweide wandelte. Dieser Zustand hielt, mit einer kurzen Unterbrechung zwischen 1914 und 1918, bis 1939 an.

Der Zwang zur Förderung der Eigenversorgung führte seit 1939 zum Umbruch von 37% der bisherigen Dauerweideflächen (W. SCHAEFER, 1954), wodurch das Ackerland das Dauergrünland 1944 an Umfang übertraf, wenn man die Berghutungen — „rough grazing“ — nicht berücksichtigt. Dadurch wurde die Flächenleistung beträchtlich erhöht, zumal die Dauerweiden nur sehr extensiv genutzt worden waren. Durch einen hohen Anteil von etwa 33% Kleegras auf dem Acker wurde die Humusversorgung der Böden gesichert. Außerdem wurde das

nötige Rauhfutter gewonnen und die Beweidung zusätzlich auf das Ackerland verlegt. Ursache der Umbruchaktion war nicht der Wunsch nach erhöhter Flächenleistung schlechthin. Eine Ertragssteigerung hätte auch durch einen höheren Aufwand auf der Weide erreicht werden können, wie z. B. in den Niederlanden. Notwendig war vielmehr eine Produktionserhöhung bei den Marktfrüchten. Voraussetzung für den Erfolg der Aktion war die Ackerfähigkeit der Dauerweiden. Man war und ist in Großbritannien in der Lage, das Potential des Bodens, je nach dem gewünschten Zweck, zu mobilisieren. Daß die Futterversorgung des Viehs durch die Reduzierung der Weideflächen nicht litt, ist dem verstärkten Kleegrasbau auf dem Acker zu verdanken, der zwar arbeitsaufwendiger, aber auch ertragreicher ist als die Dauerweiden bei der z. Z. üblichen Bewirtschaftung.
Die landwirtschaftlich wichtigen Daten Großbritanniens gehen aus der folgenden Aufstellung hervor (FAO Yearbook, 1956):

TABELLE 13

Dauergrünland	12,305 Mill. ha
davon Hutungen[1]	7.0 Mill. ha
Acker	7.099 Mill. ha
LN	19,404 Mill. ha
korrigierte LN (ohne Hutung)	12,404 Mill. ha
Bevölkerung[2]	51,066 Mill.
Einwohner/km^2	210
Einwohner/100 ha korr. LN	412
Erwerbstätige in der Landwirtschaft	4,9%
AK/100 ha LN	6
Viehbestand	
Rinder	10,250 Mill.
davon Kühe	4,470 Mill.
ø Milchleistung/Kuh	2,900 kg
Pferde	0,499 Mill.
Schafe	21,700 Mill.
Schweine	5,434 Mill.
RGV/100 ha korr. LN	80
Hauptfutterfläche/RGV (ohne Hutungen)	0,82 ha
Mineralische Nährstoffzufuhr/ha der korr. LN[3]	
N	21 kg
P_2O_5	29 kg
K_2O	21 kg

[1]) nach L. D. STAMP, 1950
[2]) nach B. SKIBBE, 1958
[3]) errechnet nach Annual Review, 1955

Die Qualität der Dauerweiden der Insel ist recht unterschiedlich. Grundsätzlich wird zwischen dem unkultivierten und dem kultivierten Grünland unterschieden. Das unkultivierte Dauergrünland — Hutungen und Ödland in den Berglagen —

wird von der britischen Statistik nicht in die LN einbezogen. Daher wurde es in dieser Arbeit bei der Errechnung der landwirtschaftlichen Kennzahlen auch nicht berücksichtigt. Dem Umfang nach ist dieses Berg- und Heidegrünland sogar größer als die eigentliche, bewirtschaftete Dauerweide. 24% dieser Ödlandflächen werden allein von *Nardus stricta*-Beständen eingenommen, die bestenfalls für Schafe Verwendung finden können (B. THOMAS und Mitarb., 1956). Für die Zukunft sind diese Hutungen aber keinesfalls wertlos. Sie stellen ein beträchtliches, heute noch wenig genutztes Reservoir der Futtergewinnung in Großbritannien dar.

W. DAVIES (1954) teilt die bewirtschafteten, also kultivierten Dauerweiden, ihrer botanischen Zusammensetzung und dem landwirtschaftlichen Wert nach in 6 Gruppen ein:

1. Erstklassige *Lolium*-Weiden. Hauptbestandsbildner *Lolium perenne* und *Trifolium repens*. Fettweide für Rinder, Winterweide für Schafe. Ganzjährig beweidungsfähig.
2. Zweitklassige *Lolium*-Weiden mit geringerem Anteil von *Lolium*. Fettviehweide, Ertragssteigerung möglich.
3. Drittklassige *Lolium*-Weiden mit starken *Agrostis*-Anteilen. Milchviehweiden. Ertragsmäßig noch etwas über dem Durchschnitt aller Weiden.
4. *Agrostis*-Weiden, nur wenig *Lolium* und *Trifolium repens*, dafür mehr *Nardus* und *Anthoxanthum*. Flächenmäßig stark verbreitet, umfangreicher als 1+2+3 zusammen.
5. *Agrostis*-Weiden mit Binsen und Seggen, schlechte Wasserführung, aber mit Möglichkeiten der Verbesserung.
6. *Agrostis-Festuca ovina*-Weiden auf armen, trockenen Standorten.

Die Durchschnittserträge aller Dauerweiden belaufen sich auf 2100 kg Stw./ha (Pâturage et Production ... 1954), liegen also etwa höher als die Irlands, jedoch bedeutend unter denen der Niederlande. W. DAVIES (1954), ein Gegner der Dauerweiden und Förderer des Kleegrasbaues in Großbritannien, gibt als Durchschnittsertrag der Dauerweiden nur 1246 kg Stw./ha an. Spitzenerträge der ersten Gruppe können 5000 kg Stw./ha erreichen.

Mineralische Phosphorsäuredüngung ist auf den Dauerweiden Großbritanniens allgemein üblich, Stickstoffgaben sind jedoch selten. Die Standweide ist bis heute noch die vorherrschende Nutzungsform. Bei ausreichender mineralischer Düngung könnten die Gruppen 2 und 3 in ihrer Ertragshöhe die besten Weiden der Gruppe 1 erreichen (W. DAVIES, 1957).

Die Phosphorsäuredüngung begünstigt den Weißklee. Er ist auf den guten britischen Dauerweiden mit etwa 25% am Bestand vertreten (W. DAVIES, 1954). Dieser Weißklee liefert in Großbritannien bei mäßiger Bewirtschaftungsintensität so viel symbiotischen Stickstoff, daß im Durchschnitt 2100 kg Stw./ha auf der Dauerweide erreicht werden. Mit dieser Weideleistung ist man in den meisten Gebieten der Insel zufrieden, zumal sie bei Standweide erzielt wird. — In Neuseeland liefern die Weiden mit einem hohen Weißkleeanteil mehr von der Fläche, da mehr Stickstoff gebunden wird, der den Gräsern zugute kommt. Dort wäre mineralischer Stickstoff zu Dauerweiden erst angebracht, wenn etwa 4000 bis 5000 kg Stw./ha überschritten werden sollen. Dazu liegt z. Z. noch keine Veranlassung vor. — In den Niederlanden liefert ein guter Bestand mit hohen Anteilen an Weißklee ohne mineralische N-Düngung ebensoviel wie in Großbritannien, also gut 2000 kg Stw./ha. Bei dem Zwang zu hoher Flächenproduktivität ist diese Leistung für die Niederlande jedoch zu gering. Daher muß dort der mineralische Stickstoff in stärkerem Maße eingesetzt werden.

Die Wirksamkeit symbiotischer N-Bindung durch Weißklee auf den Dauerweiden sinkt mit der Kürze der Vegetationsdauer. Der Weißklee verliert für die Dauerweide ferner an Bedeutung, wenn sehr hohe Leistungen von der Weide erzwungen werden sollen. Höchsterträge können von der Dauerweide erzielt werden, wenn wenig oder keine Kleearten im Bestande vertreten sind und die Narbe aus leistungsfähigen Grasarten und -sorten besteht, die eine starke mineralische N-Düngung gut verwerten.

Die Bestrebungen in Großbritannien laufen gegenwärtig darauf hinaus, die Weidezeit zu verlängern und den Anteil wirtschaftseigenen Futters zu erhöhen. Dabei muß der geringe Arbeitskräftebesatz berücksichtigt werden .

Eine Verlängerung der Weidezeit auf der Dauerweide ist möglich, wenn anstelle der *Agrostis*-Weiden mehr Weiden mit *Lolium perenne*, *Dactylis glonerata* und *Trifolium repens* treten würden, die, nach Untersuchungen von P. HUGHES (1955), für eine Winterbeweidung geeignet sind. — Die für Winterbeweidung vorgesehenen Flächen werden ab Mitte August nicht mehr beweidet und mit etwa 50 kg N/ha gedüngt, um das Herbstwachstum der Gräser zu fördern. Von Oktober bis März ist dann eine Beweidung möglich, die nach Angaben von JONES (1955) den Erhaltungsbedarf und daneben noch einen theoretischen Leistungsbedarf von 9 kg Milch deckt. Die Qualität des Weidefutters verschlechtert sich nur wenig vom Spätherbst bis zum Winterende, so daß bei milden Temperaturen kein Grund besteht, eine Beweidung auszuschließen. Allerdings muß die Trittfestigkeit der Narbe auch in den feuchten Wintermonaten gewährleistet sein.

Die Form der winterlichen Beweidung greift sogar auf Schottland über. Nach Versuchen von J. L. CORBETT (1957) erwiesen sich auch hier Bestände mit einem hohen Anteil von *Dactylis glomerata* für eine Winterweide am geeignetsten, wenn diese Bestände ab 10. 8. geschont wurden. Ein höherer Anteil von *Lolium perenne* und *Phleum pratense* erbrachte zwar im Sommer höhere Erträge, die insgesamt aber nicht die Jahreserträge der *Dactylis*-Weide erreichten. Hohe mineralische N-Gaben verhindern ein vorzeitiges Absterben des Knaulgrases. Durch Frosteinwirkungen wurden dann nur 14% der organischen Masse des Weidefutters zerstört.

Die Winterweide wird überall dort an Bedeutung gewinnen, wo milde Temperaturen die Futterqualität nicht sonderlich beeinträchtigen, die Trittfestigkeit der Narbe gewahrt bleibt und ein starkes Bestreben für eine Verlängerung der Weidezeit bei hoher Arbeitsproduktivität in der Weidebewirtschaftung vorhanden ist.

Für eine generelle Ertragserhöhung der Dauerweide zur Vermehrung des wirtschaftseigenen Futters ist eine Bestandsverbesserung in Richtung zur *Lolium-Trifolium repens*-Weide anzustreben (Klasse 1 nach der Einteilung von W. DAVIES). Diese Bestandsumschichtung von der *Agrostis*- zur *Lolium*-Weide kann durch Düngungs- und Bewirtschaftungsmaßnahmen erfolgen. Derartige Maßnahmen führen nur bei großer Ausdauer und Sachkenntnis zum Erfolg und sind außerdem zeitraubend. Auch bei einer gelungenen Bestandsumschichtung fehlen dann leistungsfähige Zuchtsorten im Bestand.
Es hat den Anschein, als ob auch in England der Umbruch mit sofortiger Neuansaat die wirksamste Methode der Weideverbesserung wird. J. LAITY (1956) forderte schon 1956 den Ersatz der alten ertragsschwachen Dauerweiden durch periodisch anzusäende Kleegrasgemische mit 5—10jähriger Nutzung. Die besten Betriebe, insbesondere in Mittel-, Süd- und Westengland, haben diesen Weg des periodisch erneuerten Grünlandes, ähnlich wie in Neuseeland, bereits beschritten. Er ist von Vorteil, weil leistungsstarke Zuchtsorten ausgenutzt und schlagartig wesentlich höhere Erträge erzielt werden können. Da die Erzeugungskosten pro Futtereinheit mit zunehmender Nutzungsdauer sinken, wird eine langjährige Nutzung angestrebt. Sie ist möglich, weil durch die Züchtung langausdauernde Weißklee- und Weidelgrassorten geschaffen wurden.
Solange der vom Weißklee gelieferte symbiotische Stickstoff für die erwünschte Ertragshöhe auf dem periodisch erneuerten Grünland ausreicht, wird diese Form des Grünlandes dem vorgesehenen Zweck am besten genügen. Außerdem haben die Erfahrungen in Irland bewiesen, daß bei entsprechend häufiger Nutzung auch zu Weißkleegras mit Erfolg mineralischer Stickstoff angewendet werden kann. — Erst wenn Höchsterträge angestrebt werden, wird der reine Grasbestand ohne Leguminosen Bedeutung erlangen.
Die Bemühungen um eine Erhöhung des wirtschaftseigenen Futters erstrecken sich auch auf die Berghutungen, insbesondere in Wales. Dort überwiegen Flächen mit *Calluna vulgaris*, *Nardus stricta*, *Festuca ovina*, *Festuca rubra*, *Molinia*- und im günstigsten Falle *Agrostis* ssp. Die Besatzdichte beträgt 0,05—0,4 GV/ha. Ein Umbruch dieser Flächen ist zu kostspielig, angestrebt wird die umbruchlose Nachsaat leistungsstarker Klee- und Grasarten zur Verbesserung des Bestandes.
Eine umbruchlose Nachsaat ist schwierig, solange die Verdrängungskraft der alten Narbe ungebrochen bleibt. Ähnlich wie in Neuseeland wird auch in Wales in jüngster Zeit Dalapon angewendet. Eine Anwendung dieses auf Gramineen toxischen Herbicides schädigt die alte Narbe so stark, daß die Nachsaat sich besser durchsetzen vermag. Ein nachhaltiger Erfolg ist erst gewährleistet, wenn die höheren Ansprüche der nachgesäten Sorten auch durch entsprechende Düngungs- und Bewirtschaftungsmaßnahmen erfüllt werden. — Diese Art des „chemical ploughing“ ist typisch für eine arbeitssparende Methode der Leistungssteigerung im Futterbau in Großbritannien.
Die zukünftige Entwicklung der Dauerweide in Großbritannien wird einmal von der Rentabilität aller ertragssteigernden Maßnahmen, zum anderen auch von der Frage abhängen, ob die Stallfütterung („zero-grazing“) stärker zunehmen wird.

Im letzteren Falle würden schnellwüchsige Futtergemische mit der Eignung zu maschineller Ernte auf Kosten der Weidepflanzen an Bedeutung gewinnen, wie sie der Feldfutterbau liefert. — Die gegenwärtige Ertragsunterlegenheit der Dauerweide gegenüber dem Kleegrasbau auf dem Acker kann durch Übergang zum periodisch erneuerten Grünland annähernd ausgeglichen werden. Dadurch würde eine Annäherung zwischen der Dauerweide und dem Kleegrasbau geschaffen, so daß das Futter in Zukunft nur noch vom „Grasland" für einen bestimmten Zweck geliefert wird.

In Mitteleuropa wird der Einfluß maritimer Klimafaktoren schwächer, es machen sich bereits kontinentale Umwelteinflüsse geltend, so daß es als Übergangsgebiet gelten kann. Die Niederschläge sinken auf 700—500 mm im Flachlande. Die Jahresdurchschnittstemperatur beträgt nur noch 7—8 Grad Celsius. Außerdem ist die Vegetationszeit kürzer und somit sinkt die mögliche Nutzungsdauer der Weiden. Von Westen nach Osten ist daher eine Abnahme des Dauergrünlandes zu verzeichnen, das in den Niederlanden 55, in der Bundesrepublik 39,5 und in der Deutschen Demokratischen Republik nur noch 19,5% der LN umfaßt. Bei diesem Dauergrünland tritt in Deutschland zum ersten Male im Rahmen unserer Betrachtung die Dauerwiese in Erscheinung, eine im Weltmaßstab völlig überholte Form der Futtergewinnung. — Von den 39,5% Dauergrünland in der Bundesrepublik sind 25,5% Dauerwiesen und nur 14 % Dauerweiden, in der DDR sind es 13,5% Wiesen und 6% Weiden.

In den gemäßigten Breiten wird die Dauerweide begünstigt durch
ausgedehnte Vegetations- und Weidezeit,
Fleischviehhaltung bzw. Fettmast,
geringen Umfang des Ackerbaues,
schwer zu bearbeitende Böden und eine
kapital- und arbeitssparende Bodennutzung.

In Mitteleuropa verschlechtern sich die Bedingungen für Dauerweiden, denn die Weidezeit beträgt nur noch 5—6 Monate. Es überwiegt also die Aufstallungszeit mit der Notwendigkeit, ausreichend Vorratsfutter zu beschaffen. Bei dem ohnehin sehr hohen Arbeitskräftebedarf wird darum in erster Linie Milchvieh gehalten.

Der Pflanzenbestand der Dauerweiden findet gegenüber Westeuropa ungünstigere Wachstumsbedingungen. Wegen der kürzeren Vegetationszeit bei gleicher Tageslänge im Sommerhalbjahr wächst überhaupt weniger Futter heran. Der Weißklee bindet weniger Stickstoff, so daß sein Anteil am Bestande kaum noch ertragssteigernd wirkt. Trotz der Kürze der Vegetationszeit ist der Futteranfall nicht ausgeglichen. Setzt man den Mai/Juni-Aufwuchs = 100, so ist im Juli/August mit 75, im September/Oktober nur noch mit 50% des Futteraufwuchses zu rechnen (A. PETERSEN, 1958). Diese Relationen sind wahrscheinlich noch zu günstig beurteilt, vor allem in trockenen Jahren werden sie noch größere Unterschiede aufweisen. — Die Ungunst der Klimafaktoren, dazu der vorherrschende Ackerbau, haben dazu geführt, daß die Dauerweide in der DDR nur eine bescheidende Rolle im Rahmen der Landwirtschaft einnimmt. Dazu tragen auch die gegenüber dem Feldfutterbau geringeren Erträge der Dauerweiden bei.

Die Durchschnittserträge der Dauerweiden betrugen z. B. in der DDR im Jahre 1957, gemessen in Heu, 43,3 dt/ha (Stat. Jb. der DDR, 1958), E. KLAPP (1954) gibt als Durchschnittsleistung von Dauerweiden in Deutschland etwa 1600 kg Stw./ha an, also annähernd die gleiche Ertragshöhe. Diese Erträge müssen aber bereits mit einem erheblichen Mineraldüngeraufwand bzw. organischer Düngung erkauft werden; ohne Düngung wären sie wesentlich geringer. — Auf den Dauerweiden Neuseelands wächst ohne Düngung etwa doppelt so viel heran, wie auf den Weiden in Mitteleuropa. Erst bei einer beträchtlichen mineralischen Nährstoffzufuhr erreicht man in Mitteleuropa etwa 80% der gegenwärtigen Weideerträge Neuseelands, wo noch nicht die Hälfte aller Weiden mineralisch gedüngt wird. — Die Ertragsunterschiede gegenüber Westeuropa sind für die Weiden in Mitteleuropa nicht ganz so ungünstig, aber immer noch stark genug, um den Nachteil deutlich werden zu lassen.

Die Durchschnittserträge der Dauerweiden Mitteleuropas liegen erheblich unter denen des Feldfutterbaues. Da die Mindestintensität der Landwirtschaft in Mitteleuropa bei einem hohen AK-Besatz ohnehin hoch ist, besteht wenig Grund, sich dieses ertragsstärkeren Feldfutterbaues nicht zu bedienen. Außerdem liefern die Wiesen, trotz ihres großen Umfanges, nicht genügend Rauhfutter für den Winter. — Die Ertragsrelationen gegenüber dem Feldfutterbau werden für die Dauerweiden noch ungünstiger, wenn man den Maisanbau in den Vergleich einbezieht. Eine Ausnutzung der Arbeitskräfte erfolgt auf dem Acker außerdem durch die verschiedenen Formen des Zwischenfruchtanbaues. Dadurch kann der Weidegang zeitweilig auf den Acker verlegt werden.

In Mitteleuropa, insbesondere in der DDR, ist der Ackerbau mit dem Anbau von Marktfrüchten bisher dominierender Teil der Landwirtschaft, da die Eigenversorgung der Bevölkerung angestrebt wird. In Neuseeland, Großbritannien und den Niederlanden, sogar in Irland, wird kein Wert auf die Deckung des Eigenbedarfes, z. B. an Brotgetreide gelegt, da dieses billiger aus anderen Gebieten importiert wird. Man nutzt vielmehr die spezifische Ertragsfähigkeit aus und erzeugt tierische Produkte; dabei ist die Dauerweide die beste und billigste Futterquelle. Nur dadurch ist es auch möglich, pro AK befriedigend hohe Werte auch in der Landwirtschaft zu erzeugen.

Man kann in Mitteleuropa Futter von der Dauerweide, man kann es aber auch über die ertragsschwachen Wiesen und den ertragsstärkeren Feldfutterbau gewinnen. Schließlich können noch sämtliche Formen des Zwischenfruchtanbaues eingeschaltet werden. Bisher hat man dem Feldfutterbau zu viel, der Dauerweide zu wenig Beachtung geschenkt. Man sollte in diesem Zusammenhang auch die pro AK erzielten Werte bei den verschiedenen Formen des Futterbaues berücksichtigen. Nach Untersuchungen von W. PAASCH (1959) kostet das kg Stw. im

Feldfutterbau etwa doppelt so viel wie auf der Dauerweide. Dieser Gesichtspunkt sollte zu denken geben.

Die gegenwärtige Ertragsunterlegenheit der Dauerweide gegenüber dem Feldfutterbau in Mitteleuropa könnte auf zweierlei Weise abgeschwächt werden:

durch eine verstärkte Mineraldüngung, insbesondere an Stickstoff (nach dem Beispiel der Niederlande) oder

durch Übergang von der Dauerweide alten Typus' zum periodisch erneuerten Grünland (nach dem Vorbild Neuseelands).

Voraussetzung für einen Erfolg der erstgenannten Maßnahme ist die Beherrschung des Wasserfaktors und die Lieferung hoher mineralischer Stickstoffmengen. Beide Bedingungen sollten in absehbarer Zeit erfüllbar sein, doch würden dann leistungsfähige Sorten im Bestand fehlen.

Der Sinn des periodisch erneuerten Grünlandes anstelle der alten Dauerweide liegt in der Ausnutzung leistungsfähiger, züchterisch bearbeiteter Futterpflanzen. Es müssen also langlebige und für den Zweck geschaffene Zuchtsorten von Gräsern und Klee vorhanden sein, wenn dieser Weg einen Fortschritt bringen soll. Diese Sorten müssen in Mitteleuropa erst gezüchtet werden. Es steht aber außer Frage, daß z. B. bei *Trifolium repens* Formen gefunden werden können bzw. bereits gefunden wurden (Institut für Pflanzenzüchtung Groß-Lüsewitz), die den erhofften Ansprüchen genügen. Dasselbe gilt für verschiedene Grasarten (z. B. *Dactylis glomerata*, *Festuca pratensis*). Wenn die Züchtung diese Sorten liefert, kann das periodisch erneuerte Grünland auch in Mitteleuropa eine Weiterentwicklung der Dauerweide bedeuten.

Gegenwärtig liegen auch in der Art der Nutzung der Dauerweide noch ungenutzte Reserven. Eine Unterteilung der Flächen, das sicherste Mittel zur Leistungsverbesserung, fehlt noch häufig. Auch die Ausnutzung der höchsten Zuwachsrate des Weideaufwuchses fand bisher zu wenig Beachtung. Der Zuwachs eines Weidebestandes verläuft nicht linear, sondern progressiv. Er ist abhängig von der Assimilationsfläche. Ständiger, kurzer Verbiß mindert die Assimilationsfläche und läßt keine hohen Erträge zu. Es findet eine wechselseitige Beeinflussung zwischen Verbiß und Wurzelwachstum statt. J. E. SILBAUGH (1954) konnte experimentell nachweisen, in welchem Grade das Wurzelwachstum durch unterschiedliche Entfernung der Blattmasse beeinflußt wird. Wird der Assimilationsapparat, also die Blattmasse, um 50% entfernt, so stellen nur 2—4% der Wurzeln ihr Wachstum vorübergehend ein. Eine Blattentfernung von 90% verhindert jedoch 17 Tage lang jegliches Wurzelwachstum. In dieser Zeitspanne werden alle verfügbaren Reservestoffe für die Neubildung des Sprosses verwendet. 33 Tage nach dem Schnitt mit 90%iger Blattentfernung waren noch 40% aller Wurzeln inaktiv.

Dieser Erkenntnisse, auf die in jüngster Zeit u. a. A. VOISIN (1957), F. R. HORNE (1959) und H. KALTOFEN (1959) für die Grünlandnutzung hinwiesen, wurden bisher zu wenig in der Praxis beachtet. Es gibt für jede Grasart ein Optimum zwischen Nutzungshäufigkeit und Ertrag. Dieses Optimum festzustellen und entsprechend zu nutzen ist das Ziel guter Grünlandbewirtschaftung.

Für die Weidenutzung kommt es darauf an, den Scheitelpunkt, das Maximum des täglichen Zuwachses, zu erkennen, um kurz vorher oder bei abnehmender Zuwachsrate mit der Beweidung einzusetzen. Nach Untersuchungen von A. VOISIN (1957) müßte jeweils nach einer kurzfristigen Beweidung im Mai/Juni eine Ruhezeit von 18, im August/September von 36 und bis Ende November von 50—60 Tagen vorhanden sein, um den maximalen Zuwachs zu erreichen. Bei einer Verkürzung der angeführten Ruhezeiten um die Hälfte wächst z. B. nur noch ⅓ der möglichen pflanzlichen Substanz heran. — Die Unzulänglichkeit der Standweide mit kontinuierlichem Verbiß wird dabei sehr deutlich. Durch Umstellung von Stand- auf Portionsweide konnte VOISIN die Erträge auf der Dauerweide verdreifachen.

Die bisherige Auffassung, die in einer sehr häufigen Nutzung, in einem „Kurzhalten" der Narbe, die beste Ausnutzung sah, bedarf möglicherweise einer Korrektur. Das „Kurzhalten" führt auf Dauerweiden in Steppen zur Vernichtung des Bestandes, in den gemäßigten Breiten kann der Bestand zumindest überbeansprucht werden. Die bisher verbreitete, sehr häufige Nutzung beruhte wohl auf der Anschauung, daß durch „Kurzhalten" stets ein junges, proteinreiches Futter zur Verfügung steht und dadurch die beste tierische Leistung erzielt wird. Ob diese Ansicht wirklich zutrifft, bleibt offen. Eine derartig kurzfristig-intensive Nutzung halten auch in den gemäßigten Breiten nur Dauerweiden bei sehr guter Wasser- und Nährstoffversorgung aus, deren geringe und flache Wurzeln keine Schwierigkeiten bei der Aufnahme der nötigen Nährstoffe haben. Die Masse unserer Dauerweiden ist jedoch Witterungsschwankungen, insbesondere kurzen Trockenzeiten, ausgesetzt. Eine vorübergehende, kurzfristige Einstellung des Sproßwachstums kommt daher vor. Sie läßt sich weitgehend abschwächen, wenn ein tiefes, weitverzweigtes Wurzelnetz bei den Gräsern vorhanden ist. Dieses Wurzelnetz wird nur bei einer Nutzung erreicht, die wenigstens eine längere Ruhepause in der Vegetationszeit, wie sie bei Einschaltung einer Mähenutzung üblich ist, in sich schließt. Dabei ist es keinesfalls nötig, intensive Bewirtschaftungsmethoden aufzugeben, nur um die höchste Zuwachsrate auszunutzen. H. KALTOFEN (1959) wies nach, daß eine Verlängerung des Frühjahrswachstums auf der Dauerweide bzw. das Hinaus schieben der Schnittnutzung um 10 Tage den Futteranfall bedeutend erhöht, wobei die Tiere das etwas rohfaserreichere Futter sehr gut abfressen. Da die Ruhepausen der Weide bei Portionsbeweidung etwas länger sind als bei der Umtriebsweide, sieht KALTOFEN in der Kombination Portionsweide mit Mähweide die für die Zukunft erstrebenswerte Form einer Dauerweidenutzung. Wenn es gelingt, die Tiere zu einem verlustlosen Abfressen „älteren" Futters zu bewegen (und dies ist bei der Portionsweide möglich), läßt sich höchste Zuwachsrate mit guter Futterausnutzung verbinden.

Außer Heu könnte auch noch Grassilage von der Dauerweide gewonnen werden, wie in den Niederlanden. Bei dem gegenwärtig geringen Umfang der Dauerwei-

den in Mitteleuropa wird diese Art der Futtergewinnung wahrscheinlich nur für den 1. Aufwuchs Bedeutung erlangen, zumal durch Winterzwischenfrüchte, Mais- und Rübenblatt der Hauptanteil der Silage geliefert wird.
Wenn die angeführten Gesichtspunkte für eine Ertragssteigerung auf der Dauerweide ergriffen würden, wäre die Weide dem Feldfutterbau ebenbürtig, wenn nicht überlegen.
Die geringen Erzeugungskosten pro Futtereinheit sprechen für ein Beibehalten des gegenwärtigen Umfanges der Weideflächen. Die Dauerweide ist in Mitteleuropa eine von vielen möglichen Formen der Futtergewinnung. Sie hat für die Zukunft Bedeutung, weil in ihr noch große Ertragsreserven ruhen.

II. DER FELDFUTTERBAU

Eine Notwendigkeit zum planmäßigen Anbau von Futterpflanzen auf dem Acker ergibt sich, wenn die Ertragsfähigkeit des Bodens durch einseitigen Anbau humuszehrender Marktfrüchte erschöpft ist oder ein wachsender Viehbestand nicht mehr allein vom Dauergrünland oder den Abfallprodukten des Ackers ernährt werden kann. Erste Anfänge des Feldfutterbaues finden sich schon vor der Zeitenwende im dichtbesiedelten Ägypten, wo Steppe und Halbwüste beiderseits der bebauten Nilzone nicht mehr ausreichend Futter lieferten. Etwas später trat der Feldfutterbau auch in Italien, zur Blütezeit des römischen Imperiums, in Erscheinung (A. PETERSEN, 1955).

In der Neuzeit, etwa seit der Mitte des 17. Jh., wurden Futterpflanzen allmählich auch in anderen Ländern Europas angebaut. Seit dieser Zeit erfolgte eine Ausdehnung des Feldfutterbaues über alle Ackerbaugebiete der Erde. Überall dort, wo Ackerbau betrieben wurde, folgte der Futterbau als jüngster Zweig der Feldwirtschaft. Diese Entwicklung ist noch nicht abgeschlossen, denn in vielen Gebieten wird neuer Boden in Kultur genommen. — Die Aufgabe der Dauerweide besteht in der Lieferung von Futter. Nur in Steppenzonen dient sie auch der Strukturerhaltung. Der Feldfutterbau in seiner wichtigsten Form des Kleegrasbaues erfüllt in allen Klimazonen zwei wesentliche Aufgaben: Erhaltung und Vermehrung der Ertragsfähigkeit des Bodens und die Lieferung von Futter. In der Entwicklung ging der Zwang zur Erhaltung und Verbesserung der Ertragsfähigkeit des Bodens dem Wunsch nach Erhöhung des Futteranfalles voraus (H. PÄTZOLD, 1954/55). Diese beiden Hauptaufgaben des Feldfutterbaues bestehen fort. Welche der beiden Aufgaben vorrangig zu betrachten ist, hängt von der natürlichen Climax ab, in der Feldfutterbau betrieben wird.

Das Zeitalter des Feldfutterbaues begann in Europa in großem Stile mit der Einführung von Kleearten. Vorher hatte es mit der „Wilden Feldgraswirtschaft" in Schleswig-Holstein und Großbritannien schon einen Vorläufer des Feldfutterbaues gegeben. Damals wechselte eine vieljährige, natürliche Berasung durch Gräser mit kurzfristigem Ackerbau ab. Im Laufe der Zeit entwickelte sich daraus eine geregelte Feldgraswirtschaft mit mehrjährigem, reinen Feldgrasbau und etwa ebenso vielen Jahren Ackernutzung. Erst mit der Einführung des Klees begann eine intensivere, kurzfristigere Nutzung der Feldfutterschläge.

Der Feldfutterbau kann unterteilt werden in den reinen Feldgrasbau, den Klee- oder Luzernegrasbau und den Anbau annueller Futterpflanzen. Der reine Feldgrasbau hat seit dem planmäßigen Anbau von Kleearten an Bedeutung verloren. Unter bestimmten Bedingungen und in bestimmten Klimazonen spielt er aber eine Rolle. Seine Bedeutung wird in Zukunft wachsen, wenn Höchsterträge an Futter pro Flächeneinheit bei ausreichendem Wasserangebot mit sehr hohen N-Gaben erreicht werden sollen. — Der Abschnitt über den Feldfutterbau wird mit der Behandlung des reinen Feldgrasbaues begonnen.

a) Der reine Feldgrasbau

Unter „reinem Feldgrasbau" soll hier der Anbau von Gräsern ohne Futterleguminosen auf dem Acker verstanden sein.

1. in Steppenzonen

Solange Steppen als Dauerweide genutzt und nicht zu scharf beweidet werden, schützen sie die Krume vor Strukturzerstörungen und liefern daneben bescheidene Erträge. Durch Ackernutzung kann auf Steppenböden jedoch mehr von der Fläche erzeugt werden. Daher wurden leicht zu bearbeitende Steppenböden in verschiedenen Erdteilen unter den Pflug genommen. Die Ausdehnung des Ackerbaues nahm durch den Motorpflug weiter zu; sie dauert noch heute an. Bei der neuen Ackernutzung wurde die strukturerhaltende Aufgabe der ehemaligen Steppengräser vernachlässigt. Durch einjährige Getreidearten und Mais konnten Bodenstruktur und Humusgehalt bei der jährlichen Bodenbearbeitung nicht auf der nötigen Höhe gehalten werden. Die bitteren Erfahrungen bei den großflächigen Krumenzerstörungen zwangen zur Einführung des Feldfutterbaues als unentbehrliches Glied regulärer Fruchtfolgen, um die Strukturerhaltung und die Lieferung von organischer Substanz zu gewährleisten. Weil der Feldfutterbau zwangsläufig eingeführt wurde, erfolgte dann auch der Aufbau einer Viehwirtschaft, um diesen Feldfutterbau entsprechend zu nutzen.
In Steppenzonen mit Winterregen oder verteilten Niederschlägen beginnt sich der Kleegrasbau als aufbauendes Fruchtfolgeglied durchzusetzen. Steppenzonen mit Sommerregen, insbesondere in den südlichen Breiten, sind jedoch auf den reinen Feldgrasbau angewiesen. Daher spielt der reine Feldgrasbau als Glied der Fruchtfolge in Steppen mit Sommerregen auf der südlichen Erdhälfte eine Rolle. Als Beispiel wird Südafrika angeführt; die Verhältnisse in den Sommerregenzonen Australiens sind ähnlich und zeigen auf dem Gebiete des Feldgrasbaues die gleichen Tendenzen.
In Südafrika ging und geht man noch heute bei der Wahl der für Ackerkultur vorgesehenen Steppenböden in erster Linie von der leichten Bearbeitungsmöglichkeit aus, so daß Böden in ebenem Terrain umgebrochen werden, obwohl die Jahresniederschläge oft nur 300 mm erreichen. Als Hauptkulturen werden Körnermais und Weizen angebaut, deren Wirkung auf die Bodenstruktur ohnehin als nicht günstig angesehen werden kann. So wurden viele Steppenböden nach wenigen

Jahren des Ackerbaues devastiert und für die Landwirtschaft wertlos. Nach Feststellungen von J. W. ROWLAND (1957) bedarf es einer etwa 15jährigen vollständigen Schonung solcher devastierten Flächen, bis sich wieder eine ausreichende Steppenvegetation entwickelt hat. Dieser Prozeß kann durch den reinen Feldgrasbau auf wenige Jahre verkürzt werden.

Wie stark sich eine Bodenbearbeitung auf den Schwund organischer Substanz im Boden auswirkt, zeigen vieljährige Untersuchungen von J. J. THERON (1955) im Sommerregengebiet von Pretoria, wo überdurchschnittlich hohe Niederschläge von 750 mm fallen. Die Gegenüberstellungen von unberührter Natursteppe mit einjährigem und mehrjährigem reinen Feldgrasbau, Mais-Monokultur und Brache brachten nach 10 resp. 15 Jahren folgende Verluste an organischer Substanz im Boden:

TABELLE 14

	Verlust (in % der ursprünglichen Menge) nach	
	10 Jahren	15 Jahren
Mais-Monokultur + min. + org. Düng.	28,8	36,5
Mais-Monokultur + min. Düngung	28,8	37,9
1 jähr. Feldgrasbau + min. Düngung *(Eragrostis abyssinica)*	19,1	—
mehrjähr. Feldgrasbau + min. Düng. *(Chloris gayana)*	9,3	—
Schwarzbrache, ungedüngt	33,0	42,4
Natursteppe, ungedüngt	2,2	+ 1,2

Als organische Düngung wurden 224 dt/ha Stalldung im Abstand von 3 Jahren gegeben. Diese Maßnahme hatte keine positive Wirkung. — Die Verluste unter reinem Feldgrasbau sind auf die Bestellungsarbeiten bei der Aussaat der Gräser zurückzuführen.

Stickstoffmangel ist einer der wesentlichen Gründe für die geringe Wirksamkeit des reinen Feldgrasbaues in Steppenzonen. Gräser sind mit wenigen Ausnahmen stickstoffarm. Eine Humusbildung ist dadurch erschwert. Mit reinem Feldgrasbau kann der Humusgehalt bei Ackernutzung in Steppenzonen gerade noch erhalten bleiben, allerdings nicht für einen langen Zeitraum. In Versuchen von J. J. THERON (1955) war z. B. der Humusgehalt eines Bodens nach vierjährigem Anbau mit *Chloris gayana* wieder stabilisiert worden. Bereits nach 2½jähriger Pflugkultur war er wieder auf das frühere, niedrige Niveau gesunken.

Da kleeartige Futterpflanzen in Sommerregenzonen unter 550 mm nicht gedeihen, kann eine Erhöhung des Stickstoffgehaltes der Graswurzeln nur durch mineralische N-Düngung erfolgen. Dadurch kann die Humusbildung quantitativ und qualitativ gefördert werden. — Bei N-Steigerungsversuchen konnte J. J. THERON (1955) feststellen, daß die höchste Rate der Humusbildung bei reinem Feldgrasbau mit *Chloris gayana* + *Paspalum dilatatum* POIR. bei jährlichen Zufuhren von 138—207 kg N/ha erzielt wurde. Nach 7jährigem Anbau wies die O-Parzelle 2,77, die stark mit N gedüngte Parzelle 3,04% Humus auf.

Mineralische N-Gaben fördern nicht nur die Humusbildung, sondern auch im gleichen Maße den Futteranfall und die Futterqualität. So erbrachten N-Steigerungsversuche zu einem Reinbestand von *Cynodon dactylon* PERS. in Südrhodesien (nach H. WEINMANN, 1955) folgendes Ergebnis:

TABELLE 15

	Rohprotein % der Trs.	Trockensubstanz dt/ha
ungedüngt	6,48	29,3
N_8P	10,50	98,2

Die Nährstoffmengen der Serie N_8P belaufen sich auf 243 kg N + 36 kg P_2O_5. Ohne Stickstoffdüngung sind nur mittlere Erträge mit geringem Proteingehalt zu erreichen. Bei der hohen Stickstoffdüngung von 243 kg N wurden mit 10,3 dt Rohprotein um fünffach höhere Eiweißerträge von der Fläche erzielt gegenüber der ungedüngten Serie. — Wenn auch derartig hohe Mineraldüngermengen für die Praxis nicht infrage kommen, so können durch mäßige N-Gaben dennoch Trockensubstanz- und Eiweißerträge beim reinen Feldgrasbau wesentlich erhöht werden. So wurden die Erträge eines Reinbestandes von *Chloris gayana* z. B. durch Zufuhr von 44,8 kg N/ha in 3jährigem Durchschnitt von 56 auf 112 dt Grünmasse/ha erhöht (Dep. of Agric, Nyasaland, 1958).

Bei der Erweiterung der Flächen für den reinen Feldgrasbau hat man in Südafrika mit erheblichen Schwierigkeiten zu kämpfen. In den Sommerregenzonen unter 500 mm Niederschlägen sind z. B. ausläufertreibende Gräser in den Steppen vorherrschend und auch im Feldgrasbau anbausicherer. Leider weisen diese Gräser eine schlechte Samenproduktion auf. Sie werden deshalb teilweise ausgepflanzt oder durch „thatching" etabliert. Hierunter versteht man das Abmähen eines Gräserbestandes, z. B. von *Hyparrhenia*, kurz vor der Samenreife. Die Garben werden einer Nachreife überlassen, dann aufgeschnitten und mit dem Kopfende flach eingepflügt, um auf jeden Fall ein gutes Saatbett für das kostbare Saatgut zu erlangen. Das herausragende Stroh dient als Beschattungs- und Erosionsschutz für die keimenden Gräser (I. A. PENTZ, 1955). — Bei stärkeren Niederschlägen wird Reihenanbau mit Drillsaat bevorzugt, soweit Gräser mit günstigen Eigenschaften in der Saatgutvermehrung Verwendung finden, z. B. *Eragrostis*- und *Sporobolus*-Species. Erst bei ausreichenden Niederschlagsmengen geht man zur Breitsaat über, um einer Verunkrautung und Bodenabspülung besser begegnen zu können (A. FISCHER, 1955).

Gründsätzlich hat sich gezeigt, daß mit mäßigen Stickstoffmengen gedüngte, reine Feldgrasbestände mindestens 3 Nutzungsjahre ausdauern müssen, um nachhaltig zu wirken. Die darauf folgende Ackernutzung soll nie länger dauern als die Anbauzeit der Gräser. Somit ergäbe sich ein Wechsel von 3 Jahren Feldgras mit 3 Jahren Ackerbau. Für die meisten ackerbautreibenden Betriebe Südafrikas bedeutet dies eine Ausdehnung des reinen Feldgrasbaues auf Kosten der Natursteppe, um ohne Einschränkung der Marktfruchtfläche die erforderliche gute Vorfrucht zu gewinnen. Dieser Weg muß trotz der vorhandenen Schwierigkeiten beschritten werden, wenn nicht weitere Rückschläge bei der Ackernutzung erlitten werden sollen.

Der Feldfutterbau in Südafrika nimmt heute etwa 30% des Ackers bzw. 4% der LN ein, hauptsächlich als reiner Feldgrasbau. Da pro ha Ackerland nur 1 kg N in mineralischer Form verabfolgt wird und der reine Feldgrasbau davon selten etwas erhält, liegen die Durchschnittserträge etwa zwischen 15 und 20 dt Trs./ha. Damit sind sie 3—4fach höher als in der Natursteppe.

Neben der Hauptaufgabe der Strukturerhaltung bietet der reine Feldgrasbau gegenwärtig vom futterbaulichen Gesichtspunkt her die einzige Möglichkeit, in Steppen mit Sommerniederschlägen einen Futterausgleich im Jahresablauf zu schaffen. Die umfangreichen sour-veld-Steppen liefern nur wenige Monate brauchbares Weidefutter, dann beginnt die Hungerzeit mit dem proteinarmen „Heu auf dem Halm" oder dem Maisstroh. Hier muß der Feldfutterbau die Lücke schließen. Dabei sollte der reine Feldgrasbau vor allem als Mähweide genutzt werden, da ein ständiger Verbiß von den meisten Gräsern nicht vertragen wird. Gegenwärtig überwiegt noch die Weidenutzung. Gemähtes Futter wird zu Heu gemacht und in Schobern für die futterarme Zeit reserviert. Nach D. MEREDITH (1955) umfaßt die Feldfutterfläche zur Heugewinnung etwa 390000 ha, das sind erst 4,5% des Ackerlandes. Ursache für den noch geringen Umfang der Heuwerbung ist der gegenüber der Beweidung höhere Arbeitsaufwand.

Bei den geringen Erträgen der Steppe als Dauerweide mit nur 5 dt Trs./ha wird sich mit zunehmender Bevölkerungsdichte auch der flächenproduktivere Ackerbau auf Kosten der Steppe in Südafrika ausdehnen. Dieser Prozeß wird zunächst langsam voranschreiten. Die Entwicklungstendenzen für den reinen Feldgrasbau sind jedoch günstig. Von A. W. BAYER (1955) wird eine Ausdehnung derAckerfläche von gegenwärtig 10 auf 40% der LN in absehbarer Zeit gefordert. Dabei soll der Feldfutterbau aus Gründen der Strukturerhaltung und Humuszufuhr die Hälfte des Ackerlandes umfassen. Das bedeutet eine Ausdehnung des Feldfutterbaues um das 4—5fache gegenüber der heutigen Anbaufläche.

Im Weltmaßstab verliert der reine Feldgrasbau in Steppenzonen an Bedeutung, sobald Futterleguminosen anbauwürdig sind. Die großen Sommerregensteppen Südafrikas und Australiens sind jedoch auf den reinen Feldgrasbau angewiesen, soweit die Niederschläge unter 550 mm liegen. — Maßnahmen der Züchtung, Saatgutvermehrung, Anbautechnik, Düngung und Futterwerbung können in Zukunft noch zur Verbesserung des Nutzeffektes beim reinen Feldgrasbau beitragen.

2. in Subtropen und Tropen

Subtropische Klimaverhältnisse sind durch einen periodischen Wechsel zwischen Regen- und Trockenzeit gekennzeichnet. Die Niederschlagshöhe liegt etwa zwischen 800 und 1500 mm. Die Niederschläge fallen oft mit großer Heftigkeit, so daß bei einer ackerbaulichen Nutzung des Bodens Erosionsschäden auftreten. — Die durchschnittlichen Jahrestemperaturen liegen um 14—15°, die geringsten Monatsmittel bei 5°; Temperaturen unter dem Gefrierpunkt sind selten. Das Pflanzenwachstum wird durch die Trockenzeiten eingeschränkt.

Die Böden in den Subtropen, meistens Roterden, sind in ihrer Zustandsstufe stark vom Relief abhängig und von sehr unterschiedlichem landwirtschaftlichem Wert. Solange noch keine Entbasung auftritt, die Böden also noch als jung anzusprechen sind, bleiben sie bei entsprechender Behandlung wertvolle Kulturböden. Sobald aber durch stärkere Entbasung eine Entwicklung zum Laterit einsetzt, werden sie nahezu wertlos (P. VAGELER, 1930). Durch hohe Temperaturen und zeitweise auch ausreichende Feuchtigkeit verlaufen die Umwandlungsprozesse im Boden relativ schnell. Ein Anbau von annuellen Feldfrüchten mit jährlicher Bodenbearbeitung beschleunigt alle Zersetzungs- und Umwandlungsprozesse zusätzlich. Bei den strukturschädigenden Kulturen handelt es sich in den Subtropen hauptsächlich um Mais, Weizen, Tabak, Reis und Baumwolle, in den Tropen um Zuckerrohr und Hackfrüchte. Der Humusgehalt nimmt bei Ackernutzung schnell ab und fördert den Strukturzerfall. Ein nach europäischen Maßstäben betriebener Ackerbau in subtropischen Gebieten führt oft schon nach wenigen Jahren zur Devastierung des Bodens und zu schweren Erosionsschäden. Nur durch Einschaltung des Feldfutterbaues können annuelle Marktfrüchte auf längere Dauer angebaut werden. Daher fand der reine Feldgrasbau, später auch der Kleegrasbau, Verbreitung in Ackerbauzonen der Subtropen. — Wie in den unter Pflugkultur genommenen Steppen mußte der Feldfutterbau auch in den Subtropen zwangsläufig zur Wahrung der Ertragsfähigkeit des Bodens eingeführt werden. Heute ist er nicht nur Mittel zum Zweck, sondern auch Selbstzweck geworden und ermöglicht eine stärkere Viehhaltung. Erleichtert wurde dieser Prozeß durch die Wüchsigkeit der Gräser in den Subtropen. Der Futteranfall ist bedeutend höher als in den Steppen.

Der Anbau von Gräsern in den Subtropen ist nicht so schwierig wie in den Steppen. Es gibt eine Anzahl schnellwüchsiger, mehrjähriger Grasarten mit guter Samenproduktion, die entweder einheimischen Ursprungs sind oder auch importiert wurden. Als Beispiel für den reinen Feldgrasbau in subtropischen Zonen sei Australien angeführt.

Im Nordosten Australiens, im subtropischen Küstengebiet von Queensland, war bis vor kurzem *Chloris gayana* die am stärksten verwendete Grasart beim reinen Feldgrasbau. In 3jährigen Anbauprüfungen erwiesen sich jedoch auch andere Gräser schon bei jährlichen Niederschlagsmengen ab 700 mm als anbauwürdig. Nach B. GROF (1958) wurden dabei folgende Durchschnittserträge pro anno erzielt:

TABELLE 16

	Grünmasse dt/ha	Trs. dt/ha	Relativ %
Pennisetum purpureum SCHUM.	714	141	282
Panicum maximum NEES	392	101	202
Setaria sphacelata STAPF	394	84	168
Makarikari panicum	187	51	102
Chloris gayana	187	50	100
Urochloa mosambiciensis	131	33	66
Dichanthium sericeum R. BR. PROD.	49	21	42

Diese, auf gutem Boden, aber ohne Düngung erzielten Erträge zeigen, daß auch die Wahl der Grasart von großer Bedeutung für den reinen Feldgrasbau ist. *Pennisetum purpureum*, aus Ostafrika importiert, bringt fast dreimal höhere Erträge als das bisher angebaute Gras *Chloris gayana*. Es ist ferner, wie in Queensland bewiesen wurde, auch beweidungsfähig, wenn auch dauernde Beweidung schädlich wirkt. Häufige Nutzung ist jedoch nötig, um Futter mit nicht zu hohem Rohfaser- und befriedigendem Rohproteingehalt zu gewinnen.

Die Wirkung der Schnitthäufigkeit auf Trockensubstanz- und Rohproteinertrag bei Mähenutzung von *Pennisetum purpureum* wird z. B. durch die folgende Aufstellung (nach B. GROF, 1958) deutlich:

TABELLE 17

Schnitthäufigkeit	∅ Ertrag 1954/56 dt/ha		Trs.	Rohprotein	
	Grünmasse	Trs.	%	% Trs.	dt/ha
4 Wochen	558	83	14,9	11,0	9,0
6 Wochen	694	142	22,1	8,2	11,5
8 Wochen	836	173	20,7	6,4	11,0

Für die Praxis ist in der Hauptwachstumszeit eine vierwöchig abwechselnde Mähe- und Weidenutzung angebracht, die später auf 6—8wöchige Intervalle ausgedehnt werden sollte.

Die Werte für Rohprotein beim reinen Feldgrasbau in den Subtropen liegen unter denen guter Gräser gemäßigter Breiten. Dennoch ist es auch in den Subtropen möglich, durch frühe Beweidung oder Verfütterung rechtzeitig gewonnenen Heues Futterverzehr und tierische Leistung in einigermaßen erträgliche Relationen zu bringen. Dadurch wird erst eine lohnende Milchviehhaltung in den Subtropen möglich und kann gleichzeitig eine breitere Grundlage für die bisher einseitig auf Marktfrüchte ausgerichteten Betriebe geschaffen werden. — Neben den angeführten Grasarten hat die Einfuhr von *Paspalum dilatatum*, einer sehr wüchsigen und eiweißreichen Grasart, die Bedeutung des reinen Feldgrasbaues in Queensland soweit verstärkt, das ⅓ sämtlicher Feldfutterflächen von diesem Grase eingenommen werden. Der Gehalt an Rohprotein beträgt 18% der Trs. („Paspalum", 1954). Durch seine Beweidungsfähigkeit ist *Paspalum dilatatum* für Weidefutter, Heu und Silage verwendungsfähig.

Gerade die vielseitige Verwendungsmöglichkeit der Feldfuttergräser für Beweidung, Saft- und Rauhfutter verstärkt ihren Wert für die Futtergewinnung. Steht die Strukturerhaltung einseitig im Vordergrund, so können Futterqualität und -menge vernachlässigt werden. Der Nährstoffbedarf der Gräser wird dann meistens allein aus dem Boden gedeckt. Wird aber zusätzlich Wert auf viel und qualitätsmäßig zufriedenstellendes Futter gelegt, so muß eine mineralische Nährstoffzufuhr erfolgen. Bei Erträgen von 150—200 dt Trs./ha muß vor allem Stickstoff zugeführt werden. Da diese subtropischen Ackerbaugebiete meistens intensiv bewirtschaftet werden und eine mineralische Düngung ohnehin üblich ist, kann diese Düngung auch auf das Feldgras ausgedehnt werden. Sehr viel billiger ist die N-Lieferung durch Leguminosen, auf deren Anbau in den Subtropen später einzugehen sein wird. Nur soviel sei bereits festgestellt, daß mit dem Anbau von Leguminosen in den Subtropen erst vor kurzer Zeit begonnen wurde. Der reine Feldgrasbau dominiert flächenmäßig noch beträchtlich, weil er risikoloser und auch ertragreicher ist.

In den Tropen müssen die klimatischen Bedingungen in ihrer Auswirkung auf die Bodennutzung durch den Menschen besonders sorgfältig beachtet werden. Temperatur und Feuchtigkeit sind für die Pflanzen fast ganzjährig in ausreichendem Maße vorhanden. Die Jahresdurchschnittstemperaturen im tropischen Tiefland liegen etwa um 25° und schwanken nur wenig. Die Niederschlagshöhe beträgt mindestens 1500 mm, oft das Doppelte und mehr. Nur in unmittelbarer Nähe des Äquators sind sie gleichmäßig über das ganze Jahr verteilt, mit zunehmender Entfernung vom Äquator zeigen sie gewisse Höchst- und Tiefstwerte. Sie fallen durchweg mit großer Heftigkeit.

Die natürliche Climax der Äquatorialzone ist der tropische Regenwald. Er ist bekannt durch seine Üppigkeit, die ihre Ursache aber nicht in guten Böden zu haben braucht. Auch arme Böden können hohe Mengen an organischer Substanz produzieren, wenn Wasserversorgung und Temperatur günstig sind und die vorhandene, geringe Nährstoffmenge einem schnellen Kreislauf unterliegt (H. SIOLI, 1954). Das trifft in hohem Maße für die Tropen zu, wo der Boden als differenzierendes Merkmal der Vegetation nur in Grenzgebieten zur Savanne in Erscheinung tritt. Die Humuslage tropischer Böden ist dünn und sehr sauer, p_H-Werte um 3—5,5 sind vorherrschend. Auch die Durchwurzelungstiefe des tropischen Regenwaldes ist gering. Ein flaches, aber breites Wurzelsystem erlaubt eine schnelle Aufnahme der Nährstoffe, die sofort in organische Substanz umgesetzt werden. Trotz des geringen Nährstoffkapitals beträgt die jährliche Produktion eines tropischen Regenwaldes 100—200 t org. Substanz/ha (P. VAGELER, 1930). Voraussetzung für die Kontinuität des üppigen Wachstums ist ein ungestörter Kreislauf aller Nährstoffe, die nach dem Absterben der Pflanzen sofort wieder mineralisiert und zum Aufbau neuer pflanzlicher Substanz verwendet werden müssen.

Eine Entblößung tropischer Böden von der pflanzlichen Schutzdecke läßt die heftigen, fast jeden Nachmittag niedergehenden Regengüsse direkt auf den Boden prallen und führt in kurzer Zeit zum Abspülen der dünnen Krume. Außerdem führt die ungehinderte Sonneneinstrahlung zu Bodentemperaturen von maximal 84—86°, die das Kleinlebewesen nahezu vernichten (P. VAGELER, 1930). — Diese, hier nur kurz skizzierten Eigenheiten tropischer Umwelt müssen bei einer ackerbaulichen Bodennutzung beachtet werden. Sie sind auch von großem Einfluß auf den Feldfutterbau.

Bei der Nutzung tropischer Gebiete muß zwischen tropischem Gebirgs- oder Hochland und tropischem Tiefland unterschieden werden. Auf dem Hochland herrschen nicht so ausgeprägte „tropische" Bedingungen. Es ist dort kühler und für Mensch und Vieh erträglich. Deshalb haben die Europäer das tropische Hochland für die Kultivierung bevorzugt, außerdem können dort auch europäische Rinderrassen leben. Neben typischen, tropischen Kulturen wachsen dort auch Mais, Hirse und Weizen. Für den Feldfutterbau ist vor allem wichtig, daß in Höhenlagen über 1000 m, am besten um etwa 2000 m, Futterleguminosen gedeihen. Diese Erkenntnis ist neu, und daher erfährt der bis jetzt vorherrschende reine Feldgrasbau in Höhenlagen in Zukunft durch den Kleegrasbau eine scharfe Konkurrenz.

Reiner Feldgrasbau in tropischen Höhenlagen diente zunächst als Erosionsschutz, später, bei zunehmender Viehhaltung, auch als Futter. Er wird entweder mehrjährig als Reinkultur innerhalb der Fruchtfolge zwischen annuellen Marktfrüchten betrieben oder als Unterkultur im Plantagenbau. Im letzteren Falle wird der Aufwuchs selten verfüttert, meistens gemäht und dient dann als Bodenbedeckung. Häufig wird der Aufwuchs auch „gemulcht“, d. h. in den Boden eingearbeitet (J. B. D. ROBINSON und Mitarb., 1959). Reinkulturen von Gräsern werden abgeweidet, zuweilen auch gemäht. Die Erträge sind hoch. In vierjährigen Versuchen wurden z. B. in Mpwapwa/Ostafrika in 1200 m Höhenlage folgende Jahresdurchschnittserträge erzielt (nach H. J. v. RENSBURG, 1956):

TABELLE 18

Grasart	Jahresertrag dt Grünmasse/ha
Dichanthium papillosus HOCHST.	889
Chloris gayana	939
Cenchrus ciliaris	1037
Brachiaria brizanthum HOCHST.	1408
Setaria sphacelata	1556
Setaria splendida STAPF	2396
Pennisetum purpureum	2544

In tropischen Höhenlagen der neuen Welt, in Mexico, konnten von *Pennisetum purpureum* mit 6 Schnitten 5000 dt Grünmasse/ha geerntet werden (M. FERRER, 1957/58). Die Eignung weiterer Gräser für den reinen Feldgrasbau in den Tropen wird z. Z. an verschiedenen Stellen geprüft.

Auf der in 1900 m Höhenlage in Ostafrika befindlichen Versuchsstation Kitale erwiesen sich bisher Arten der einheimischen Gattungen *Cenchrus*, *Brachiaria*, *Chloris*, *Cynodon*, *Melinis*, *Panicum* und *Pennisetum*, von importierten Gräsern vor allem *Paspalum*, als anbauwürdig. In jüngster Zeit zeichnete sich ferner noch *Setaria sphacelata* durch Ausdauer, Blattreichtum und hohe Erträge aus (A. V. BOGDAN, 1959).

Nach Angaben von A. T. SEMPLE (1952) ist ein 2—3jähriger, reiner Feldgrasbau mit den Gräsern *Pennisetum purpureum*, *Paspalum notatum* und *Brachiaria*-Species in Abwechslung mit 3jährigem Ackerbau in der Lage, Bodenstruktur und Humuszufuhr in tropischen Höhenlagen zu gewährleisten. Bei teilweise nährstoffreichen, guten Böden, wie z. B. in Kenia, bedarf es keiner mineralischen N-Gaben, wohl aber ausreichender Phosphorsäuredüngung, um einen guten Graswuchs zu erreichen. Diese guten Böden sind aber selten. Im allgemeinen ist der N-Bedarf hoch, und deshalb wird der reine Feldgrasbau in tropischen Höhenlagen dem Kleegrasbau allmählich weichen.

Im tropischen Tiefland hat der Ackerbau bisher eine untergeordnete Bedeutung. Plantagenbau herrscht vor, und wo Ackerbau auf nicht zu sauren Böden betrieben wird, werden vornehmlich Zuckerrohr oder tropische Hackfrüchte angebaut. Da Nutzvieh im äquatorialen Tiefland nicht gedeiht, entfällt auch die Notwendigkeit des Futterbaues zum Zwecke der Futterlieferung. Dennoch wird reiner Feldgrasbau in geringem Umfang betrieben, um Bodenstruktur und Humusgehalt nach den Feldkulturen zu verbessern. Außerdem gibt es Inseln in tropischen Breiten, auf denen auch Viehhaltung möglich ist, so daß reiner Feldgrasbau hier zusätzlich als Futter dient. — Futterleguminosen sind mit sehr wenigen Ausnahmen nicht anbauwürdig. Vermutlich sind die hohe Acidität des Bodens, der Mangel an arttypischen Knöllchenbakterien und wohl auch die hohen Temperaturen Ursache für das Versagen der meisten kleeartigen Futterpflanzen.

Die Frage, warum in den Tropen nicht in größerem Umfange Feldfutterbau betrieben werden kann, hat die landwirtschaftliche Forschung schon seit längerem interessiert. Es lag nahe, die im tropischen Regenwald demonstrierte Wüchsigkeit für den Futterbau auszunutzen. An einheimischen Gräsern mit hoher Wuchsleistung für den reinen Feldgrasbau mangelte es nicht, daher wurde mit dem Anbau von Gräsern begonnen.

Auf den westindischen Inseln, auf Puerto Rico z. B., werden seit kurzer Zeit *Pennisetum purpureum*, *Panicum maximum* und *Panicum purpurascens* OPIS auch zu Futterzwecken im mehrjährigen, reinen Feldgrasbau genutzt, weil dort Viehhaltung möglich ist. Die Niederschläge auf dieser Insel variieren zwischen 1400 und 2500 mm, die Jahresdurchschnittstemperatur beträgt 24,4° und schwankt nur um ± 12,3°. Die Niederschlagsverteilung ist nicht völlig ausgeglichen; im Mai/Juni fallen die höchsten Niederschläge, Februar und März sind relativ trocken. Die Ungleichheit der Regenfälle bewirkt Ertragsschwankungen, die im Durchschnitt des Jahres 50% betragen, in einzelnen Fällen noch höher sein können. — Der Gehalt der Böden an organischer Substanz beträgt etwa 3%. Ohne zusätzliche mineralische Düngung sind nur mäßige Futtererträge zu erzielen. Aus diesem Grunde führten J. VICENTE-CHANDLER und Mitarb. (1959) in jüngster Zeit N-Steigerungsversuche bei den drei wichtigsten Futtergräsern durch. Variiert wurde jährlich mit Gaben von 0—224—448—896—1344 und 2240 kg N/ha, daneben erfolgte die Nutzung in Abständen von 40, 60 oder 90 Tagen. Neben der N-Düngung wurden jährlich 336 kg P_2O_5 und 672 kg K_2O in 4—9 Teilgaben verabfolgt, so daß das Nährstoffangebot für die mittleren N-Varianten einigermaßen ausgeglichen war. Diese Versuche wurden zu *Pennisetum purpureum* 3jährig, zu *Panicum maximum* 2jährig und zu *Panicum purpurascens* 1jährig durchgeführt. Die Ergebnisse sollen auszugsweise für die ungedüngten und mit 896 kg N gedüngten Parzellen wiedergegeben werden:

TABELLE 19

N-Zufuhr kg N/ha	*Pennisetum purpureum* Ertrag Trs./ dt/ha	Roh-protein %d.Trs.	Roh-protein dt/ha	*Panicum maximum* Ertrag Trs./ dt/ha	Roh-protein %d.Trs.	Roh-protein dt/ha	*Panicum purpurascens* Ertrag Trs./ dt/ha	Roh-protein %d.Trs.	Roh-protein dt/ha
				Schnitthäufigkeit alle 40 Tage					
0	107	8,3	8,9	103	7,8	8,0	58	7,3	4,2
896	275	12,9	35,5	309	11,1	34,3	264	11,7	30,9
				Schnitthäufigkeit alle 60 Tage					
0	170	6,5	11,1	122	6,2	7,6	87	6,4	5,6
896	499	9,7	48,4	367	9,6	35,2	345	9,5	32,8
				Schnitthäufigkeit alle 90 Tage					
0	229	5,4	12,4	148	4,9	7,3	146	4,8	7,8
896	847	6,9	58,4	488	7,3	35,6	406	7,2	29,2

Im allgemeinen wurden mit 896 kg N/ha bei allen Gräsern die Höchsterträge in Trs. erreicht, nur bei einer Schnitthäufigkeit von 40 Tagen konnte durch die nächst höhere Gabe von 1344 kg N/ha noch ein Ertragszuwachs bei *Pennisetum purpureum* erzielt werden. Weitere Erhöhungen der N-Gaben erbrachten Ertragsdepressionen. — *Pennisetum purpureum* zeigte sich den anderen Gräsern in jeder Hinsicht überlegen, es wies auch den dichtesten und ausdauerndsten Bestand trotz hoher N-Gaben auf.

Ein Vergleich im Trockensubstanzgehalt der geprüften Gräser zeigt die folgende Aufstellung bei den ungedüngten Parzellen mit wechselnder Schnitthäufigkeit:

TABELLE 20

Schnitthäufigkeit	Trockensubstanzgehalt in % *Pennisetum purpureum*	*Panicum maximum*	*Panicum purpurascens*
40 Tage	14,1	20,2	20,7
60 Tage	17,1	23,8	22,9
90 Tage	25,1	30,4	29,5

Damit dürfte auch die Verdaulichkeit bei *Pennisetum purpureum* am günstigsten sein.

Bei den durch sehr hohe N-Gaben bedingten Massenwuchs leidet jedoch die Ausgeglichenheit der Nährstoffe im Futter, wie die Tab. 21 im Auszug zeigt:

TABELLE 21

N-Zufuhr kg/ha	*Pennisetum purpureum* Schnitthäufigkeit 40 Tg.	60 Tg.	90 Tg.	*Panicum maximum* Schnitthäufigkeit 40 Tg.	60 Tg.	90 Tg.	*Panicum purpurascens* Schnitthäufigkeit 40 Tg.	60 Tg.	90 Tg.
				Phosphorsäure in % der Trs.					
0	0,59	0,43	0,34	0,45	0,38	0,31	0,30	0,28	0,23
896	0,32	0,27	0,19	0,24	0,19	0,15	0,19	0,17	0,14
				Calcium					
9	0,38	0,32	0,29	0,92	0,71	0,52	0,37	0,29	0,26
896	0,35	0,27	0,29	0,98	0,81	0,65	0,44	0,39	0,34

TABELLE 21 (Fortsetzung)

N-Zufuhr kg/ha	*Pennisetum purpureum* Schnitthäufigkeit 40 Tg.	60 Tg.	90 Tg.	*Panicum maximum* Schnitthäufigkeit 40 Tg.	60 Tg.	90 Tg.	*Panicum purpurascens* Schnitthäufigkeit 40 Tg.	60 Tg.	90 Tg.
				Kali					
0	3,94	2,81	2,02	2,00	1,56	1,17	1,77	1,64	1,12
896	1,87	1,25	0,70	2,21	1,70	0,82	1,84	1,70	1,40
				Magnesium					
0	0,18	0,18	0,17	0,40	0,32	0,35	0,26	0,16	0,11
896	0,35	0,27	0,22	0,47	0,42	0,40	0,34	0,25	0,23
				Lignin					
0	6,65	7,92	9,58	7,08	8,41	8,97	7,49	7,42	8,40
896	7,93	9,44	11,63	8,38	10,64	11,87	8,22	8,95	9,88

Diese Versuchsserie zeigt einmal die Grenzen maximaler Futtererzeugung von der Flächeneinheit, wobei der Aufwand sehr hoch ist, er zeigt aber auch die Problematik der Futtererzeugung unter tropischen Bedingungen. Es ist also möglich, bei sehr hohem Nährstoffangebot und häufiger Nutzung mehr als 800 dt Trs./ha zu erzielen. Das Futter weist aber (um bei dem Beispiel von *Pennisetum purpureum* mit 90 Tagen Schnittintervall zu bleiben) einen Rohproteingehalt von nur 6,9% auf; an Phosphorsäure sind 0,19, Ca 0,29 und K_2O 0,7% in der Trs. enthalten. Wir fordern für Heu in Deutschland bei Phosphorsäure und Calcium 3—4fach höhere Werte, wenn von einem brauchbaren Futter die Rede sein soll.

Etwas besser für den tropischen, reinen Feldgrasbau wird die Frage der Futterqualität, wenn statt der 90 nur 40 Tage als Nutzungspause eingehalten werden. Dann steigt der Gehalt an Rohprotein auf 12,9%, der Gehalt an Phosphorsäure beträgt in diesem Fall 0,32%, an Calcium 0,35% und an Kali 1,87%. Allerdings werden an Stelle von 847 nur noch 275 dt Trs./ha geerntet, zwar eine recht beachtliche Menge, aber erkauft mit einem sehr hohen Düngeraufwand.

Bei der angeführten Gabe von 896 kg N/ha, die 3 Jahre lang in jedem Jahr in Form von Ammoniumsulfat gegeben wurde, zeigten sich auch noch Auswirkungen auf die Bodenacidität. Während der p_H-Wert des Bodens zu Beginn des Versuches noch 7,0 betrug, war er nach 3 Jahren auf 4,1 in der Krume gesunken, ferner hatte sich der austauschbare Basengehalt im selben Zeitraum von 21,9 auf 11,5 me pro 100 g Boden verringert. Als Folgerung muß also festgestellt werden, daß derart hohe Düngermengen weder vom pflanzenphysiologischen und bodenbiologischen, noch vom ökonomischen Standpunkt zu vertreten sind.

Es fragt sich, wie weit sich eine „normale" N-Düngung für den reinen Feldgrasbau in den Tropen auswirkt. Die niedrigste Stickstoffrate in diesem Versuch von VICENTE-CHANDLER und Mitarb. betrug 224 kg N/ha, eine Menge, wie sie auf den besten Dauerweiden der Niederlande oder auch zu schnellwüchsigen Gräsern für künstliche Trocknung angewendet wird. Mit dieser Düngermenge wurden bei *Pennisetum purpureum* folgende Erträge erzielt:

TABELLE 22

Schnitthäufigkeit	Ertrag dt Trs./ha	Rohprotein % der Trs.
40 Tage	170	8,9
60 Tage	276	7,2
90 Tage	478	4,9

Bei dem nicht zu umgehenden Kompromiß zwischen Futtermenge, -qualität und Aufwand kann festgestellt werden, daß bei Anwendung von 224 kg N und einer Nutzungspause von 60 Tagen die günstigste Relation getroffen wird.

VICENTE-CHANDLER und Mitarb. weisen noch darauf hin, daß die Gleichmäßigkeit des Futteranfalles über den Jahresablauf durch ein Anpassen der Schnittzeit an den Futterwuchs und ein Variieren der Düngermenge nach jedem Schnitt wesentlich verbessert werden kann, d. h., daß in guten Wachstumszeiten etwa alle 40, in kühleren und trockeneren Perioden vielleicht alle 70—80 Tage gemäht wird.

Für das rapide Wachstum tropischer Gräser sind dies noch relativ lange Zwischenpausen. Diese längeren Intervalle sind aber nötig, um der Erosion entgegenzuwirken. Ein Kurzhalten der Narbe, wie in Europa üblich, würde in den Tropen außerdem nicht von den Gräsern vertragen werden. Schließlich könnte die maximale Zuwachsrate bei sehr häufiger Schnittfolge nicht erreicht werden.

Aus den bisher vorliegenden Versuchsergebnissen kann gefolgert werden, daß der reine Feldgrasbau, sei es zu Futterzwecken, sei es zur Erhaltung der Struktur, auch in den Tropen betrieben werden kann. Entscheidend für die Entwicklungsperspektive ist jedoch, ob der Nährstoffhaushalt der meistens armen Böden den hohen Nährstoffansprüchen der Gräser genügen kann. Wenn der reine Feldgrasbau nur als Erosionsschutz dient und der Aufwuchs gemäht, aber nicht entfernt wird, ist der Nährstoffkreislauf gesichert. In dieser Form hat der reine Feldgrasbau auch für die Zukunft in den Tropen Bedeutung. — Wenn aber Futtergewinnung das Ziel des Anbaues ist, also der Aufwuchs vom Felde entfernt wird, ist der Nährstoffkreislauf unterbrochen, und in wenigen Jahren wird der Boden derartig an Nährstoffen und organischer Substanz verarmt sein, daß er keine nennenswerten Erträge mehr hervorbringen kann. Wird also reiner Feldgrasbau zur Futterzwecken betrieben, so muß die Nährstoffzufuhr durch mineralische Düngemittel gesichert sein. Bei Erträgen von 250, 500 oder sogar 750 dt Trs./ha sind dazu außergewöhnlich hohe Nährstoffgaben nötig. Begnügt man sich mit geringeren Erträgen, so wächst die Gefahr weiterer Nährstoffverarmung des Bodens, wenn man die Düngermenge einschränkt, denn „nennenswerte Reserven an anorganischen Nährstoffen stehen für anzubauende und dann abzuerntende Pflanzen kaum zur Verfügung“ stellt H. SIOLI (1955, S. 74) grundsätzlich für den Anbau landwirtschaftlicher Kulturen in den Tropen fest. Nicht ohne Grund müssen Pflanzungen in den Tropen nach 2—3 Jahren aufgegeben werden, wenn keine Zufuhr an Nährstoffen erfolgt.

Der reine Feldgrasbau zu Futterzwecken kann z. Z. im tropischen Tiefland nur unter bodenbiologisch und ökonomisch kaum tragbaren Bedingungen durchgeführt werden. Ein bescheidener Anteil des für das Gräserwachstum nötigen Stickstoffes könnte durch den Anbau von Futterleguminosen geliefert werden, worauf beim Kleegrasbau in den Tropen einzugehen sein wird. Dies kommt aber in erster Linie für Höhenlagen in den Tropen infrage.
Sollte es durch Ausnutzung der Atomenergie gelingen, Stickstoff und andere Nährstoffe billig und in reichlichen Mengen auch in den Tropen zu erzeugen, dann wären die Aussichten für den reinen Feldgrasbau günstiger. In diesem Falle müßten aber auch Transportmöglichkeiten vorhanden sein, um die erzeugten Futtermengen, am besten als Trockengut, an Orte des Futterverbrauches gelangen zu lassen. Diese Perspektiven liegen noch in fernerer Zukunft.

3. in gemäßigten Breiten

Seit dem Aufkommen der Kleearten ist der reine Feldgrasbau in Europa stark zurückgegangen. Der große Vorzug symbiotischer Stickstoffbindung durch Kleearten kann von den Gräsern im Kleegrasbau ausgenutzt werden. Im Reinanbau von Gräsern fehlt es meistens an Stickstoff, so daß die Erträge reiner Feldgrasbestände ohne zusätzliche Stickstoffgaben unter denen des Klees oder Kleegrasbaues liegen. Daneben ist das gewonnene Futter eiweißärmer.
Auch vom Gesichtspunkt des Vorfruchtwertes wird reiner Feldgrasbau nicht geschätzt. Die Wurzelanreicherung ist zwar bei Gräsern durchweg höher als bei Kleearten, doch sind die Wurzeln, ebenso wie der Aufwuchs, proteinärmer. Infolgedessen findet nur eine langsame Mineralisierung der organischen Substanz nach dem Umbruch des Grasbestandes im Boden statt, so daß die Nachfrüchte in den beiden ersten Folgejahren meistens Ertragsdepressionen zeigen. Erst im dritten Nachbaujahr wirken sich die stickstoffärmeren Graswurzeln positiv aus, doch wird der Ertragsausfall der ersten Jahre nicht aufgeholt, wie experimentell im norddeutschen Küstengebiet nachgewiesen werden konnte (H. PÄTZOLD, 1958). Die angeführten Gründe führten zu einem Rückgang reinen Feldgrasbaues für die Futtergewinnung, obwohl feststeht, daß die mögliche Wachstumskapazität schnellwüchsiger Horstgräser bei den üblichen, geringen Düngergaben nicht ausgeschöpft wird. In erster Linie ist mangelnder Stickstoff der ertragsbegrenzende Faktor. Gräser, wie *Lolium italicum* und *Dactylis glomerata*, können bei guter Wasser- und Stickstoffversorgung sehr hohe Erträge bringen. Da mineralischer Stickstoff immer noch teuer ist, beschränkt sich der reine Feldgrasbau in den gemäßigten Breiten vor allem auf die Fälle, in denen Stickstoff billig geliefert wird. Das betrifft die Nutzung von Niederungsmoor und die Abwasserverwertung. In beiden Fällen kann eine billige Stickstoffquelle zum Fließen gebracht werden, wobei die Abwasserverwertung noch durch zusätzliche Wassergaben begünstigt wird. Bei der Abwasserverregnung oder -berieselung dient ein Grasbestand außerdem zur Strukturerhaltung und verhindert durch sein dichtes Wurzelnetz ein zu starkes Auswaschen der Nährstoffe in den Untergrund. Mit der geplanten Ausdehnung von Berieselungsflächen in der Nähe von Großstädten

wird auch der reine Feldgrasbau flächenmäßig zunehmen und beachtliche, zusätzliche Futtermengen liefern.

Unter bestimmten Umständen ist es auch lohnend, die Wachstumsfähigkeit von Gräsern durch hohe mineralische N-Gaben auszunutzen. Voraussetzung ist allerdings, daß die Wasserversorgung während der Vegetationszeit auch bei starker Nährstoffzufuhr gesichert bleibt. Es handelt sich hierbei um den Anbau schnellwüchsiger Gräser zur Gewinnung von Trockenfutter. Auf Böden mit guter Wasserführung hat man in Frankreich, den Niederlanden und auch in Deutschland mit dem Anbau von *Lolium italicum* in Reinsaat begonnen. Bei jährlichen Gaben von 100—250 kg N/ha und entsprechender Phosphorsäure- und Kalidüngung werden die Bestände 6 bis 8 mal jährlich gemäht. Durch die hohen mineralischen N-Gaben kann auch die Forderung nach einem Rohproteingehalt von mindestens 16% und einem Rohfasergehalt von höchstens 20% in der Trs. erfüllt werden (H. WACKER, 1957). Das gewonnene Grasgrünmehl ist dem Luzernemehl qualitativ annähernd ebenbürtig. R. DESROCHES (1957) berichtet, daß auf diese Weise in Frankreich von *Lolium italicum* 8400—10500 kg Stw./ha. geerntet werden.

Die ökonomische Seite wird über die zweckmäßigste Form der Futtergewinnung entscheiden. Dabei ist bedauerlich, daß *Lolium italicum* nur zweijährig ausdauert. Vielleicht wird die neuseeländische Züchtung *Lolium perenne* × *Lolium italicum*, das „short rotation H_1-grass“, für diese Zwecke bei guter Wasser- und Nährstoffversorgung auch für europäische Umweltverhältnisse geeignet sein, da es mehrjährig genutzt werden kann.

Eine weitere Möglichkeit für den reinen Feldgrasbau hat sich in humiden Gebieten mit milden Wintern durch die Bestrebungen für eine ganzjährige Weidezeit ergeben, wie sie für Irland, England und Schottland zutreffen. Für ein Wachstum in den milden Wintermonaten zeigte sich nach dreijährigen Untersuchungen von I. L. CORBETT (1957) vor allem *Dactylis glomerata* geeignet. Neue Gesichtspunkte für eine höhere Futterproduktion in den Wintermonaten ergeben sich in Großbritannien durch die Einfuhr von Mittelmeerherkünften von *Dactylis glomerata* und *Festuca arundinacea.* Die natürliche Wachstumszeit der meisten Mittelmeerherkünfte liegt im Winter und Fühjahr, im Sommer herrscht Vegetationsruhe. Daher bringen die Mittelmeerherkünfte im Sommer in England kaum nennenswerte Erträge, im Winter jedoch mehr als doppelt so viel Futter wie die einheimischen Sorten. Aus diesem Grunde werden in England in zunehmendem Maße Herkünfte von Gräsern aus dem Mittelmeer speziell für die Winterbeweidung angebaut bzw. für die Züchtung ausgenutzt.

In Deutschland hat der reine Feldgrasbau schließlich seine Bedeutung für die leichten Böden behalten, auf denen Kleearten versagen. Auf diesen Sandböden ist durch den Schafschwingel (*Festuca ovina*) die Möglichkeit einer Humusanreicherung und Strukturverbesserung gegeben. Dabei spielt allerdings die Samengewinnung eine größere Rolle als der Futteranfall. Hauptziel bleibt aber stets die Zufuhr an organischer Substanz (siehe auch H. HENNING, 1954). Eine Verbesserung des Futteranfalles auf den Sandböden wäre durch einen Anbau anderer

Grasarten möglich, die sich gegenüber dem Schafschwingel durch einen proteinreicheren und mengenmäßig mehr befriedigenden Futterwuchs auszeichnen. Nach eigenen Untersuchungen käme hierfür *Arrhenatherum elatius* (L.) J. et C. PRESL infrage. Der Glatthafer ist zwar ein im Futterwert nur mäßiges Gras, verträgt auch keine Beweidung, ist aber fast so anspruchslos wie der Schafschwingel und könnte bei Wiesenarmut zur Heuversorgung beitragen. Auf jeden Fall bringt er wesentlich höhere Erträge als der Schafschwingel, liefert aber nicht so viel Wurzelmasse.

Der Ersatz von Kleegras durch den reinen Feldgrasbau ist schließlich eine Notlösung, die bei Saatgutmangel oder auch nach starken Auswinterungsschäden durch Nachsaat schnellwüchsiger Gräser im Frühjahr zuweilen ergriffen wird. Der Zwang, auf jeden Fall Futter von der vorgesehenen Fläche zu erzielen, kann zu derartigen Maßnahmen führen. So sind z. B. in Ländern mit einem hohen Anteil an Kleegras stets auch reine Feldgrasbestände zu finden, u. a. in Finnland und Schweden. Diese reinen Grasbestände bringen immer noch höhere Erträge als das wenig produktive Dauergrünland. Zu beachten ist jedoch, daß der fehlende Stickstoff in mineralischer Form gegeben werden muß.

Insgesamt betrachtet sind es also Sonderfälle, die dem reinen Feldgrasbau in den gemäßigten Breiten z. Z. vorbehalten sind. Gegenüber den Steppen, Subtropen und Tropen entfällt die strukturerhaltende Aufgabe des reinen Feldgrasbaues in den gemäßigten Breiten, wenn man von den Rieselflächen absieht. Der reine Feldgrasbau dient in den gemäßigten Breiten fast ausschließlich zur Futtererzeugung. Hierbei können, in weit stärkerem Maße als in den Steppen, hohe Erträge erzielt werden, die aber die Erträge von Feldgrasbeständen in Subtropen oder Tropen nicht erreichen. Die außergewöhnlich hohen Feldgraserträge der Tropen führen hingegen zu einer Gefährdung des überbeanspruchten Nährstoffhaushaltes des Bodens und können nur für kurze Zeit aufrecht erhalten werden. Die Böden der gemäßigten Breiten mit ihrer sehr viel langsameren Umsetzungsgeschwindigkeit bleiben dagegen auch bei hohen Feldgraserträgen stabil, wenn die mineralische Nährstoffzufuhr ausreichend und ausgeglichen erfolgt.

Durch den reinen Feldgrasbau kann die Höchstgrenze der Flächenleistung beim Feldfutterbau erreicht werden. Bei der außergewöhnlichen Wüchsigkeit tropischer Gräser, wie sie neben den Futtergräsern z. B. auch beim Zuckerrohr und Bambus in Erscheinung tritt, ist diese Feststellung verständlich. Sie gilt aber auch für die gemäßigten Breiten. Ein Luzerne- oder Kleegrasbestand bringt zwar gute Durchschnittserträge, kann aber eine gewisse Ertragshöhe nicht überschreiten, die in der Stickstoffverwertung begründet ist. Die Leistungsgrenze der Gräser wird in den gemäßigten Breiten erst bei Stickstoffgaben von etwa 500 kg N/ha erreicht. Solange man in der Landwirtschaft mit Erträgen im Feldfutterbau zufrieden ist, wie sie von normalen Kleegras- oder Luzernebeständen erreicht werden, wird man diese billige Art der Futtergewinnung beibehalten. Soll aber die Flächenproduktivität beträchtlich gesteigert werden, dann wird der reine Feldgrasbau mit sehr hohen mineralischen Düngergaben über die Sonderfälle hinaus an Bedeutung gewinnen.

b) Der Kleegras- und Luzernegrasbau

Der Anbau von Feldfutterpflanzen gewinnt erst dann seinen vollen Wert, wenn neben der strukturerhaltenden Aufgabe und der Lieferung von Futter auch noch Stickstoff dem Boden zugeführt wird. Von diesem Vorzug wird in allen Klimazonen, in denen Futterleguminosen gedeihen, Gebrauch gemacht. Stark benachteiligt sind dagegen Gebiete, in denen Futterleguminosen nicht wachsen.

Unter Kleegras- oder Luzernegrasbau wird der ein- und mehrjährige Anbau von Futterleguminosen mit Gramineen im Rahmen von Fruchtfolgen verstanden. Auch der Anbau von Futterleguminosen in Reinkultur ist mit einbegriffen. Dieser spielt jedoch im Weltmaßstab gegenüber dem gemischten Anbau eine untergeordnete Rolle.

Bei der Abhandlung des Kleegrasbaues wird die von ANDREAE benutzte Gliederung verwendet. B. ANDREAE (1955) unterscheidet in seiner eingehenden Studie über die Feldgraswirtschaft Westeuropas grundsätzlich zwischen einer

1. kontinentalen Feldgraszone,
2. polaren Feldgraszone,
3. montanen Feldgraszone und
4. maritimen Feldgraszone.

Im Weltmaßstab entspricht die kontinentale Zone den Steppen, die maritime Zone den gemäßigten Breiten. Polare und montane Zonen sind, im Verhältnis zu den beiden anderen Zonen, flächenmäßig von geringerer Bedeutung. Sie sollen deshalb nur kurz behandelt werden. — Für eine weltweite Betrachtung kommen noch zwei weitere Glieder hinzu, die

subtropische und
tropische Zone.

1. unter kontinentalen Umweltbedingungen

Bereits beim Kapitel der Dauerweiden wurde auf die Tatsache verwiesen, daß man die Steppengebiete der Erde nach ihrer Niederschlagsverteilung und dem Temperaturverlauf in

Steppen mit Frühjahrs- und Sommerniederschlägen mit einer winterlichen Schneedecke auf der nördlichen Erdhälfte,
Steppen mit Winterregen bzw. ausgeglichenen Niederschlägen ohne Frosttemperaturen auf beiden Erdhälften und
Steppen mit Sommerniederschlägen ohne Kälteperioden und ohne Schneedecke auf der südlichen Erdhälfte

unterteilen muß, wenn man für den Futterbau zu klaren Abgrenzungen gelangen will.

In den Steppen mit Frühjahrs- und Sommerniederschlägen und einem regulären Winter auf der nördlichen Erdhälfte ist der Anbau von Futterleguminosen zwar schwierig, aber durchaus möglich. Wahrscheinlich können die Futterleguminosen das gute Wasserangebot im Frühjahr durch Schneeschmelze und

Niederschläge vorteilhaft ausnutzen, so daß die Samenbildung mit der Zeit sommerlicher Trockenheit zusammenfällt.

Der Anbau von Klee- und Luzernegras erfolgte in den Steppen der nördlichen Hemisphäre erst im 19. Jh., teilweise sogar erst in diesem Jahrhundert. Diese Erscheinung hängt mit der späten Besiedelung und Ackernutzung der weiten Gebiete zusammen, die in den Vereinigten Staaten, Rußland und Australien erst im Laufe des 19. Jh. in großem Stile erfolgten. Die Fruchtbarkeit der Steppenböden wurde durch Monokulturen von Getreide oder Mais jahrzehntelang genutzt. Soweit Vieh gehalten wurde, konnte seine Ernährung durch Relikte der Steppen oder Nutzung von Flußwiesen gesichert werden. Ein Feldfutterbau zu Futterzwecken wäre bis heute wohl noch nicht erfolgt, wenn nicht aufbauende Elemente im Rahmen von Fruchtfolgen nötig gewesen wären. Erst weitgehende Strukturzerstörungen erforderten die Einschaltung mehrjähriger Kulturen, deren Wurzelanreicherung und N-Zufuhr eine Regenerierung der Ertragsfähigkeit des Bodens ermöglichen. Dafür kamen nur Klee- und Luzernegras in Frage.

Die Entwicklung des Klee- und Luzernegrasbaues in der Sowjetunion ist mit den Namen von D. N. PRJANISHNIKOW und W. R. WILJAMS verknüpft. Während PRJANISHNIKOW (1952) den Futterbau mit Leguminosen vor allem wegen der Stickstoffanreicherung forderte, da er für die Ackerbaugebiete der Sowjetunion für 1937 ein N-Defizit von 69,35% berechnet hatte, war es WILJAMS (1951) im Trawopolnajasystem mehr um die Strukturerhaltung der Böden zu tun. Da aber Natursteppen und Flußwiesen mehr als die Hälfte der LN einnahmen und heute noch einnehmen, war ein Feldfutterbau zum Zwecke der Futtererzeugung nicht nötig. Der Viehbesatz war ohnehin gering. So ist es zu erklären, daß der gesamte Feldfutterbau nach Angaben von W. LARIN (1958) im Jahre 1913 nur 3,3 Mill. ha = 2,8% der Ackerfläche umfaßte. Bei einem Getreideanteil von etwa 90% an der Ackerfläche konnten auch die fruchtbaren Schwarzerdeböden Südrußlands diese „Fruchtfolge" nicht auf längere Zeit aushalten. Nur der Zwang, die Getreideerträge nicht stärker absinken zu lassen, führte seit etwa 1930 zur Einschaltung mehrjähriger Klee- oder Luzernegrasgemenge in Fruchtfolgen der Steppengebiete. Als Forderung wurden von PRJANISHNIKOW und WILJAMS die Ausdehnung des Feldfutterbaues, hauptsächlich in Form von Klee- oder Luzernegras, auf 25% der Ackerfläche erhoben.

Man unterscheidet in den Steppengebieten der Sowjetunion zwischen Ackerfruchtfolgen, die etwa 75% der Betriebsfläche einnehmen, und den an Umfang kleineren Futterfruchtfolgen. Die ersteren haben die Aufgabe, Marktfrüchte, vor allem Getreide, zu erzeugen; die Futterfruchtfolgen in Farmnähe und in den tieferen, etwas feuchteren Lagen sollen den Futterbedarf der Nutztiere sicherstellen. In der Ackerfruchtfolge wird 2—3jähriger Luzernegrasbau betrieben, um die gewünschte Wirkung auf Strukturverbesserung und Stickstoffanreicherung im Rahmen 8 bis 12feldriger Fruchtfolgen zu erzielen. Der Futteraufwuchs wird zu Heu gemacht, nicht beweidet. Bei der Härte der Umweltbedingungen sind nur wenige Futterpflanzen anbauwürdig. Nach M. A. ALEXEJEW (1952) sind dies *Medicago sativa* L., *Medicago falcata* L. und zuweilen auch *Onobrychis sativa* LAM., bei den

Gräsern *Agropyrum cristatum* (L.) GAERTN. und *Bromus inermis* LEYSS. Auf Schwarzerdesteppen werden Gemische von *Medicago sativa* + *Bromus inermis* + *Festuca elatior* L., zuweilen auch *Agropyrum tenerum*, bevorzugt. Augustaussaat ist am günstigsten (W. W. KOMMODOW, 1957). Gewöhnlich wird die Luzerne mit den Gräsern in Blanksaat ausgesät. Vom Standpunkt der Regenerierung der Bodenstruktur und Anreicherung an organischer Substanz sollte die Anbaudauer umso länger sein, je härter die Umweltbedingungen sind. So fordert M. M. BROSGUL (1953) für Fruchtfolgen in Steppen eine 3jährige Hauptnutzung von Luzernegras. Eine noch längere Nutzung scheiterte bisher an der mangelnden Ausdauer der Luzerne. — Nach jüngsten Mitteilungen soll durch Einkreuzung von *Medicago falcata* in einheimische Wildformen mit der Sorte „Pawlowskaja 7" eine Luzerne geschaffen worden sein, die 8—12 Jahre ausdauert, ohne auszuwintern. Wenn diese Sorte im Feldfutterbau an Ausdehnung gewinnen sollte, so wäre die Futterproduktion auf eine wesentlich bessere Basis gestellt (M. I. NENAROKOW und Mitarb., 1958).

In den Neulandgebieten Kasachstans begnügt man sich mit 2jährigem Luzernegrasbau in 9feldrigen Fruchtfolgen, wobei ein Schlag zusätzlich mit einjährigen Futterpflanzen angesät wird (I. JA. POLOWITZKI, 1956). — Zuweilen wird die Meinung geäußert, auf den mehrjährigen Luzernegrasbau gänzlich verzichten zu können und den Futteranfall von den flächenproduktiveren, annuellen Gramineen zu decken. Vom Gesichtspunkt höherer Futtererträge ist diese Ansicht berechtigt. Es fragt sich jedoch, wie der Boden auf die Dauer reagieren wird, wenn nur annuelle Kulturen angebaut werden. — Der Meinungsstreit über die bodenerhaltenden Funktionen mehrjähriger und annueller Futterpflanzen ist z. Z. noch nicht beendet. Die bisher vorliegenden Erfahrungen deuten jedoch darauf hin, daß allein schon der längeren Bodenruhe wegen mehrjähriger Luzernegrasbau nicht zu umgehen ist. Wenn auch der Wurzelanfall bei mehrjährigem Luzernegrasbau nicht die erhoffte Höhe erreicht hat und nur wenig höher liegt als der annueller Gramineen, so werden Bodenstruktur und N-Haushalt auf die Dauer nicht ohne Luzernegras in gewünschtem Maße zu erhalten sein. Dies gilt besonders für die Gebiete der Neulandgewinnung.

In 4 Jahren, von 1953—1956, hat die Ackerfläche der Sowjetunion um 24% zugenommen (F. T. WAHLEN, 1958). Diese Zunahme erfolgte nur in streng ariden Zonen bei jährlichen Niederschlagsmengen von 300—350 mm. Dadurch konnte die Getreideerzeugung in wenigen Jahren um 25—30% gesteigert werden (N. JASNY, 1958). Ob die Ausdehnung der Anbauflächen damit zum Abschluß gekommen ist, bleibt abzuwarten. Es ist aber auf jeden Fall nötig, die Erträge pro Flächeneinheit nunmehr zu stabilisieren und zu erhöhen. Ob dies in Steppenzonen ohne den mehrjährigenLuzernegrasbau möglich ist, muß bezweifelt werden. Es gilt, die geringen Futtererträge in Kauf zu nehmen, wenn dadurch 5—6 andere Feldfrüchte im Verlaufe einer Rotation gute Erträge bringen. Daher sollten alle Anstrengungen gemacht werden, vor allem auf dem Gebiete der Saatguterzeugung von Futterpflanzen, um etwa 20% des Ackerlandes in den Steppen mit mehrjährigem Luzernegras anzubauen. Wenn dies bis heute nicht in allen Fällen geschieht, so mögen hierfür Saatgutmangel und das Risiko der Ansaat verantwortlich zu machen sein. Die Erträge der mehrjährig genutzten Luzernegrasflächen sind, gemessen an europäischen Maßstäben, gering. ALEXEJEW (1952) spricht von 50 dt Grünmasse, W. LARIN (1958) von 15 dt Heu/ha. In der Tartarischen ASSR wird über Erträge von 23,2—26,8 dt/Heu bei *Medicago + Bromus inermis* berichtet (W. K. IKONNIKOW, 1957). Damit sind sie zwar wesentlich höher als die Erträge der Natursteppen, die von ALEXEJEW mit 20 dt Grünmasse/ha angegeben werden, befriedigen aber noch nicht. Daher wird in den letzten Jahren der Anbau von Mais und Hirsearten auf Kosten des Luzernegrasbaues gefördert. Diese Entwicklung wird verstärkt durch die in Angriff genommene Erhöhung der Viehbestände. 1952 betrug der RGV-Besatz pro 100 ha LN in der Sowjetunion etwa 10—12

1956 bereits 16
1959 etwa 18.

Diese starke Steigerung der Viehbestände kann nicht ohne Einfluß auf die Futterversorgung bleiben. Obwohl die LN der Sowjetunion mit 486 Mill. ha einen Dauergrünlandanteil von 281 Mill. ha aufweist (FAO Yearbook, 1956), kann das Vieh von diesen leistungsschwachen Flächen nicht ausreichend ernährt werden. W. LARIN (1958) schreibt wörtlich: „Trotz der außerordentlich großen Flächen, die auf das natürliche Grünland entfallen, können sie in vielen Gebieten der UdSSR das Vieh nicht ausreichend mit Futter versorgen" (S. 7 des Manuskriptes). Daher stieg der Anteil des Feldfutterbaues nach W. LARIN (1958) von

1913 mit 2,8% des Ackers (3,3 Mill. ha)
1940 auf 12,0% des Ackers (18,1 Mill. ha)
1956 auf 21,4% des Ackers (41,7 Mill. ha).

Der Anteil des Klee- und Luzernegrasbaues sank jedoch von

1953 mit 16,9 Mill. ha bis
1956 auf 12,3 Mill. ha.

Dieser Rückgang wird flächenmäßig durch Mehranbau annueller Futterpflanzen kompensiert. Der Anteil mehrjähriger, kleeartiger Futterpflanzen in der Sowjetunion umfaßt z. Z. aber nur 6% der Ackerfläche. Vom Standpunkt der Strukturerhaltung und des N-Haushaltes der in Ackernutzung genommenen Steppenböden kann dieser geringe Anteil nicht befriedigen. Von den als notwendig erkannten Forderungen von WILJAMS und PRJANISHNIKOW ist man noch weit entfernt.

Ähnlich wie in den eurasiatischen Steppen verlief die Entwicklung des Luzernegrasbaues in den Steppen Nordamerikas. Die Niederschläge sind hier jedoch besser verteilt, wenn auch die monatlichen Höchstwerte im Sommer zu verzeichnen sind. Außerdem sind die Temperaturgegensätze geringer. Daher sind die natürlichen Bedingungen für den Klee- und Luzernegrasbau in den Steppengebieten Nordamerikas etwas günstiger als in denen Eurasiens.

In den ackerbaulich genutzten Steppen der USA zwingt der Strukturzerfall zum mehrjährigen Luzerne- und Kleegrasbau. Aus Gründen der Futtererzeugung ist dieser Anbau bei einem Besatz von etwa 15 RGV/100 ha LN und einem Überwiegen des Dauergrünlandes über die Ackerfläche nicht nötig. Der Umfang des mehrjährigen Feldfutterbaues in Form von Luzerne- und Kleegras betrug:

1939: 12,9 Mill. ha = 6,8% des Ackers,
1954: 17,1 Mill. ha = 9,1% des Ackers.

(berechnet nach Angaben der Agricultural Statistics, 1955).
Die Zunahme seit 1939 ist fast ausschließlich auf die Flächenausdehnung von Luzernegras zurückzuführen. Während im Jahre 1939 die Kleegrasfläche die Fläche von Luzernegras noch beträchtlich übertraf, ist es heute umgekehrt. Dadurch wird gerade der verstärkte Anbau von Luzerne in den Steppengebieten deutlich, wo Kleearten weniger gut gedeihen.
Das wichtigste Prinzip des modernen „dry-farming" in den Steppen der USA mit Niederschlägen zwischen 200 und 500 mm wird nach F. L. DULEY und Mitarb. (1955) darin gesehen, 50% der LN eines jeden Betriebes unter einer Gras- oder Luzernegrasdecke zu belassen. Zu dieser Feststellung mußte man gelangen, wenn nach 2—3 Jahrzehnten Ackerkultur 25—40% des Bodenstickstoffes verloren und die Struktur fast zerstört worden waren. Diese Forderung ist z. Z. noch weit entfernt von ihrer Verwirklichung. Man bemüht sich zunächst, den Strukturzerfall durch Einschränkung der Bodenbearbeitung zu mindern. Daher ist das Bestreben, jede Pflugarbeit auf ein Mindestmaß zu beschränken, verständlich. Die Einsaat von Futterleguminosen und Gräsern wird daher vielfach ohne Pflugfurche in die Getreidestoppeln vorgenommen.
Die Erträge von Luzerne- und Kleegras sind relativ hoch, je nach den jährlichen Niederschlagsmengen aber sehr schwankend. Im Durchschnitt aller Flächen werden in den USA (nach Berechnungen aus der Statistik) von

Kleegras	29 dt/ha Heu
Luzernegras	50 dt/ha Heu

geerntet. Hierin sind jedoch die Futterflächen des Nordostens der USA mit enthalten, die ein maritim beeinflußtes, futterwüchsigeres Klima aufweisen. — Die Ertragsrelationen zu den Natursteppen mit etwa 5 dt, zuweilen auch nur 2 dt Heu/ha, sind recht eindeutig. Durch den Luzernegrasbau wird auch eine bessere Futterverteilung in der Vegetationszeit und eine Vorratshaltung durch Heuwerbung erreicht. Dadurch wird eine Milchviehhaltung in ackerbaulich genutzten Steppen möglich.
Der Luzernegrasbau wird sich in den USA weiter ausdehnen müssen, wenn in den Steppen auch in Zukunft Ackerbau mit Erfolg betrieben werden soll. Da das notwendige Saatgut im Inland erzeugt werden kann, wären von dieser Seite keine Schwierigkeiten zu erwarten. Es hängt von der Einsicht der Menschen ab, ob man sich des Luzerne- und Kleegrasbaues in verstärktem Maße zum Nutzen der gesamten Landwirtschaft bedienen wird oder die mit der Ackernutzung von Steppen auftretenden Gefahren mißachtet. Von seiten der Forschung wird eine Ausdehnung des Luzerne- und Kleegrasbaues gefordert.
In den Ackerbauzonen der Steppen mit Winterregen oder ausgeglichener Niederschlagsverteilung hat sich der Kleegrasbau erst in den letzten Jahren

durchgesetzt. Da in den Natursteppen dieser Zonen Leguminosen vorkommen, war zu erwarten, daß auch Futterleguminosen für den Feldfutterbau anbauwürdig seien. Es hat jedoch viele Jahrzehnte gedauert, bis man diese Überlegung in der Praxis verwertete. Bestes Beispiel dafür ist der Kleegrasbau in Süd- und Westaustralien.

Auf den im Laufe des 19. Jh. in Südaustralien unter den Pflug genommenen Steppenböden wurde „dry-farming" in der alten Form, also in der Folge Weizen — Brache, bis etwa 1940 betrieben. Dabei verarmte der Boden zusehends an Humus. Die Weizenerträge lagen zwischen 3,2 und 7,2 dt/ha (A. R. CALLAGHAN, 1954). In diesen Gebieten mit etwa 450 mm Niederschlägen konnte erst durch den Kleegrasbau mit *Trifolium subterraneum* und geeigneten Gräsern eine allmählich wirksam werdende Ertragserhöhung bei den anderen Feldkulturen erwirkt werden, so daß eine Aufgabe des Landes nicht mehr nötig wurde. — Neben *Trifolium subterraneum* zeigten sich für die Steppen mit Winterregen noch die ebenfalls aus dem Mittelmeerraum importierten Luzernearten *Medicago tribuloides* und *Medicago scutella* als Feldfutterpflanzen geeignet (J. McCANN, 1955). In geringerem Umfang finden auch europäische Kleearten Verwendung, so z. B. *Trifolium pratense*, *Trifolium repens* und *Trifolium fragiferum* L., die jedoch die sommerliche Dürre schlechter überstehen. — Grundsätzlich erfolgt der Kleegrasbau in Blanksaat, um den Wasserhaushalt zu schonen und eine sichere Ansaat zu gewährleisten.

Im Vordergrund stand zunächst die bodenverbessernde Wirkung für den Anbau von Marktfrüchten. Mehrjähriger Anbau von *Trifolium subterraneum* ließ den abgesunkenen N-Gehalt des Bodens beispielsweise von 0,085 auf 0,139% anwachsen (J. S. RUSSELL, 1957). Damit verbunden war auch eine Qualitätssteigerung bei der Hauptkultur Weizen. Eine Zunahme des Boden-N-Gehaltes um 0,01% bewirkt eine Erhöhung des Proteingehaltes bei der Nachfrucht Weizen um durchschnittlich 1,0%. Während die Weizensorten der Jahrhundertwende nur 6—7% Rohprotein aufwiesen, sind sie heute dank der Erfolge der Züchtung und der besseren Vorfrucht durch Kleegras bei der Sorte „Glayas Early" beispielsweise auf über 14% gestiegen (A. J. MILLINGTON, 1957). Die Weizenerträge werden durch Kleegrasvorfrucht verdoppelt, in einzelnen Fällen verdreifacht. Bei Kartoffeln wurden nach der Vorfrucht Hafer in Neu-Südwales 25—43, nach 2jährigem Anbau von *Trifolium subterraneum* + *Lolium rigidum* 112 dt/ha geerntet (R. J. JESSUP, 1958). Derart hohe Ertragssteigerungen sind nur möglich, weil vorher Nährstoffarmut und Strukturzerfall auf den einseitig genutzten Steppenböden vorherrschten. — Beispiele dieser Art lassen sich beliebig anführen, es genügt jedoch, festzustellen, daß als Ursache für den Anbau von Kleegras der Wunsch nach Erhöhung der Erträge bei anderen Feldkulturen gelten muß. Als billiger N-Lieferant ist der Klee von unschätzbarem Wert, die Gräser tragen vor allem zur Strukturverbesserung bei.

Man kann geradezu von einer historischen Parallele zur Anfangsgeschichte der Feldgraswirtschaft in Norddeutschland sprechen. Auch damals, vor etwa 200 Jahren, waren die Getreideerträge durch die Dreifelderwirtschaft ähnlich tief abgefallen wie in der ersten Hälfte des 20. Jh. in Australien; auch damals war der Kleegrasbau in Norddeutschland Mittel zum Zweck, die Ertragsfähigkeit des Bodens und die Rentabilität der Betriebe durch Mehrerzeugung von Getreide wieder herzustellen.

Der Futteranfall des Kleegrases interessiert erst an zweiter Stelle. Es werden zwischen 17,5 und 32 dt Heu/ha in den ackerbaulich genutzten Steppen Australiens geerntet, einer für Australien mit weniger als 500 mm Niederschlägen zufriedenstellenden Höhe (R. P. DANN, 1957). Damit ist gleichzeitig die Möglichkeit intensiverer Viehhaltung gegeben, denn die nicht durch Nachsaat verbesserten Steppen liefern nur 5 dt Heu/ha. Gleichzeitig wird die vorherrschende Gewohnheit, einseitig Ackerbau oder Viehzucht zu betreiben, durchbrochen und die Landwirtschaft auf eine breitere Basis gestellt.

Die erst in den letzten 20 Jahren zu beobachtende Ausdehnung des Kleegrasbaues in den Ackerbaugebieten der Steppen führte in Australien zu einer Änderung im Anbauverhältnis. In Südaustralien ist die Brache beispielsweise um 30% zurückgegangen, dafür stieg der Feldfutterbau von 0 auf 25% der Ackerfläche (B. SKIBBE, 1958). Mit einem Anteil von 25% Feldfutter, der in den Gebieten mit Winterregen oder ausgeglichenen Niederschlägen zum größten Teil aus Kleegras besteht, läßt sich eine Ackernutzung der Steppen auf lange Sicht durchführen. „Ley-farming" war für Australien vor 20 Jahren eine unbekannte Form der Betriebsgestaltung, heute ist „ley-farming" der Angelpunkt aller ackerbautreibenden Betriebe geworden, wodurch hohe Erträge bei den Marktfrüchten und zusätzlich Futter für den Aufbau einer Rinderhaltung mit Milchwirtschaft erzielt werden.

Die Niederschlagsverteilung mit ihrem Schwerpunkt in den Wintermonaten begünstigt in den Ackerbaugebieten der Steppen in den südlichen Breiten einen Feldfutterbau mit annuellen Futterleguminosen, wozu als wichtigster Vertreter *Trifolium subterraneum* gehört. Das Wachstum dieser Annuellen beginnt bereits im Herbst mit dem Einsetzen der ersten ergiebigen Regenfälle, es setzt sich dann bei niederen Wintertemperaturen fort und gelangt im Laufe des Frühjahres in das Stadium der Fruktifikation. Im trockenen und heißen Sommer ist kein wesentliches Wachstum möglich; die Keimung neuer Pflanzen setzt dann erst wieder im Herbst ein. Dennoch ist auch ein mehrjähriger Kleegrasbau möglich, weil die Samenbildung von *Trifolium subterraneum* zum größten Teil unterirdisch erfolgt. Ohne Neuansaat, allein durch Selbstaussamung, kann ein Bestand mit *Trifolium subterraneum* mehrere Jahre auf dem Felde ausdauern. — Mehrjährige Gräser überstehen die sommerliche Trockenzeit im Ruhestadium. Anscheinend kann die Luzerne kein so lang andauerndes Ruhestadium bei hohen Temperaturen eingehen, besonders, wenn noch Grundwasser fehlt. So mag die Tatsache erklärt werden, daß die Luzerne in Winterregengebieten Australiens bisher keine Bedeutung erlangte. — In den Ackerbaugebieten der nördlichen Steppen hält die Luzerne mehrjährig aus, weil die Niederschläge mehr in der Hauptvegetationszeit fallen, eine Vegetationsruhe während der Kälteperiode zwangsläufig eintritt und die Böden im allgemeinen eine bessere Struktur und Wasserführung aufweisen.

In den Ackerbauzonen der Sommerregensteppen in den südlichen Breiten ist der Anbau wertvoller Futterleguminosen bisher nicht gelungen. Er wird erst möglich, wenn die jährlichen Niederschläge mindestens 550, besser noch 600—700 mm erreichen. Diese Tatsache beeinträchtigt den Wert des Feldfutterbaues erheblich, da eine billige N-Zufuhr fehlt. — Gründe für das Versagen der Futterleguminosen in diesen Zonen sind in der Literatur nicht zu finden. Vermutlich treffen verschiedene Ursachen hierbei zusammen. Das Fehlen von Leguminosen in der Natursteppe deutet bereits darauf hin, daß die natürlichen Umweltfaktoren ungünstig sein müssen. Sicherlich werden dann auch die Bedingungen für das Wachstum arttypischer Knöllchenbakterien schlecht sein. — Es wäre eine dankenswerte Aufgabe der Ökologie, die natürliche Verbreitung der Leguminosen im Weltmaßstab zu untersuchen, woraus die Landwirtschaft wertvolle Rückschlüsse für den praktischen Feldfutterbau in den einzelnen Klimazonen gewinnen könnte.

Für den Feldfutterbau in Sommerregengebieten bleibt vorläufig nur der reine Feldgrasbau. Diese Tatsache wirkt sich hemmend für den Futterbau aus, da die Möglichkeit entfällt, proteinreiches Zufutter für die futterarme Zeit zu erzeugen, denn die Natursteppe liefert nur wenige Monate eine brauchbare Weide.

Erst bei Niederschlägen mit mehr als 550 mm gelingt der Anbau von *Medicago sativa*. In Grenzgebieten mit 500—600 mm Jahresniederschlägen ist man dazu übergegangen, *Medicago sativa* mit 1—1,5 m weitem Reihenabstand zu drillen und zur Beweidung zu nutzen. Normal gedrillte Bestände zeigen zwar eine gute Anfangsentwicklung, gehen dann aber in der ersten Trockenzeit ein. Bei einer weiten Reihenentfernung wird eine maschinelle Unkrautbekämpfung möglich. Dadurch wird auch die Bodenoberfläche locker gehalten und die Verdunstung aus dem Boden eingeschränkt (W. C. ROBERTSON, 1954).

Bei etwas günstigeren Niederschlagsverhältnissen, etwa um 700 mm, setzt dann der Luzernegrasbau ein. Bester Gemengepartner ist *Chloris gayana*. Die Luzerne wird zunächst in Blanksaat gegen Ende der Regenzeit im Herbst gedrillt und entwickelt sich dann langsam im Laufe des Winters. Erst zu Beginn der Regenzeit, im Januar/Februar, erfolgt nach einer Bodenlockerung die Nachsaat von *Chloris gayana*. Nach 3 Monaten kann dann die Nutzung durch Beweidung oder Mahd beginnen. Das Gras setzt sich, ähnlich wie in Europa, allmählich stärker im Bestand durch. Nach 4—5Jahren ist die Luzerne soweit verdrängt, daß ein Umbruch nötig wird.

Die Ackerbaugebiete in den Sommerregensteppen Nordaustraliens und in Queensland sind im Verhältnis zu Süd- und Westaustralien wenig umfangreich. Wo Ackerbau betrieben wird, baut man vor allem Mais an, häufig in Monokultur. Hier ist die Einführung von Luzernegras die beste Lösung, um langjährig Ackerbau betreiben zu können. Daneben ist der Aufbau einer Milchviehhaltung möglich. Voraussetzung ist jedoch eine Mindestmenge an Niederschlägen, wie sie nur im Übergangsgebiet zu den Subtropen anzutreffen ist.

Der Luzerne und Kleegrasbau ist das wirksamste Mittel, um Ackerbau in kontinentalen Gebieten auf lange Sicht zu betreiben. Die Forschung hat sich bereits große Verdienste erworben und den Kleegrasbau in Gebieten ermöglicht, in denen er früher unbekannt war. Der Zukunft bleiben jedoch noch wichtige Aufgaben vorbehalten, als deren bedeutendste wohl die Gestaltung des Feldfutterbaues in Sommerregensteppen betrachtet werden kann.

2. unter polaren Umweltbedingungen

Unter polaren Zonen sollen Gebiete verstanden sein, deren Pflanzenbau durch die Besonderheiten der jährlichen Lichtverteilung neben der Kürze der Vegetationszeit gekennzeichnet sind. In Europa sind dies Gebiete um den Polarkreis bis zum 60. Breitengrad, die das gesamte Finnland und den größten Teil Schwedens und Norwegens umfassen.
Die Jahresdurchschnittstemperaturen in dieser polaren Zone liegen um 0 — + 2°, die Niederschläge erreichen im Höchstfall 550 mm, liegen aber meistens darunter. Sie sind einigermaßen gleichmäßig über das Jahr verteilt. Monatliche Tiefstwerte werden im März, Höchstwerte im August gemessen.
Der Kleegrasbau polarer Zonen soll am Beispiel Finnlands erörtert werden. Die landwirtschaftlichen Verhältnisse werden durch folgende Daten gekennzeichnet (FAO Yearbook, 1956):

TABELLE 23

Dauergrünland (1950)	0,283 Mill. ha
Dauergrünland (1955)[1]	0,100 Mill. ha = 4% der LN
Acker	2,580 Mill. ha = 96% der LN
LN	2,863 Mill. ha
Bevölkerung[2]	4,288 Mill.
Einwohner/km²	13
Einwohner/100 ha LN	150
Erwerbstätige in der Landwirtschaft	46%
AK/100 ha LN (einschl. Wald)	31
Viehbestand	
Rinder	1,809 Mill.
davon Kühe[3])	1,158 Mill.
ø Milchleistung/Kuh	2,765 kg
Pferde	0,352 Mill.
Schafe	0,700 Mill.
RGV/100 ha LN	65
Hauptfutterfläche/RGV	0,92 ha

[1]) nach T. VOSSCHMIDT, 1956
[2]) nach B. SKIBBE, 1958
[3]) nach Statistik Årsbok för Finland, 1955

Bei der Kürze der Vegetationszeit nutzen Dauerkulturen die Zeit des Wachstums am vorteilhaftesten aus. So ist es verständlich, daß 70% der Landfläche Finnlands von Wäldern eingenommen und nur 8,5% im eigentlichen Sinne landwirtschaftlich genutzt werden (B. SKIBBE, 1958). Die Jahresdurchschnittstemperatur beträgt in Lappland —3 und in Südfinnland +5° (T. VOSSCHMIDT, 1956).

Noch im Jahre 1890 nahm das Dauergrünland über die Hälfte der 3,1 Mill. ha umfassenden LN ein. Dieses Grünland war von minderer Qualität; Hauptbestandsbildner waren *Agrostis*-Species, *Festuca rubra* und *Deschampsia caespitasa* (L.) BEAUV. Der Rückgang des Dauergrünlandes seit 1890 wird durch folgende relative Flächenangaben deutlich (nach E. HOFFMANN, 1955, unveröffentlichtes Manuskript):

Anteil des Dauergrünlandes an der LN

1890	62,8%
1920	22,5%
1926/30	18,8%
1941/45	12,5%
1953	5,1%
1956[1]	4,0%

[1]) nach T. VOSSCHMIDT, 1956

Dieses fast völlige Verschwinden der „Dauerkultur" auf Kosten des Kleegrasbaues in einem Gebiete, das sonst für Dauerkulturen prädestiniert erscheint, ist bemerkenswert. Heute nehmen Kleegrasbau und reiner Feldgrasbau mehr als die Hälfte des Ackerlandes und etwa die Hälfte der LN ein.

Voraussetzung für die sprunghafte Ausdehnung des Kleegrasbaues war die Ackerfähigkeit der alten Dauergrünlandflächen. Da das Dauergrünland besonders auf den Ton- und Moorböden vorherrschte, wurden diese Standorte in die Ackernutzung einbezogen. Für den Tonboden bedeutete dies eine Verbesserung der physikalischen Beschaffenheit, für das Moor den Übergang von extensiver, unproduktiver Standweide zu einer flächenproduktiveren Acker-Wechselnutzung.

Die gesamte finnische Landwirtschaft wurde durch den Kleegrasbau auf eine höhere Stufe der Entwicklung gestellt.

Hauptkomponenten des Kleegrasbaues in Finnland sind *Trifolium pratense* und *Phleum pratense.* In geringerem Maße werden *Festuca pratensis* und *Alopecurus pratensis* L. verwendet. Da weite Flächen erstmalig mit Rotklee angebaut wurden, mußte das Saatgut zunächst geimpft werden (O. POHJAKALLIO und Mitarb., 1956).

Ursache für die verstärkte Ausdehnung des Kleegrasbaues war die Notwendigkeit, viel und qualitativ gutes Heu für die Winterfütterung zu beschaffen. Daneben konnte billig Stickstoff für den Anbau der Marktfrüchte gewonnen werden. — Die Weidezeit beträgt nur 95—125 Tage (A. PERNU, 1958), daher ist die Aufstallungszeit besonders lang und der Bedarf an Winterfutter entsprechend hoch. Vom Kleegrasbau wurden in Finnland durchschnittlich geerntet (Statistik Årsbok för Finland, 1956):

1947: 19,33 dt Heu/ha
1951: 28,64 dt Heu/ha
1953: 31,17 dt Heu/ha

Da das Kleegras meistens nur einschürig genutzt und hinterher beweidet wird, sind diese Erträge zufriedenstellend.
Neben der Heugewinnung wird Kleegras in zunehmendem Umfang einsiliert. Diese Art der Futtergewinnung wird vor allem von A. VIRTANEN (1956) empfohlen, da sie eine verlustarme Konservierung ermöglicht.
Die Nutzungsdauer des Kleegrasbaues nimmt von Südfinnland mit 2 Jahren bis zum Polarkreis mit etwa 4 Jahren zu. Auf den Moorböden wechseln gewöhnlich 2—3 Jahre Ackerfrüchte mit 3—4 Jahren Kleegras.
Der Feldfutterbau in Finnland entwickelt sich in 2 Richtungen: einmal Kleegras zur Heugewinnung, zum anderen vieljähriges Feldgras zur Weide. An die Stelle der alten, unproduktiven Dauerweiden ist häufig der vieljährige Feldgrasbau in der Art von Umbruchsgrünland bzw. periodisch erneuertes Grünland getreten. Die Ansaat erfolgt auch in diesem Falle als Kleegras. Der Futterschlag bleibt etwa 10 Jahre liegen, bis ein neuer Umbruch nötig wird. Dieser Zeitpunkt wird meistens durch das Überhandnehmen von *Deschampsia caespitosa* bestimmt. Kleearten sind dann nur noch sehr wenig im Bestand vertreten. Wäre eine ausdauernde Kleeart vorhanden, so könnten die Erträge dieses periodisch erneuerten Grünlandes noch beträchtlich gesteigert werden.
Es kommt auch vor, daß der Rotklee im Kleegrasbestand auswintert und nur reines Feldgras verbleibt. Da der Heubedarf in jedem Falle gesichert sein muß, wird dann im Frühjahr mineralischer Stickstoff gegeben, um einigermaßen zufriedenstellende Erträge zu erreichen. So erklärt sich der Anteil reinen Feldgrases am Feldfutterbau Finnlands. — Durch den Kleegrasbau ist die N-Lieferung aber wesentlich billiger. Deshalb wurden z. B. im Durchschnitt der Jahre 1956/57 nur 17,2 kg N/ha LN in mineralischer Form verabfolgt (A. PERNU, 1958).
Die Auswirkungen des Kleegrasbaues auf die Rinderhaltung sind vor allem in der Milchleistung pro Tier zu erkennen. Die Zahl der Kühe hat sich seit 1910 kaum verändert, die Milchleistung hingegen ist von

1910/11 mit 1446 kg bis
1957 auf 2765 kg

im Durchschnitt aller Kühe gestiegen. 30% der Kühe werden kontrolliert. Deren Durchschnittsleistung betrug

1957 3525 kg Milch mit 4,4% Fett.

Bei einem Durchschnittsgewicht der Tiere von 400 kg ist diese Leistung hoch. Alle Kühe sind bang- und Tbc-frei.
A. J. VIRTANEN (1956) erzielte auf seinem 38 ha großen Betrieb bei 25 Kühen und 22 Stck. Jungvieh pro Kuh 4000 kg Milch mit 185—190 kg Butterfett ohne Zukauf von Futtermitteln und ohne mineralische Stickstoffdüngung. Die Futterbasis wurde durch den Kleegrasbau gesichert.
Die Möglichkeit, Kleegrasbau auch in polaren Gebieten betreiben zu können, wird ebenfalls in Norwegen und Schweden ausgenutzt. In Schweden ist die ertragsschwache Dauerweide mit Durchschnittserträgen von nur 490—560 kg Stw./ha stark zu Gunsten des Kleegrasbaues eingeschränkt worden (E. STEEN, 1958).

Nach B. ANDREAE (1955) bringt Kleegras in Nordschweden Erträge von 1550—1750 kg Stw./ha (verrechnet nach skandinavischen Futtereinheiten).
Die Kürze der Vegetationsdauer wird in den polaren Gebieten durch die größere Tageslänge im Sommer teilweise ausgeglichen. Es hat den Anschein, als ob bestimmte Kleearten dank ihrer großen Blattfläche zu besonders hoher Stoffproduktion bei der langen Tagesdauer angeregt werden. Insbesondere Rotkleeherkünfte mit spezifischem Kurztagscharakter nutzen die lange Lichteinwirkung durch starkes vegetatives Wachstum aus. So mag der gute Futteranfall und auch die relativ hohe symbiotische N-Bindung von Kleearten in diesen Zonen zu erklären sein.
Die guten Erfahrungen aus dem Kleegrasbau Finnlands und Skandinaviens könnten auch in anderen polaren Zonen der Erde verwertet werden, soweit dort Ackerbau betrieben wird. Von seiten der Forschung und auch Praxis ist bewiesen, daß der Kleegrasbau auch in polaren Gebieten möglich ist und die Entwicklung der gesamten Landwirtschaft vorteilhaft beeinflußt.

3. unter montanen Umweltbedingungen

Montane Standorte sind gekennzeichnet durch Kürze der Vegetationszeit, ähneln in dieser Hinsicht also polaren Zonen, weisen ferner eine hohe relative Luftfeuchtigkeit auf, wodurch Analogien zu maritimen Zonen bestehen. Montane Lagen sind aber niederschlagsreicher, daher recht futterwüchsig. Der begrenzende Wachstumsfaktor ist die Temperatur.
Der montane Kleegrasbau soll nur kurz gestreift werden, um die Anbaumöglichkeiten auch dieser Form der Futtergewinnung zu erfassen. Die Charakterisierung seiner Merkmale beschränkt sich auf montane Lagen Mitteleuropas. Der montane tropische Kleegrasbau wird bei den Tropen behandelt.
Der ein- und mehrjährige Kleegrasbau in Gebirgslagen hat in der Egartwirtschaft seinen Vorläufer. Der Zwang, auch im Gebirge den Eigenbedarf an den wichtigsten Kulturen decken zu müssen, führte zu einer Ausdehnung des Ackerbaues in Höhenlagen, die oft mehr für Dauergrünland geeignet sind. Um den Feldfrüchten unter den für sie ungünstigen Umweltbedingungen noch ein lohnendes Wachstum zu sichern, mußte auf dem Acker Feldfutterbau betrieben werden. Aus dem vieljährigen, reinen Feldgrasbau entwickelte sich der Kleegrasbau, durch den auch bei kürzerer Anbaudauer Strukturerhaltung, Erosionsschutz, Unkrautbekämpfung und Stickstoffzufuhr gewährleistet wurden.
Diese, für den Ackerbau wichtige Rolle des Kleegrasbaues wird vervollständigt durch die Lieferung qualitativ guten Heues zur Winterfütterung. Ähnlich wie in den Polarzonen ist die Zeit der Winteraufstallung lang, der Futterbedarf daher hoch. Vor dem Aufkommen des Kleegrasbaues mußte allein die Dauerwiese in Höhenlagen das nötige Heu liefern. In den letzten Jahrzehnten entwickelte sich der Kleegrasbau zu einer scharfen Konkurrenz. Diese Konkurrenz führte zu einer intensiveren Landnutzung, da einmal ein Teil der nunmehr überflüssigen Wiesen in ertragsstärkere Dauerweiden bzw. Mähweiden überführt werden konnte, zum anderen die Feldfrüchte durch den guten Vorfruchtwert des Kleegrases höhere Erträge brachten.

Der Wunsch nach höherer Flächenleistung auf dem Acker führte in den deutschen Mittelgebirgen zu einer Verkürzung der Anbaudauer des Kleegrases. Solange noch keine ausdauernden Kleearten für Höhenlagen vorhanden sind, sinken die Erträge im 2. und 3. Nutzungsjahr stark ab. Diese Erscheinung ist auch in Versuchen zur Genüge erhärtet (s. u. a. G. KÖNNECKE, 1956). Als beste Lösung für die deutschen Mittelgebirgslagen hat sich daher die 1½jährige Hauptnutzung von Kleegras erwiesen, wie sie z. B. von A. PETERSEN (1954) angeführt wird. Der Umbruch erfolgt nach dem ersten Schnitt im zweiten Hauptnutzungsjahr. Wenn eine weitere Futtergewinnung von der Fläche nötig ist, folgen dem Kleegras Markstammkohl, Kohlrüben oder auch ein Leguminosengemenge zur Grünfuttergewinnung, andernfalls wird das Kleegras als Vorfrucht für Winterraps benutzt.

Mehrjähriger, montaner Kleegrasbau ist für die Futtergewinnung nur lohnend, wenn die Kleearten ausdauern. Er kommt auch nur in Höhenlagen infrage, wo der Ackerbau ohnehin schon Schwierigkeiten bereitet. Es hat den Anschein, als ob durch die Forschung für den mehrjährigen montanen Kleegrasbau gute Entwicklungstendenzen aufgezeigt werden.

Bei einer Prüfung von 17 Rotkleesorten aus 6 Ländern Europas in der Schweiz zeigten die beiden schweizerischen Mattenkleesorten „Leisi“ und „Changins“, im Gegensatz zu den anderen Herkünften, nur geringe Ertragseinbußen im zweiten Nutzungsjahr (J. CAPUTA, 1959). Noch ausdauernder als der schweizerische Mattenklee soll sich nach Berichten von H. GUYER (1959) in Höhenlagen der Ladino-Weißklee gezeigt haben, der aus Oberitalien stammt und in den USA in breitem Umfange angebaut wird. Er soll sogar im 3. und 4. Nutzungsjahr noch ausdauern und infolge seines aufrechten Wuchses auch gute Erträge bringen. GUYER empfiehlt daher einen gemischten Anbau von Ladinoklee, Mattenklee und geeigneten Gräsern für den mehrjährigen Kleegrasbau bis zu 1 200 m Höhenlage.

Die Abgrenzung des montanen Kleegrasbaues gegenüber dem Dauergrünland hängt mit der Bedeutung des Ackerbaues in den jeweiligen Höhenlagen zusammen. Dort, wo kein Ackerbau mehr betrieben wird, begünstigen die Umweltbedingungen einseitig die Dauerkulturen von Wiesen und Weiden. Es wäre sinnlos, dort mühsam Kleegras anbauen zu wollen. Außerdem spielt der Erosionsschutz mit zunehmender Höhenlage eine wachsende Rolle, so daß auch von der Topographie her das Dauergrünland den Vorzug verdient. Es gibt im Weltmaßstab jedoch noch erhebliche Flächen in Mittelgebirgslagen, die durch den Kleegrasbau intensiviert werden können.

4. unter maritimen Umweltbedingungen

Die Schilderung des Kleegrasbaues in maritimen Zonen erstreckt sich zunächst auf die gemäßigten Breiten. Maritim beeinflußte Gebiete in südlichen Breiten werden bei den Subtropen und Tropen berücksichtigt.

Gegenüber den polaren und montanen Zonen sind die Klimaeinflüsse für den Pflanzenbau in maritimen Gebieten günstiger, da die Vegetationszeit wesentlich länger

ist. Es wächst aber die Konkurrenz für den Kleegrasbau einmal durch die Dauerweide, die in maritimen Zonen recht gute Erträge bringen kann, zum anderen auch durch annuelle Futterpflanzen, auf die später einzugehen sein wird. — In polaren Zonen war der Kleegrasbau der Dauerweide ertragsmäßig klar überlegen, in montanen Gebieten ebenfalls bei kurzfristiger Nutzung. Im Flachland des Seeklimas sind die Ertragsrelationen nicht so eindeutig. Daher erfolgt in den Ländern mit vorwiegend maritimen Umwelteinflüssen, wie Irland, Großbritannien, den Niederlanden, Nordwestdeutschland, Dänemark und Skandinavien die Futtergewinnung recht unterschiedlich vom Dauergrünland oder dem Kleegrasbau. In Irland und den Niederlanden dominiert die Dauerweide, in Schweden, Dänemark und Schleswig-Holstein, insbesondere der Landschaft Angeln, ist Kleegras der wichtigste Futterlieferant. Großbritannien nimmt eine Mittelstellung ein.
Klimatisch sind die genannten Länder nicht so unterschiedlich, als daß sich daraus ein klarer Vorteil für den Kleegrasbau oder die Dauerweide ableiten ließe. Die Gründe, die für einen Kleegrasbau sprechen, sollen zunächst am Beispiel Dänemarks erörtert werden.
In Dänemark war, wie in den meisten europäischen Ländern im 19. Jh., der Getreidebau Hauptzweck der Bodennutzung. Getreide wurde sogar exportiert. Der Anteil des Kleegrasbaues war trotzdem schon recht hoch. Kleegras wurde 3—4jährig genutzt und diente in erster Linie als gute Vorfrucht für Getreide. Daneben war noch ein hoher Anteil an Dauerweiden vorhanden. Diese Weiden wurden extensiv genutzt und brachten geringe Erträge.
Mit der Einfuhr billigen, überseeischen Getreides nach Europa schwand der Absatzmarkt für dänisches Getreide. Man sah sich gezwungen, die Produktionsrichtung zu ändern und ging, etwa seit der Jahrhundertwende, zur Veredlungswirtschaft über. Dabei bemühte man sich, sowohl beim Feldfutterbau wie bei den Marktfrüchten eine hohe Flächenproduktivität zu erreichen. Diese Bestrebungen waren erfolgreich.
Die gegenwärtige Lage der dänischen Landwirtschaft wird durch folgende Daten gekennzeichnet (FAO Yearbook, 1956):

TABELLE 24

Dauergrünland	0.392 Mill. ha = 12,6% der LN
Acker	2.725 Mill. ha = 97,4% der LN
LN	3,117 Mill. ha
Bevölkerung	4,400 Mill.
Einwohner/km²	102
Einwohner/100 ha LN	141
Erwerbstätige in der Landwirtschaft[1])	25%
AK/100 ha LN	11,5
Viehbestand[2])	
Rinder	3,178 Mill.
davon Kühe	1,448 Mill.
⌀ Milchleistung/Kuh	3,620 kg mit 4% Fett
Pferde	0,308 Mill.

Schafe	0,032 Mill.
Schweine	4,607 Mill.
GV/100 ha LN	120
RGV/100 ha LN	86
Hauptfutterfläche/RGV	0,51 ha
Mineralische Nährstoffzufuhr/ha LN[3])	
N	24,5 kg
P_2O_5	29,2 kg
K_2O	47,0 kg

1) nach B. SKIBBE, 1958
2) nach A. P. JACOBSEN, 1956
3) nach D. HILL, 1957, für das Wirtschaftsjahr 1954/55

Die angestrebte höhere Flächenleistung des Futterbaues wurde durch Einschränkung der Dauerweide auf die „absoluten" Standorte und Trennung des vieljährigen Kleegrasschlages in einjährigen Mäheklee mit Rotkleegras und zweijährigen Weideklee mit Weißkleegras, vielfach mit Morsoeklee, erreicht. Heuwerbung und Weidegang wurden zum größten Teil auf den Acker verlegt. Bei einem Anteil von 22,5% Kleegras am Ackerland wird gleichzeitig die Humusversorgung des Bodens gesichert. Stalldung dient mehr als Nährstoffträger.
Erstaunlich bleibt die Tatsache, daß trotz der Änderung der Produktionsrichtung auf Veredlung die Gesamtfutterfläche (Dauergrünland + Kleegras) von 1881 mit 48,2 bis 1955 auf 35,1% der LN abnahm. Wenn im gleichen Zeitraum die Produktion von tierischen Produkten mehr als verdoppelt wurde, beweist dies die hohe Flächenleistung von der verringerten Hauptfutterfläche.
Nach Angaben von D. HILL (1957) werden im Durchschnitt von den Kleegrasflächen der Halbinsel Jütland mit vorwiegend leichten Böden 70 dt und von den Inseln mit vorherrschenden Lehmböden 110 dt Heu/ha geerntet. Die Erträge der Dauerweide fallen demgegenüber stark ab.
Nutznießer des Kleegrasbaues ist die Rinderhaltung; Milch und Milchprodukte stehen im Vordergrund. Die Rinderhaltung wurde seit etwa 1900 stark erweitert und züchterisch verbessert. Bei abnehmender Futterfläche, aber zunehmenden Flächenerträgen, stieg die Milchleistung pro Kuh (nach F. BADE,1952) wie folgt:

1870: 1340 kg
1900: 2200 kg
1934: 3200 kg
1950: 3420 kg
1956[1]): 3620 kg mit 4% Fett.

1) nach D. HILL, 1957

Die unter Kontrolle stehenden Tiere, 57% des Bestandes, lieferten im Durchschnitt des Jahres 1956 (nach A. P. JACOBSEN, 1956):

4000 kg Milch mit 4,21% Fett.

Diese Leistungen können nur mit gutem Zuchtmaterial und bei sorgfältiger Weidetechnik erzielt werden. Vor allem wird Wert auf ein gleichmäßig gutes Futterangebot über den Jahresablauf gelegt. Weit verbreitet ist z. B. die Zufütterung von Naßschnitzeln während der Weideperiode. Daneben werden beträchtliche Mengen an Futterkonzentraten importiert.
Die Zahl der Kühe nahm in den letzten 20 Jahren sogar ab; sie betrug (nach D. HILL, 1957) im Jahre

1939: 1.642 Mill.
1956: 1.448 Mill.

Das entspricht einer Zahl von 52 (1939) resp. 46 (1956) Kühen pro 100 ha LN. Die Abnahme der Kuhzahl ist eine Folge der höheren Leistung pro Tier und der Preisrelationen seit 1945, die pflanzliche Produkte begünstigen.
Fast die gesamte pflanzliche Produktion, nämlich 90% der Getreidefläche und etwa 80% der Hackfruchtfläche, wird veredelt. Bei den Hackfrüchten nimmt die Futterzuckerrübe bei der Verfütterung an Rind und Schwein einen hohen Anteil ein. Bemühungen, einen Teil der arbeitsaufwendigen Hackfrüchte durch Mais zu ersetzen, setzen sich nur zögernd durch, da die Erträge von Futterzuckerrübe und Kohlrübe vom Mais bisher nicht erreicht wurden.
Die preismäßige Bevorzugung für pflanzliche Produkte und die gespannte Arbeitskräftelage führen, ähnlich wie in Südschweden, auch in Dänemark zur Diskussion um die „viehlose Wirtschaftsweise“. Auf 22000 größeren Betrieben Dänemarks wurde das Rindvieh bereits abgeschafft (A. P. JACOBSEN, 1956). Die Kleegrasfläche wurde dessen ungeachtet nicht vermindert, da Kleegras gerade bei dem vermehrten Anbau von Futtergetreide aus Fruchtfolgegründen unentbehrlich ist. Entweder wird das gewonnene Heu verkauft oder man spezialisiert sich auf die Saatgutvermehrung von Futterpflanzen. Daneben geht man stärker zur Fleischgewinnung und Mastviehhaltung über, um keine zu großen Umstellungen in der Wirtschaftsführung vornehmen zu müssen. Dadurch verringert sich auch der Bedarf an Arbeitskräften. Der AK-Besatz pro 100 ha LN betrug 1952 12,5 (H. J. MATHIESS und Mitarb., 1953), 1956 nur noch 11,5 (D. HILL, 1957).
Häufig taucht auch im maritimen Klimagebiet die Frage nach der Einschaltung der Luzerne bzw. des Luzernegrasbaues an Stelle des Kleegrasbaues auf. Die Vertreter des Luzerneanbaues stützen sich dabei oftmals auf mehrjährige Versuchsergebnisse zugunsten der Luzerne. In Dänemark durchgeführte Vergleiche (Pâturage et Production . . . , 1954) brachten folgende Erträge (verrechnet über die skandinavische Futtereinheit):

TABELLE 25

Zahl der Versuche	Art der Futtergewinnung	Zeitraum	Ertrag kg Stw./ha	relativ %
102	Dauerweide	1939—47	4 125	100
22	1—2 jähr. Kleegras	1945—52	4 470	108
20	Luzerne	1950—52	5 457	132

Die Interpretation derartiger Versuchsergebnisse muß im humiden Klima mit großer Vorsicht erfolgen. Nach der in der Feldversuchstechnik üblichen Pflege kann eine Unkrautfreiheit der Luzerne im mehrjährigen Anbau nur durch Einsatz der Handhacke erzielt werden. Bei Kleegras ist dies im allgemeinen nicht nötig. Die Luzerne schneidet daher in Versuchen stets zu günstig ab, und eine Übertragung der Ergebnisse in die Praxis rächt sich. Sonst wäre nicht einzusehen, warum die Luzerne gegenwärtig nur 19000 ha in Dänemark einnimmt, also noch nicht 1% der Ackerfläche.

Am Beispiel Dänemarks wird erkennbar, daß folgende Faktoren den Kleegrasbau in maritimen Zonen begünstigen:

Ausgedehnter Ackerbau,
eine hohe Intensität der Bodennutzung,
leichtere Böden,
eine realtiv lange Aufstallungszeit mit hohem Winterfutterbedarf an Heu,
Milchviehhaltung und
von Natur aus ertragsschwache Dauerweiden.

In Schweden herrschen ähnliche Voraussetzungen. Dort nahm das Dauergrünland im Jahre 1870 noch 44%, 1950 nur noch 20% der LN ein. Im selben Zeitraum stieg der Anteil des Kleegrasbaues von 15 auf 36% (G. GIOBEL und Mitarb., 1953). Gleichzeitig erfolgte eine Verdoppelung der pflanzlichen Produktion bei allen Feldfrüchten und ein starker Leistungsanstieg beim Rindvieh.

Die Abhängigkeit des Kleegrasbaues vom Umfang des Ackerlandes an der LN und der Intensität der Bodennutzung wird in Großbritannien deutlich. Solange keine Notwendigkeit zu einer stärkeren Produktion von Marktfrüchten bestand, begnügte man sich bei der Futterversorgung mit einer extensiven Nutzung der flächenmäßig dominierenden Dauerweide bei geringen Anteilen von Kleegras auf der kleineren Ackerfläche. Erst mit der sprunghaften Ausdehnung des Ackerbaues erfolgte auch eine Zunahme des Kleegrasbaues. Dieses Kleegras hatte den Futterausfall der umgebrochenen Dauerweide bei wesentlich höherer Flächenleistung zu ersetzen. Daneben dient es bei den einseitig auf Getreidebau ausgerichteten und ohne Stalldung bewirtschafteten Fruchtfolgen in Großbritannien als willkommene Quelle für die Lieferung stickstoffreicher, organischer Substanz.

Seit 1950 eine rückläufige Entwicklung des Ackerbaues in Großbritannien einsetzte und die Dauerweide an Umfang wieder zunimmt, bleibt der Anteil des Kleegrases mit etwa 33% am Ackerland etwa auf gleicher Höhe. Ursache hierfür ist der gute Vorfruchtwert des mehrjährig, vornehmlich durch Beweidung, genutzten Kleegrases, auf den insbesondere W. DAVIES (1954a) hinweist. In Ostengland, einem relativ trockenen Gebiet, in dem Ackerbau vorherrscht, sind daher Fruchtfolgen mit 3 Jahren Feldfrüchten (vorwiegend Getreide) und 3 Jahren Kleegras (*Trifolium repens* und *Dactylis glomerata*) üblich. Bei dieser Art der Feldwirtschaft ist eine hohe Arbeitsproduktivität möglich, da von einem Ackerbaubetrieb nur Futter und Getreide produziert werden. Der Zwang, mit 6 AK/100 ha LN auskommen zu müssen, führt zu einer rationellen Wirtschaftsweise.

Der Kleegrasbau in Großbritannien hat ferner durch die Bemühungen für einen ganzjährigen Weidegang neue, günstige Perspektiven erfahren. Winterbeweidung ist, bei Voraussetzung einer ausgedehnten Vegetationszeit, eine Frage der Trittfestigkeit des Bodens und geeigneter Futterpflanzenarten. Neben Dauerweiden mit einem geeigneten Artengefüge, worauf bereits hingewiesen wurde, werden in zunehmenden Maße Kleegras- und Luzernegrasgemenge für eine Winterbeweidung angebaut. *Dactylis glomerata* und *Festuca arundinacea* haben sich in Reinsaat und im Anbau mit *Medicago* dabei bewährt. Im Gegensatz zu *Lolium perenne* zeichnet sich *Festuca arundinacea* auch im Winter durch aufrechten Habitus aus, so daß die Gefahr des Ausfaulens bei Regen- und Schneewetter nur gering ist. Nach Untersuchungen von G. P. HUGHES (1955) wurde ein Bestand von Luzernegras im Winter zweimal beweidet, im Verlaufe des Sommers einmal geheut und daneben ebenfalls beweidet.

Am Beispiel des Kleegrasbaues in Großbritannien wird ferner deutlich, wie stark sich züchterische Bestrebungen erfolgreich auf eine bestimmte Form des Futterbaues auswirken können. Jahrzehntelange Züchtungsarbeiten haben dazu geführt, daß heute von jeder wichtigen Grasart für den Kleegrasbau mehrere Sorten mit spezifischen Eigenschaften, sei es für Weide- oder Heunutzung, vorhanden sind. Bei der Ansaat von Kleegras können bereits Nutzungsart und -dauer berücksichtigt werden. Daher besitzt der Kleegrasbau in Großbritannien eine große Variationsbreite, wodurch seine Existenzberechtigung auch für die Zukunft begünstigt wird. Überall dort, wo in futterwüchsigen, maritim beeinflußten Gebieten eine Intensivierung des Ackerbaues mit höherer Flächenleistung angestrebt wird, gewinnt der Kleegrasbau an Bedeutung. So auch in Frankreich, wo zumindest an der Atlantikküste und im Nordosten maritimes Klima herrscht. Hier wurden Bestrebungen zur intensiveren Nutzung des Bodens erst nach 1945 ergriffen. Dabei wird eine Ausdehnung des Kleegrasbaues auf Kosten der Dauerweide angestrebt. Als besonderer Vorteil des Kleegrasbaues wird von L. GRIERE (1956) die Möglichkeit hervorgehoben, durch verschiedene Ansaatmischungen die bei der Dauerweide übliche, sommerliche Ertragsdepression ausgleichen zu können.

Die französichen Dauerweiden weisen nur selten das gewünschte Artengefüge auf. J. GARADEAUX (1957) schätzt, daß nur 30% aller Dauerweiden Frankreichs eine brauchbare und leistungsfähige Artenzusammensetzung besitzen. Schon aus diesem Grunde muß ein Kleegrasgemenge, in dem stets die leistungsfähigsten Futterpflanzenarten enthalten sein sollen, ertragsmäßig überlegen sein. Diese Überlegenheit steigt, je leichter der Boden wird. — Bei den in der Gironde, im Gebiet von Bordeaux, durchgeführten Umbruchsaktionen konnte durch Kleegrasansaaten mit Weißklee, Ladino-Weißklee und Knaulgras dänischer Herkunft nach Berichten von J. LACHAUD (1957) das 3—6fache gegenüber der bisherigen Dauerweide von derselben Fläche geerntet werden. — Das Knaulgras wird in Frankreich besonders geschätzt, da es im mehrjährigen Anbau mit Weißklee oder auch Hornklee die sommerlichen Trockenzeiten am besten übersteht. Bei entsprechender Düngung können im Jahresablauf eine Frühweide, ein Schnitt zur

Heugewinnung und, je nach Witterungsverhältnissen, noch 2—4 weitere Beweidungen durchgeführt werden (G. DREAU, 1956).
Eine Intensivierung der Futterwirtschaft ist auch in der kalkreichen Champagne zu beobachten, wo mehrjähriger Luzernegrasbau Verwendung in Fruchtfolgen findet. Er dient zur Mähe- und Weidenutzung. Auch hier wird *Dactylis glomerata* mit *Medicago sativa* bevorzugt, auf leichten Böden *Festuca ovina* mit *Medicago lupulina* (J. BOUCHE und Mitarb., 1957). Grundsätzlich wird in Frankreich dem Kleegrasbau bzw. Luzernegrasbau der Vorzug vor Reinansaaten gegeben, da hierdurch der Weidegang ermöglicht und ein günstigeres Verhältnis von Ca/P erreicht wird (M. KERGUELEN, 1958).
In maritimen Gebieten des Nordostens der USA, wo natürliches Grünland wenig verbreitet ist, wird der Kleegrasbau vielfach durch Luzernegras ersetzt. Die Beweidungsfähigkeit der Luzerne soll durch die drei amerikanischen Neuzüchtungen „Nomad", „Rhizoma" und „Rambler" verbessert worden sein (H. O. GRAUMANN, 1958). Ob sich diese Züchtungen auch in Europa bei der dort üblichen, intensiven Beweidung bewähren, muß abgewartet werden. —
Für die zukünftige Entwicklung des Kleegrasbaues sind die Ertragsrelationen zur Dauerweide von Wichtigkeit. Hierbei muß berücksichtigt werden, daß vom Kleegrasbau um etwa 25% höhere Erträge erreicht werden müssen, da Aufwand und Risiko größer sind. Dieser Ertragsvorsprung vor der Dauerweide ist z. Z. gewährleistet. Er wird infrage gestellt, wenn die Dauerweide stärker mineralisch gedüngt wird. In maritimen Zonen entscheidet der Aufwand, welche Form des Futterbaues ertragsstärker ist.
Es läßt sich bei vergleichender Betrachtung verschiedener Länder eine steigende Bedeutung des Kleegrasbaues mit zunehmender Intensität der Bodennutzung beobachten. Sie kann in Dänemark, Schweden, Norwegen und Frankreich festgestellt werden. Wenn jedoch, bei Voraussetzung gleicher natürlicher Umweltbedingungen und bei gleicher Höhe des Aufwandes, ein gewisser Schwellenwert erreicht wird und noch höhere Erträge, sei es an Futter oder anderen Marktfrüchten, angestrebt werden, dann verliert der Kleegrasbau seine Bedeutung. Höchsterträge an Futter oder auch Marktfrüchten lassen sich nur durch hohe mineralische Stickstoffgaben erzielen. Futterleguminosen können davon nicht profitieren. Infolgedessen ist die Dauerweide mit ihrem Grasbestand bzw. der reine Feldgrasbau in diesem Falle überlegen. Der beste Beweis für diese Überlegenheit bietet die Landwirtschaft in den Niederlanden. Wo also mineralischer Stickstoff reichlich gegeben werden kann und die Humusversorgung durch Stalldung gesichert ist, sinkt die Bedeutung des Kleegrasbaues in maritimen Zonen.
Abschließend soll der Kleegrasbau im Übergangsgebiet von maritimen zu kontinentalen Klimaverhältnissen erwähnt werden.
In Mitteleuropa, das klimatisch als Übergangsgebiet betrachtet werden kann, sind alle Formen der Futtergewinnung möglich. Bei einem hohen Anteil des Ackers an der LN und geringem Umfang der Dauerweiden müssen über den Feldfutterbau erhebliche Mengen an Rauh- und Saftfutter produziert werden. In der DDR werden z. B. vom Feldfutterbau 64% des Gesamtfutteranfalles geliefert,

der Rest vom Dauergrünland (A. PETERSEN, 1958). Die Intensität der Bewirtschaftung, insbesondere die mineralische Stickstoffzufuhr, hat aber noch nicht die erwähnte Stufe erreicht, bei der Höchsterträge nur durch mineralische N-Gaben erzielt werden können. Daher hat der Kleegrasbau noch die wichtige Aufgabe der Futter- und Stickstofflieferung im Rahmen von Fruchtfolgen zu erfüllen.
Bei der gegenwärtig üblichen Düngung werden vom einjährigen Kleegrasbau in Deutschland um etwa 30% höhere Erträge als von der Dauerweide erzielt. Diese Ertragsüberlegenheit wird noch größer gegenüber den Wiesen. Da von den Wiesen gegenwärtig nicht ausreichend Heu für die Winterfütterung geliefert werden kann, hängt der Umfang des Kleegrasbaues stark vom Heubedarf der Betriebe ab. — Die Flächen für Kleearten, Kleegras und Luzerne betragen

in der Bundesrepublik[1]) (1956): 9,1% des Ackers,
in der DDR[2]) (1957): 5,3% des Ackers.

[1]) Stat. Jb. über Ernährung, Landw. und Forsten, 1957
[2]) Stat. Jb. der DDR, 1958

Bei der starken Betonung der Viehwirtschaft ist, zumindest für die DDR, eine Ausdehnung der Luzerne- und Kleegrasflächen zu erwarten. Dabei wird man zur Vermeidung des Risikos nach neuen Anbauverfahren im Kleegrasbau suchen müssen. Die z. Z. vorherrschende Untersaat des Klees in Getreide zur Körnergewinnung wird mit zunehmender N-Düngung zum Getreide unsicherer. Außerdem werden die jungen Untersaaten durch den Druck der Vollerntemaschinen geschädigt. —
Als neue Ansaatverfahren kommen infrage:

Blanksaat nach Winterzwischenfrüchten
Untersaat in Winterzwischenfrüchte
Untersaat in Grünhafer, Wickhafer u. ä.
Blanksaat im Sommer
Gleichzeitige Aussaat mit Stoppelfrüchten

Je nach Standort und Fruchtfolge ist das sicherste Verfahren zu wählen.
Ob man neben dem gegenwärtig vorherrschenden einjährigen Mähekleegras in Zukunft auch zwei- und mehrjähriges Kleegras zur Schnitt- und Weidenutzung anbauen wird, hängt von der Lieferung geeigneter Futterpflanzensorten ab. Da die Erzeugungskosten pro Futtereinheit mit zunehmender Nutzungsdauer sinken, außerdem weniger Saatgut benötigt wird, ist nicht einzusehen, warum nicht auch zwei- und mehrjähriges Kleegras mit einem futterwüchsigen Weißklee in Mitteleuropa angebaut werden sollte. Dagegen sprechen könnte die weniger häufige Ausnutzung der guten Kleegras-Vorfrucht im Rahmen der Fruchtfolge. Dafür wird der Vorfruchtwert mehrjährigen Kleegrases etwas nachhaltiger sein, wenn er auch nicht linear mit der Anbaudauer wächst (E. KLAPP, 1959). Ferner werden dem Acker in der DDR durch den Zwischenfruchtanbau und den Stalldung ausreichende Mengen an organischer Substanz zugeführt.
Trotzdem sinkt die Gunst des Kleegrasbaues vom maritimen zum kontinentalen Klimabereich. Die zunehmende Ungunst der natürlichen Umweltfaktoren in

Richtung von West- nach Mitteleuropa zeigt sich in sinkenden Erträgen. In Dänemark werden auf der Halbsinel Fünen 70, auf den Inseln 110 dt Heu/ha geerntet, in der DDR sind es nur noch 63,6 dt ha (Stat. Jb. der DDR, 1958), in Polen und der Sowjetunion sind die Erträge noch geringer. Im umgekehrten Maße steigt aber die Konkurrenz durch annuelle Futterpflanzen. Bei der gegenwärtigen Bewirtschaftungsweise ist Kleegras ertragsmäßig dem Dauergrünland klar überlegen, jedoch nicht allen annuellen Feldfutterpflanzen. Insbesondere der Mais entwickelte sich in den letzten Jahren zu einer starken Konkurrenz. In Dänemark gibt man dem Kleegrasbau den Vorzug gegenüber dem Mais, in der DDR sollten beide Formen des Feldfutterbaues gleichwertig betrachtet werden, zumal die Art des anfalllenden Futters verschieden ist (Gärfutter bzw. Heu oder Trockenfutter). Wenn der Kleegrasbau im Übergangsgebiet zwischen maritimen und kontinentalen Umweltbedingungen auch nicht die Erträge rein maritimer Zonen erreicht, so wäre es dennoch falsch, ihn zu vernachlässigen. Seine Ertragssicherheit, sein Wert für die Fruchtfolge und seine Nutzungsmöglichkeiten für Weide, Heu, Silage und Trockengrün machen den Kleegrasbau wertvoll. Für das klimatische Übergangsgebiet ist eben nicht die Einseitigkeit durch eine bestimmte Form des Futterbaues typisch, sondern gerade die durch das Klima mögliche Vielseitigkeit. Im Rahmen dieser Vielseitigkeit wird der Kleegrasbau auch in Zukunft seine Bedeutung beibehalten.

5. unter subtropischen Umweltbedingungen

Im Abschnitt des reinen Feldgrasbaues wurde bereits darauf hingewiesen, daß der Anbau von Futterleguminosen in subtropischen Gebieten erst jüngeren Datums ist und meistens noch der reine Feldgrasbau beim Feldfutterbau überwiegt. Der Wunsch, nicht nur viel, sondern auch qualitativ besseres Futter ohne mineralische Stickstoffdüngung zu gewinnen, führte in den letzten Jahren auch zu Anbauversuchen mit Futterleguminosen.

Im subtropischen Küstengebiet von Queensland, in Nordost-Australien, erwiesen sich bisher *Trifolium subterraneum*, *Medicago sativa*, die annuelle *Stylosanthes sundaica* TAUB. und die mehrjährige Futterleguminose *Desmodium uncinatum* D. C. im Gemisch mit Gräsern als anbauwürdig. Die Luzerne ist also nicht einseitig Futterpflanze von Trockengebieten, sondern gedeiht auch recht gut unter subtropisch-feuchten Umweltverhältnissen. Als guter Gemengepartner für *Medicago sativa* zeigte sich *Panicum maximum* NEES. Luzernegras wird beweidet, zu Heu gemacht oder siliert, während Kleegras mehr als Weide genutzt wird. I. H. TEAKLE (1954) berichtet von Luzernegraserträgen in Queensland von 130 dt Heu/ha.

Der Anbau von *Desmodium uncinatum* ist nur bei ausreichendem Gehalt des Bodens an Spurenelementen, Calcium und Phosphorsäure erfolgreich. Treffen diese Voraussetzungen zu, so hält die Leguminose auch bei Beweidung mehrjährig aus (C. S. ANDREW und Mitarb., 1958).

Stylosanthes sundaica stammt aus Südamerika. Ihr Hauptfutteranfall liegt relativ spät in der Vegetationszeit, der Gehalt an Rohprotein schwankt zwischen 12,3

und 17,7% in der Trs. Gemischter Anbau mit *Chloris gayana* hat sich bewährt. Da sich *Stylosanthes sundaica*, ähnlich wie *Trifolium subterraneum*, allein im Bestand fortpflanzt, ist eine mehrjährige Nutzung möglich (G. J. CASSIDY, 1958).
Die Wahl der Gräser für den Kleegrasbau gibt die Möglichkeit, den Futteranfall über den Jahresablauf besser zu verteilen. Grasarten aus kühleren Herkunftsgebieten, z. B. *Lolium*-Arten, geben in den Wintermonaten noch gute Erträge, während *Paspalum*, aus tropischen Zonen stammend, im Sommerhalbjahr hohe Erträge liefert (E. G. HALLSWOOTH und Mitarb., 1950). Insofern ist es möglich, in den Subtropen ganzjährigen Weidegang bzw. eine ganzjährige Futterversorgung zu gewährleisten.
Auch im subtropischen Norden der Nordinsel Neuseelands wird durch den Kleegrasbau ganzjährig Futter erzeugt. Die wichtigste Futterleguminose ist hier *Trifolium repens*. Der Weißklee wächst, wie die Luzerne, auch unter subtropischen Umweltverhältnissen und dient im Kleegrasbau als Weidepflanze. Häufigster Gemengepartner ist *Paspalum dilatatum* (E. B. LEVY, 1955). Daneben werden aber auch *Lolium perenne* und seit kurzem *Phalaris tuberosa* mit *Trifolium repens* zusammen angebaut (G. M. BENNETT, 1959).
Bei nahezu ganzjährigem Wachstum können hohe Erträge erreicht werden. Sie sind zwar nicht so hoch wie beim reinen Feldgrasbau, da die Futterlegumninosen nicht das den Gräsern übliche Längenwachstum und häufig auch kein so gutes Nachwuchsvermögen aufweisen, sind dafür aber qualitativ besser. Höchsterträge beim Kleegrasbau in den Subtropen wurden von *Trifolium repens* + *Paspalum dilatatum* mit 174 dt Trs./ha in Neuseeland erzielt (P. B. LYNCH, 1956). G. M. BENNETT (1959) berichtet bei *Trifolium repens* + *Lolium perenne* von 169 und bei *Trifolium repens* + *Phalaris tuberosa* von 184 dt Trs./ha. Diese sehr hohen Erträge wurden aber unter Versuchsbedingungen erzielt. — Neben der hohen Futterleistung ist ferner der gute Vorfruchtwert des Kleegrasbaues für die wertvollen Feldkulturen Ursache für seine hohe Werteinschätzung in den Subtropen.
Für die zukünftige Entwicklung des Kleegrasbaues in den Subtropen ist die Frage der Futterverwertung von großer Wichtigkeit. Im Gegensatz zu rein tropischen Umweltbedingungen ist eine Nutzviehhaltung in den Subtropen noch möglich. Insofern kann das hier erzeugte Futter am Ort verbraucht werden. — Über die zukünftige Ausdehnung des mehrjährigen Feldfutterbaues gegenüber anderen Ackerkulturen entscheiden Fruchtfolgeprobleme und Preisrelationen. Ohne Kleegrasbau oder reinen Feldgrasbau mit mineralischer N-Düngung kann auf die Dauer kein erfolgreicher Ackerbau betrieben werden. Die Existenzberechtigung des Kleegrasbaues ist somit schon als strukturerhaltendes Mittel unumstritten. Es ist aber eine Frage des von der Flächeneinheit produzierten Wertes, ob die Ausdehnung des Kleegrasbaues über das für die Strukturerhaltung nötige Ausmaß hinausgehen wird oder nicht. Offen bleibt also, ob sich der Viehbesatz nach der für den Ackerbau notwendigen Feldfutterflache richtet oder diese Futterfläche ausgedehnt wird, um mehr Vieh zu halten. — In der Konkurrenz mit Baumwolle, Tabak und Qualitätsobst wird der Futterbau unterlegen sein, es wäre jedoch denkbar, daß er sich auf Kosten des Weizen- und Maisanbaues ausdehnt, soweit

diese beiden Kulturen über den Eigenbedarf hinaus angebaut werden. Daher wird die Frage des Umfanges beim Kleegrasbau von Fall zu Fall entschieden werden müssen; seine Daseinsberechtigung kann in den Subtropen nicht mehr bestritten werden.

6. unter tropischen Umweltbedingungen

Beim reinen Feldgrasbau in den Tropen wurde bereits festgestellt, daß hohe Futtererträge auf lange Sicht nur bei Zufuhr hoher Nährstoffmengen möglich seien. Neben Phosphorsäure und Kali fehlt vor allem Stickstoff. Durch die Niederschläge werden dem Boden zwar pro ha und Jahr etwa 30—35 kg N in Nitratform zugeführt (P. VAGELER, 1930), doch reicht diese Menge bei weitem nicht aus. Daher ist man in jüngster Zeit bemüht, den reinen Feldgrasbau auch in den Tropen durch den Kleegrasbau zu ersetzten.

In tropischen Höhenlagen ist als Ergebnis langjähriger Forschungsarbeiten ein Anbau bestimmter Futterleguminosen möglich. Überraschenderweise erwies sich auch hier die „trockenresistente" Luzerne als anbauwürdig, von der im Reinanbau in 1200 m Höhenlage in Ostafrika im vierjährigen Durchschnitt jährlich 926 dt Grünmasse/ha geerntet werden konnten (H. J. v. RENSBURG, 1956). Der Gehalt an Rohprotein schwankt nach Untersuchungen von R. STRANGE (1959a) zwischen 20,17 und 30,52 in der Trs., die Verdaulichkeit des Rohproteins liegt bei 92%. Im Verlaufe eines Jahres wird die Luzerne 7mal genutzt (R. STRANGE, 1959b) und hält trotzdem 3—4 Jahre im Bestande aus. — Dieses Beispiel zeigt, daß bisher vorherrschende Ansichten über bestimmte Nutzungsmöglichkeiten von Pflanzen zuweilen einer Korrektur bedürfen, wenn sich die Umweltverhältnisse ändern.

Bei einer umfassenden, mehrjährigen Prüfung einer größeren Zahl von Leguminosen auf der schon früher erwähnten, tropischen Versuchsstation Kitale in 1900 m Höhenlage zeigten sich von importierten Arten außer *Medicago sativa* noch *Stylosanthes gracilis* H. B. und *Glycine javanica* L., von einheimischen, mehrjährigen Species *Trifolium semipilosum* FRESEN., *Trifolium charanganiense*, *Alysicarpus glumaceus* WALL. und *Indigofera subulata* VAHL., von Annuellen *Trifolium usambarense* TAUB., *Trifolium steudneri* SCHWEINF., *Trifolium tembense* FRESEN, *Trifolium rueppellianum* FRESEN, *Trifolium subterraneum*, *Medicago denticulata* WILLD. und *Antopetitia abyssinica* A. RICH. als anbauwürdig (R. STRANGE, 1955). E. D. BUMPUS (1957) konnte nachweisen, daß als Ursache geringer Erträge beim erstmaligen Anbau einzelner Arten der Mangel an Knöllchenbildung anzusehen ist. Nach Impfung mit arteigenen Bakterienstämmen wurde ein wesentlich besseres Wachstum, auch eine bessere Verwertung der zugeführten Nährstoffe, festgestellt. Impfung bei erstmaligem Anbau ist also Voraussetzung für ein erfolgreiches Gedeihen der Leguminosen. Das konnte auch H. D. L. CORBY (1958) bei *Trifolium semipilosum* und *Trifolium rueppellianum* feststellen. — Im Hochland von Kenia gedeihen bei 2000 m Höhenlage auch europäische Kleearten. So hat sich hier ein Gemisch von *Trifolium repens* + *Pennisetum clandestinum* als anbauwürdig erwiesen (A. T. SEMPLE, 1952).

Wahrscheinlich wird sich die Zahl der anbauwürdigen Futterleguminosen in tropischen Höhenlagen noch vergrößern, denn die Anbauprüfungen sind noch nicht abgeschlossen, und das natürliche Vorkommen von Leguminosen ist gerade in den Höhenlagen recht mannigfaltig. Es gibt aber bereits heute eine Anzahl brauchbarer Futterleguminosen für den Kleegrasbau in tropischen Höhenlagen. Nur bereitet häufig die Saatgutvermehrung Schwierigkeiten.

Mit Hilfe symbiotischer Stickstoffbindung und bei Zufuhr ausreichender mineralischer Nährstoffe ist ein Kleegrasbau in tropischen Höhenlagen von höherem Wert als der reine Feldgrasbau mit mineralischer N-Düngung. Die ersten Anzeichen für eine praktische Verwertung dieser, von der Forschung erarbeiteten Erkenntnisse zeigen sich in der Ausfuhr qualitativ hochwertigen Luzernegrünmehles von Tanganyika und Kenia nach Milchviehzentren Arabiens, wo nur bei Bewässerung Futter erzeugt werden kann (H. DEQUIN, 1959). DEQUIN berichtet ferner von Heu, das von Uganda und dem Sudan ebenfalls nach Arabien ausgeführt wird. — Es hat den Anschein, als wenn man bei dem Kleegrasbau im tropischen Hochland vom Stadium des Experimentes in das Stadium der Produktion treten kann. Damit ist nicht gesagt, daß alle Probleme des Kleegrasbaues, insbesondere die der Auswahl geeigneter Leguminosen, bereits restlos gelöst seien. Man kann jedoch feststellen, daß Feldfutterbau im tropischen Hochland nicht nur möglich, sondern auch lohnend ist. Bei einem Rohproteingehalt von 25%, wie bei der Luzerne, kann hochwertiges Leistungsfutter erzeugt werden. Eine Ausdehnung dieser bisher kaum genutzten Möglichkeiten des Futterbaues könnte für Gebiete großen Futterbedarfs und starker Bevölkerung, wie z. B. in Indien, von großer Wichtigkeit sein, zumal dort Getreide- und Maisstroh, also Futterstoffe auf einseitiger Kohlenhydratbasis, Grundlage der Fütterung sind.

Im tropischen Tiefland, wo Ackerbau wenig verbreitet ist und reiner Feldgrasbau nur zur Strukturerhaltung in geringem Umfang betrieben wird, ist der Anbau von Futterleguminosen wesentlich schwieriger. Es gibt zwar in den Tropen eine Anzahl von Leguminosenbäumen und -sträuchern, krautartige Futterleguminosen sind jedoch sehr selten. Da Leistungsvieh ohnehin nicht in Äquatornähe gedeiht, werden die wenigen, krautigen Leguminosenarten als Unterkultur im Plantagenbau benutzt. Sie schützen den Boden vor Erosion, gewähren eine starke Beschattung, dienen der Unkrautbekämpfung und liefern den für die Plantagenkulturen notwendigen Stickstoff. Diese Gründüngungsleguminosen werden nicht abgeerntet, sondern nur gemäht und flach in den Boden eingearbeitet. — Anbauwürdig im tropischen Tiefland sind *Canavallia ensiformis* D. C., *Calopogonium muconoides* DESV., *Pueraria phaseoloides* BENTH., *Indigofera*- und *Vigna*-Species und schließich *Centrosema pubescens* BENTH. (P. VAGELER, 1930). Von diesen Arten kann *Centrosema pubescens* in Randgebieten zur tropischen Savanne, wo Viehhaltung noch möglich ist, auch zur Futtergewinnung benutzt werden. Das beweisen Versuche in Nigeria (V. A. OYENUGA, 1957). Mit einem Durchschnittsgehalt von 16,9% Roh- und 15,2% Reinprotein und einer Wuchshöhe, die vier Wochen nach dem Auflaufen bereits 80 cm erreicht, entspricht diese mehrjährige Futterleguminose den Ansprüchen an ein brauchbares Futter. Darüberhinaus ist sie beweidungsfähig, konnte beispielsweise im Gemisch mit *Cynodon plectostachyum* PILGER eine sechsjährige Beweidung durch Rind und Schaf vertragen. Ihren niederliegenden Wuchshabitus bewahrt sie auch bei längeren Anbaupausen, denn sie wird nie höher als etwa 1 m. Wenn Viehhaltung möglich ist, wird sie beweidet, sonst als Unterkultur in den Boden eingearbeitet (A. S. B. WILSON und Mitarb., 1958). Beheimatet ist sie in Mittelamerika, Südamerika und Westindien (A. ENGLER und K. PRANTL, 1894).

Es könnten also auch im tropischen Tiefland über den Kleegrasbau mit *Centrosema pubescens*, bei der notwendigen Zufuhr von Phosphorsäure und Kali, hohe Mengen an qualitativ brauchbarem Futter erzeugt werden. Ob in der zukünftigen Entwicklung hiervon Gebrauch gemacht werden wird, ist fraglich. Einmal ist die Ackerfläche im tropischen Tiefland gering, denn Plantagenbau herrscht vor, zum anderen fehlt meistens die Verwendungsmöglichkeit für das Futter am Erzeugungsort, da keine Viehhaltung möglich ist. Daher müßte erst eine Art Futterbau-Industrie im tropischen Tiefland aufgebaut werden, in deren Rahmen Futtererzeugung, -konservierung durch künstliche Trocknung und Transport bzw. Export in Gebiete hohen Futterbedarfes zu regeln wären. Dann erst könnte auch der Kleegrasbau zur Futtergewinnung Hauptziel einer neuen Produktion in den Tropen werden. — Erste Anfänge dieser Entwicklung wurden bereits beim Kleegrasbau in tropischen Höhenlagen erwähnt. Von seiten der Forschung wurden die Grundlagen für einen Kleegrasbau in den Tropen erarbeitet. Es wird für die Zukunft jedoch stark von der Rentabilität abhängen, ob ein Kleegrasbau nur für Exportzwecke eingerichtet werden kann oder ob weiterhin die strukturerhaltende und N-liefernde Aufgabe im Vordergrund steht.

c) Der Anbau annueller Futterpflanzen

1. als Hauptfrucht

Hierunter fallen Futterpflanzen aus der Familie der Gramineen, vorwiegend Mais und Hirsearten, ferner die Getreidearten zur Grünfutter- oder Heugewinnung und schließlich einige Cruciferen. Leguminosen sollen in diesem Abschnitt nur Erwähnung finden, soweit sie als typische annuelle Futterpflanzen angebaut werden. Das ist im Weltmaßstab relativ selten der Fall. — Der Bewässerungsfutterbau mit annuellen Futterpflanzen wird in einem gesonderten Kapitel abgehandelt. Annuelle Futterpflanzen werden erst seit wenigen Jahrzehnten in größerem Umfang angebaut. Sie dienen nur dem Zweck der Futtererzeugung. Daher traten sie erst zu einem Zeitpunkt stärker in Erscheinung, als die vom Dauergrünland oder dem Kleegrasbau bzw. reinen Feldgrasbau erzeugte Futtermenge nicht mehr ausreichte, um wachsende Viehbestände zu ernähren. Annuelle Futterpflanzen sind also eine Folgeerscheinung verstärkter Veredlungswirtschaft. Ihr Wert als Futterlieferant steigt umso mehr, je größer die positiven Ertragsunterschiede zum Dauergrünland oder Kleegrasbau sind. Die stärksten Ertragsunterschiede treten dabei

in Steppenzonen auf. Als Beispiel für die wachsende Bedeutung annueller Futterpflanzen in ariden Zonen seien zunächst die Sowjetunion und die USA angeführt.
Die starke Ausdehnung der Ackerfläche in ariden Zonen Sibiriens bei teilweise nur 300 mm Jahresniederschlägen und der auch im Süden der SU verstärkte Aufbau einer Viehhaltung zwingen zur Sicherung der Futterbasis. Infolge der bereits erwähnten geringen Erträge von Luzernegras und aus Gründen des Saatgutmangels wird der Anbau einjähriger Futterpflanzen in den letzten Jahren stark gefördert. Hierbei handelt es sich vornehmlich um Mais und Hirsearten.
Seit es der Züchtung gelang, Hybridsorten vom Mais in größerem Umfange auf den Markt zu bringen, sind die Vorteile des Maisanbaues, sei es zur Körner- oder Silagegewinnung, so einhellig, daß sich weitere Begründungen erübrigen. Es muß nur Erstaunen erwecken, daß man in Ländern mit „Maisklima" nicht schon früher mehr von dieser hervorragenden Futterpflanze Gebrauch gemacht hat. Ursache war wohl die Vernachlässigung der Viehwirtschaft. Nachdem auch die Vollmechanisierung des Maisanbaues kein Problem mehr bedeutet, wird er auch in der SU stark gefördert. Dort nahm die Silomaisfläche von 1953—1956 von 2.312 Mill. auf 5,978 Mill. ha zu. (Statistik der UdSSR, 1957). Diese Anbaufläche wird in den letzten Jahren weiter angestiegen sein.
Der einzige triftige Einwand gegen einen zu starken Maisanbau in ariden Zonen besteht in der Gefährdung der Bodenstruktur. In den USA nimmt die Maisanbaufläche beispielsweise 33,6 Mill. ha ein, das sind nahezu 18% des Ackerlandes (G. H. STRINGFIELD und Mitarb., 1958). Das bedeutet jedoch, daß sein Anteil in den eigentlichen Maisgebieten bis zu 40% der Fruchtfolge umfaßt. Ein derartiger Flächenanteil, meistens noch als Körnermais, ist vom bodenbiologischen und phytopathologischen Standpunkt nicht zu vertreten.
In jüngster Zeit ist man in der Forschung bemüht, die strukturschädigende Wirkung des Maises zu verringern oder sogar ganz aufzuheben. Dort, wo es Niederschläge und Unkrautfreiheit des Bodens erlauben, hat man zur Erhaltung der Bodenstruktur mit der Untersaat von Leguminosen, z. B. von *Medicago*, *Melilotus*, *Trifolium repens*, *Trifolium pratense* oder *Lespedeza* bereits gute Erfahrungen gemacht (J. W. PENDLETON und Mitarb., 1957). Neben dem Erosionsschutz wird dem Boden wertvolle organische Substanz mit einem engen C/N-Verhältnis zugeführt und dadurch der Vorfruchtwert verbessert. In der Sowjetunion empfiehlt man, teils zur Verbesserung der Futterqualität, teils zur Erosionsverhütung, eine Zwischenreihennutzung im Maisbestand durch Einsaat von Leguminosen und Silagefrüchten, z. B. von Kürbis und Melonen auf besseren und von Lupinen auf leichteren Böden (T. T. DEMIDENKO und Mitarb., 1956 und 1957). Derartige Maßnahmen, die sowohl den Futterwert des Maises durch zusätzliches, eiweißreiches Grünfutter als auch den Vorfruchtwert verbessern, sind bisher Einzelerscheinungen. Sie belasten die Arbeitsproduktivität und tragen auch ein erhebliches Risiko in sich. In streng ariden Zonen reicht die Wasserversorgung ohnehin kaum für den Mais alleine aus. Die Zwischenreihennutzung sollte lediglich Erwähnung finden, um mögliche Verbesserungen für die Strukturerhaltung und den Futteranfall beim Maisanbau aufzuzeigen.

Die Erträge vom Silomais sind in ariden Zonen sehr schwankend, nach A. ALEXEJEW (1952) aber durchschnittlich immer noch dreimal so hoch wie von der Natursteppe. Durch Anbau von Hybridmaisen wird sich diese Relation in den letzten Jahren noch stärker zu Gunsten des Maises verschoben haben.

Neben dem Mais werden in ariden Ackerbaugebieten in zunehmendem Maße Hirsen zur Futtergewinnung angebaut. Es handelt sich vornehmlich um Arten der Gattungen *Sorghum*, *Panicum*, *Setaria*, *Echinochloa* und *Pennisetum*. Gegenüber dem Mais zeichnen sie sich durch eine noch größere Dürreresistenz, schnelleres Wachstum und einen geringeren Saatgutbedarf aus. Außerdem sind sie nicht nur als Grünfutter oder zur Heugewinnung, sondern auch zur Beweidung verwendbar. Diese vielseitigen Verwendungsmöglichkeiten haben z. B. dazu geführt, daß die Anbaufläche der einjährigen Gräser in der Sowjetunion (damit sind vor allem die Hirsen gemeint) von 1953—1956 von 7,840 auf 19,916 Mill. ha zunahm und damit fast die Hälfte des Feldfutterbaues umfaßt (Statistik der UdSSR, 1957).

Die Variationsbreite der Hirsearten ist recht groß, so daß praktisch von der extrem trockenen Steppe bis zu den Subtropen Futterbau mit Hirsen betrieben werden kann. Neben dem Futteranfall wird den Hirsen auch eine gute Wurzelentwicklung nachgesagt. Nach Untersuchungen von W. W. KWASSNIKOW und Mitarb. (1957) kann durch einen gemischten Anbau von Sudangras mit Erbsen fast dieselbe strukturverbessernde Wirkung erreicht werden, wie durch einen mehrjährigen Luzerne- bzw. Kleegrasbau. Das Wurzelgewicht lag bei dem Sudangrasgemenge mit 53,7 dt sogar höher als bei dem des Kleegrases mit 41,5 dt Trs./ha. Die Grünmasseerträge der Hirsen schwanken, ähnlich wie beim Mais, beträchtlich. Der für vorsichtige Schätzungen bekannte M. A. ALEXEJEW (1952) gibt für die trockensten Zonen des Südostens der Sowjetunion 80 dt Grünmasse/ha an. Die Natursteppe bringt vergleichsweise 20—30 dt Grünmasse/ha. Insofern lohnt sich gerade in den extrem trockenen Ackerbaugebieten ein Anbau annueller Futterpflanzen. Es hängt sehr von der Jahreswitterung ab, inwieweit die Wachstumskapazität annueller Futterpflanzen ausgeschöpft wird. Ein beträchtliches Risiko ist in den Steppen bei Ackernutzung ohne Bewässerung immer vorhanden.

In den ariden Steppenzonen der südlichen Breiten nimmt der Ackerbau einen geringeren Umfang ein. Der Hauptanteil des Futters wird von den Steppenweiden geliefert, die schon seit vielen Jahrzehnten Basis einer Woll- und Rindfleischproduktion sind. Annuelle Futterpflanzen dienen zur Überbrückung futterarmer Zeiten, nehmen absolut aber nur geringe Flächen ein, obwohl sie wesentlich höhere Erträge liefern. Mais und Hirse sind auch dem hier vorherrrschenden reinen Feldgrasbau ertragsmäßig überlegen.

In Südafrika ist der Mais ohnehin Hauptkultur auf dem Acker. Er wird meistens zur Körnergewinnung angebaut, die Flächen für Silo- und Grünfuttermais nehmen erst langsam zu. Anstelle des minderwertigen „Heues auf dem Halme“ könnte durch Futtermais ein wesentlich besseres Ergänzungsfutter erzeugt werden. Leider wird dabei dem Bedarf an proteinreichem Futter nicht Rechnung getragen, das nur durch Leguminosen geliefert werden könnte, die in den Sommerregen-

steppen nicht gedeihen. Dies mag, neben dem höheren AK-Bedarf, ein Grund für die nur zögernde Ausdehnung des Silo- und Grünfuttermaisanbaues in Südafrika sein.
Hirsearten zu Futterzwecken werden auch in Australien in Steppenzonen mit Sommerregen als Ergänzungsfutter angebaut. Zur Beweidung dienen *Echinochloa crusgalli* var. *frumentacea* und *Pennisetum typhoideum* RICH.; *Setaria italica* BEAUV. ist eine Mehrzweckhirse, während *Panicum maximum* mehr als Körnerfrucht Verwendung findet (J. HART, 1958). In den Winterregengebieten des Kontinentes ist die Konkurrenz durch den dort möglichen Kleegrasbau größer, so daß der Anbau annueller Futterpflanzen an Bedeutung verliert.
Bei einem Vergleich des Feldfutterbaues in Form annueller Kulturen zwischen den Sommerregensteppen der nördlichen und denen der südlichen Halbkugel kann festgestellt werden, daß Umfang und Bedeutung der Annuellen im Norden wesentlich größer sind. Seitdem man die Steppen des Nordens in der SU unter den Pflug nimmt, wird die Ackernutzung so weit wie möglich auf die Gesamtfläche ausgedehnt. Verschont werden nur die nicht pflugfähigen Flußwiesen. Daher muß die Futterbasis für die in diesen Gebieten erstmalig aufzubauende Viehwirtschaft künstlich durch den Feldfutterbau geschaffen werden. Erleichtert wird der Aufbau einer Futtergrundlage durch den Zwang, mehrjährigen Luzernegrasbau zur Erhaltung der Bodenstruktur als Glied der Fruchtfolgen einführen zu müssen. Dieser Luzernegrasbau liefert aber relativ wenig Futter, und daher müssen annuelle Futterpflanzen zusätzlich angebaut werden. Wenn zunächst der Hauptanteil des Gesamtfutters vom Luzernegrasbau geliefert wurde und Mais und Hirse nur zur Ergänzung dienten, so hat es heute den Anschein, als ob sich diese Relation langsam umkehrt. Mais und Hirse werden allmählich zu den tragenden Säulen der Futterwirtschaft in den ackerbaulich genutzten Steppen der SU.
Anders liegen die Verhältnisse in den Steppen Südafrikas und Australiens. Dort ist die Steppe zum größten Teil noch erhalten und umfaßt 90% der LN und mehr. Solange der Ackerbau nur geringe Anteile des Bodens einnimmt, bleibt die Steppe in Form der Dauerweide Basis der Futterwirtschaft. Annuelle Futterpflanzen kommen über die Rolle des Ergänzungsfutters nicht hinaus, auch wenn sie flächenproduktiver sind. Daher sind sie in den südlichen Breiten zunächst von geringerer Bedeutung.
Neben Mais und Hirse können auch Getreidearten zur Futtergewinnung herangezogen werden. A. PETERSEN (1955) wies bereits darauf hin, daß der Roggen im Rahmen des „sideralen Systems" schon im alten Ägypten eine große Rolle in der Futterwirtschaft spielte. Bei steigender Viehzahl und Mangel an geeigneten, speziellen Futterpflanzen für extreme Umweltbedingungen ist es verständlich, wenn auch heute zur Grünfutter- bzw. Heugewinnung oder auch für Beweidungszwecke Getreidearten benutzt werden, deren Variationsbreite alle Vegetationszonen des Erdballes umfaßt. Daneben ist Getreide als Futterlieferant dort anbauwürdig, wo eine warme Vegetationszeit durch kühlere Wintertemperaturen unterbrochen wird, die eine Grünfutterversorgung mit den sonst üblichen Futterpflanzen im Winter erschweren.

Grünfuttergetreide wird deshalb vor allem in den ariden Zonen angebaut, so z. B. im Mittelmeerraum in Algerien, wo nur 0,79% des Ackers direkt dem Futterbau dienen (R. O. WHYTE, 1957). Ein Teil dieser Flächen wird mit Weizen oder Gerste zur Beweidung resp. zur Heugewinnung angesät. Der Vorteil dieser Futterquelle besteht in der relativ hohen Sicherheit der Futterproduktion in einem Gebiet, wo andere Futterpflanzen auf Grund mangelnder Niederschläge nicht gedeihen.

In Südafrika wird Getreide in geringem Umfang als Futterpflanze benutzt, vereinzelt auch in Indien (B. M. PATEL und Mitarb., 1957). Eine Ausdehnung dieser Form des Futterbaues wäre vom anbautechnischen Gesichtspunkt leicht möglich. Ursache für die geringe Ausschöpfung dieser Möglichkeit ist zweifellos die mangelhafte Versorgungslage der Bevölkerung; zumindest trifft dies für Indien und Nordafrika zu. Wenn schon Getreide anbauwürdig ist, so steht die Körnernutzung im Vordergrund. Den Luxus der Veredlung glaubt man sich nicht leisten zu können. Deshalb werden Getreidearten zu Grünfutterzwecken in diesen Gebieten erst dann für die Viehhaltung von größerer Bedeutung sein, wenn der Direktverzehr der Bevölkerung gesichert ist, sei es durch Ausdehnung der Anbaufläche, sei es durch Ertragserhöhungen auf den alten Ackerflächen.

In den Subtropen spielen Getreidearten für den Futterausgleich in den Wintermonaten eine Rolle. Die in diesen Gebieten bessere Wasserversorgung erlaubt eine mehrmalige Nutzung von Getreide durch Beweidung und — bzw. oder — Heugewinnung. In Queensland hat sich z. B. die Hafersorte „Bovah“ für Beweidung als besonders geeignet erwiesen (L. G. MILES und Mitarb., 1954), und auch in Arizona waren Hafersorten der Gerste im Futteranfall überlegen (R. K. THOMPSON und Mitarb., 1959). Im nördlichen Teile Neuseelands wird ebenfalls Hafer zu Beweidungszwecken angebaut, in geringem Umfange auch Gerste und Weizen. Insgesamt nehmen die Grünfutter-Getreideflächen auf Neuseeland 3% des Ackers ein. — Bei der Vielfalt der in den Subtropen sonst anbauwürdigen Futterpflanzen mit höheren Erträgen wird der Umfang des Grünfuttergetreides nur so weit gehen, wie zur reibungslosen Futterversorgung während der wachstumsärmsten Zeit notwendig ist. —

Der Anbau annueller Futterpflanzen gewinnt in Indien an Bedeutung. In diesem Gebiet großer klimatischer Gegensätze, das durch Vorkommen von Monsunwald bis zur Halbwüste gekennzeichnet ist, wird ohne natürliches Dauergrünland ein Viehbesatz von 104 RGV/100 ha LN durchgehungert. Bisher bildeten das Öd- und Unland, devastierte Trockenstrauchsteppen und Abfallprodukte der Feldwirtschaft, vornehmlich das Stroh von Mais, Weizen und Reis, die Grundlage der Fütterung. Religiöse Vorurteile hindern die Verminderung und sachgemäße Nutzung der Viehzahl und damit eine bessere Leistung pro Tier. Feldfutterbau als Hauptfrucht setzt sich nur zögernd in einzelnen Staaten durch. Er umfaßt z. B. in Bombay 5,7 und in Punjab, wo 225 RGV/100 ha LN gehalten werden, 14% des Ackers (G. D. PATEL, 1957). Der dringende Bedarf an Marktfrüchten zum Direktverzehr hindert eine Ausdehnung des Feldfutterbaues. Dabei liegen die Durchschnittserträge bei unbewässertem Reis um 11, bei Weizen um 7 dt/ha (A. K. Y. N. AIYER, 1954). Hier würde ein Anbau von Futterpflanzen vorfruchtmäßig auch den anderen Feldkulturen zugute kommen, insbesondere, wenn annuelle Kleearten benutzt würden. So berichten C. N. ACHARYA und Mitarb. (1954) von den bodenverbessernden Eigenschaften des Alexandrinerklees, H. C. MALIK (1955) in gleicher Hinsicht von *Melilotus parviflora* DESF., S. M. SINUA und Mitarb. (1956) von *Vigna sinensis* ENDL. und *Stizolobium*-Arten. R. O. WHYTE (1958) konnte ferner die Anbauwürdigkeit von *Trifolium resupinatum* L., *Phaseolus aconitifolius* JACQ. und anderen, einjährigen Leguminosen bestätigen. Ihr Anbau würde bei geringer Beschränkung der Getreidefläche ertragsverbessernd wirken und daneben zusätzlich das so notwendige Futter liefern. — Schnellwüchsige Hirsen, insbesondere der Gattung *Pennisetum*, vermögen die kurzfristigen, starken Niederschläge am besten auszunutzen. Auch der Mais zu Futterzwecken hätte in Indien gute Aussichten, z. Z. wird vor allem sein Stroh verfüttert.

Es gibt also auch in Indien gute Entwicklungsperspektiven für den Anbau annueller Futterpflanzen. Bevor diese Möglichkeiten voll ausgenutzt werden, muß aber erst die Einsicht Raum gewinnen, daß man trotz Einschränkung der Marktfruchtfläche durch den Anbau annueller Leguminosen höhere Flächenerträge bei den verbleibenden Marktfrüchten und zusätzlich Futter erzeugen kann. — Diese Überlegungen gelten in gleichem Maße für den Bewässerungsfutterbau, auf den später einzugehen sein wird.

In den gemäßigten Breiten Europas wird der Hauptanteil des Futters entweder von der Dauerweide oder dem Kleegrasbau geliefert. Infolge der Wüchsigkeit von Gräsern und Kleearten in diesen Zonen sind die Ertragsunterschiede zu annuellen Futterpflanzen nicht so groß wie in ariden Zonen. Bei entsprechender Bewirtschaftung und Düngung können von der Dauerweide oder dem Kleegrasbau fast so hohe Erträge erzielt werden wie vom Mais. Daher sind annuelle Futterpflanzen nur als Ergänzungsfutter anzusehen. Von Bedeutung sind jedoch die Art des Futters und der dabei nötige Kostenaufwand. Annuelle Futterpflanzen dienen der Saftfuttergewinnung für den Winter oder als Zufutter für die Weidezeit. Dabei wird die Futterrübe allmählich vom Mais ersetzt. Auch wenn in Versuchen etwa gleich hohe Trockensubstanzerträge von Mais und Futterrüben erzielt werden, so werden über den Mais pro AK 3—5mal mehr Nährwerte erzeugt (W. GÖTZ, 1956).

Neben dem Mais gibt es in den gemäßigten Breiten noch weitere, wertvolle annuelle Futterpflanzen, deren Anbau zusätzlich Futter liefert und die zur besseren Verteilung des Futteranfalles beitragen können, so z. B. den Markstammkohl, der gedrillt auch arbeitstechnisch von Vorteil ist. Im ozeanischen Klimabereich Frankreichs nimmt der Markstammkohl bzw. Futterkohl beispielsweise 200000 ha = 1% der Ackerfläche Gesamtfrankreichs, in England 300000 ha = 4% des Ackers ein und liefert Grünfutter bis zum Ausgang des Winters. Je nach dem Verwendungszweck wird dort Weidekohl für die Zeit der Wachstumsdepression der Dauerweide im Sommer angebaut oder für eine Spätherbst-, Winter- bzw. Frühjahrsnutzung. Auch dort geht man vom Anpflanzen zum Drillen über (Du

CREHU, G., 1957). — Die in Dänemark angebaute Futterzuckerrübe wird sich dort durchsetzen, wo eine maschinelle Ernte gewährleistet ist und Mangel an Rübenblatt herrscht.

In Mitteleuropa bestimmt der Bedarf an Saftfutter den Umfang annueller Futterpflanzen. Dabei verdient der Mais aus Gründen der Kostenersparnis den Vorzug. Zum Risikoausgleich sollten aber auch andere, bewährte Annuelle, wie z. B. Markstammkohl, nicht vernachlässigt werden. Bei weitem noch nicht ausgenutzt ist der Vorteil der Artenkreuzung innerhalb der Gattung *Brassica*. Durch Einkreuzen und Rückkreuzung verschiedener Kohlarten (Wirsingkohl, Grünkohl, Kohlrabi etc.) in Markstammkohl können Futterkohlformen für jeden Verwendungszweck geschaffen werden, wie Züchtungsergebnisse von B. v. DOBSCHÜTZ im Institut für Pflanzenzüchtung Groß-Lüsewitz zeigen. Auf Grund der wertvollen Inhaltsstoffe des Futterkohles, insbesondere an Carotin, empfiehlt er sich auch für die Gewinnung von Trockengrün für Hühner, Schweine und Rinder. — Einer Untersuchung wert wäre sicherlich auch eine Einkreuzung von Futterkohl in Raps oder Rübsen zum Zweck der Futtergewinnung.

Im allgemeinen ist die Herbstfütterungsperiode in Deutschland durch Rübenblatt, Kohlrüben und Markstammkohl bis etwa Weihnachten hin gesichert, dann folgt die eigentliche Winterfütterung. Schwierigkeiten bereitet hingegen häufig die mengen- und nährstoffmäßig ausreichende Futterzufuhr während der Weideperiode. Von den Weiden in der DDR mit einer Ausdehnung von nur 6% an der LN kann der vorhandene und noch steigende Viehbesatz im Sommer nicht durchgehend ernährt werden. Meistens ist im Juli eine Zufütterung nötig, um die Leistung zu halten. Das Versäumnis dieser Notwendigkeit ist in seiner Auswirkung schwerwiegender als im allgemeinen angenommen wird, denn das Hauptaugenmerk wird gewöhnlich auf die Sicherung des Winterfutters gelegt. Gute Betriebe gehen stets mit einem Vorrat an Silofutter in die Weidezeit, der durch Schnitzel ergänzt wird. Hierfür sind annuelle Futterpflanzen, insbesondere Mais und Winterzwischenfrüchte, besonders geeignet, die dann in silierter Form während des Sommers zur Verfügung stehen.

Grundsätzlich bedeutet die Vielseitigkeit der Futtererzeugung in den gemäßigten Breiten und im Übergangsgebiet zu ariden Zonen einen großen Vorteil. Diese Vielseitigkeit führt zu einer Konkurrenz aller Formen des Futterbaues, in deren Verlauf sich diejenige Form durchsetzt, mit der ein qualitativ hochwertiges Futter bei ausreichender Menge und geringem Aufwand für die beabsichtigte Produktionsrichtung erzielt wird. Die Entwicklung geht jedoch nicht so weit, daß die differenzierenden Momente völlig überwiegen und eine Einseitigkeit in der Futtergewinnung die Folge ist. Dagegen spricht schon der unterschiedliche Bedarf der Nutztiere an verschiedene Arten des Futters. In Mitteleuropa hatte die Entwicklung zu einer gewissen Vorrangstellung des Dauergrünlandes und des Kleegrasbaues geführt. Durch Mais und Futterkohl wird diese Vorrangstellung zwar noch nicht beseitigt, jedoch stark abgeschwächt. Eine gesunde Vielfalt beim Feldfutterbau ist weiterhin anzustreben.

2. als Zwischenfrucht

Der Zwischenfruchtanbau zu Futterzwecken spielt im Weltmaßstab eine untergeordnete Rolle. Im Climaxbereich des Graslandes, also in den Ackerbauzonen von Steppengebieten, entfällt ein Anbau von Zwischenfrüchten wegen des Wassermangels. Man kann dort nur mit einer Ernte im Jahre rechnen und muß häufig noch Brache zur Wasserschonung einschalten. — In den Subtropen wird die Wüchsigkeit der Futterpflanzen am besten durch einen mehrjährigen Anbau ausgenutzt. Außerdem fördert eine häufige Bodenbearbeitung die Erosion. Somit sind nur in den gemäßigten Breiten klimatisch günstige Voraussetzungen für einen Zwischenfruchtfutterbau vorhanden. Aber auch in diesen Zonen wird wenig davon Gebrauch gemacht. So fehlt ein Zwischenfruchtfutterbau z. B. in den USA, in Neuseeland und Großbritannien. Auch in Frankreich und den skandinavischen Ländern wird er nur in verschwindend geringem Umfange betrieben. In den Niederlanden, einem Gebiet mit hoher Flächenproduktivität und starkem AK-Besatz, werden nur 12% des Ackers mit Zwischenfrüchten, vorwiegend Stoppelrüben, bebaut. — In der Bundesrepublik nimmt der Zwischenfruchtfutterbau knapp 6% der Ackerfläche ein (H. JUNGEHÜLSING, 1957). Dabei sind die Möglichkeiten für eine Einschaltung des Zwischenfruchtfutterbaues im Rahmen der Fruchtfolgen durchaus gegeben. Ursache für den geringen Umfang ist der etwa doppelt so hohe Kostenaufwand, der zur Erzeugung eines kg Stärkewertes gegenüber dem Hauptfutterbau benötigt wird. Nur dort wird Zwischenfruchtfutterbau in stärkerem Maße betrieben, wo der Ackerbau überwiegt und Dauergrünland und Feldfutterbau nicht ausreichend Futter liefern, um einen starken Viehbestand zu ernähren. In diesem Falle muß der Zwischenfruchtfutterbau trotz des höheren Aufwandes eingeschaltet werden. Dies trifft für die DDR zu, wo man bestrebt ist, die tierische Ernährung aus eigenem Aufkommen zu decken. Daher umfaßt die Anbaufläche für Zwischenfrüchte in der DDR etwa 20% des Ackers; ein noch höherer Anteil wird angestrebt.

Die Aufteilung der Zwischenfruchtfläche für die einzelnen Formen des Zwischenfruchtfutterbaues ist z. Z. ungünstig. 70% der Zwischenfruchtfläche werden in der DDR von den ertragsschwächeren und unsicheren Unter- und Stoppelsaaten und nur 30% von Winterzwischenfrüchten eingenommen. Die flächenproduktivste Futternutzung erfolgt aber durch den Winterzwischenfruchtanbau mit anschließenden Zweitfrüchten. — Futterroggen mit Winterwicke oder auch anderen Komponenten, z. B. Raps, Rübsen oder Welschem Weidelgras, erbringen mit nachfolgenden Zweitfrüchten wie Mais, Kohlrübe oder Markstammkohl die höchsten Futtermengen von der Flächeneinheit. Der Einsatz des Feldhäckslers hat die Erzeugungskosten von Winterzwischenfrucht mit nachfolgender Zweitfrucht erheblich gesenkt. Infolge der hohen Erträge ist diese Kombination der Futtergewinnung bedeutend günstiger als z. B. der Stoppelfruchtbau. — Neben einem hohen Futteranfall liefern die Futterroggensorten und ihre Gemische auch noch beachtliche Wurzelmengen, die nach Untersuchungen von M. WETZEL (1957/58) bis zu 43,9 dt/ha betragen können.

Anstelle des Futterroggens verdient auch der frühräumende, polyploide Winterrübsen stärkere Beachtung, weil bei seinem Anbau der folgende Silomais termingerecht in den Boden kommt. Außerdem liefert er beachtliche Futtermengen (R. SCHICK, 1959). —

Der Winterzwischenfruchtanbau mit Zweitfrüchten hat besonders für die leichten Böden Bedeutung, auf denen Kleearten versagen, Er ist dort bei Fehlen von Wiesen die flächenproduktivste Futterquelle. Bei hohem Wickenanteil kann auch Heu auf diese Weise erzeugt werden. Bei Beachtung aller notwendigen Bestellungs-, Pflege- und Düngungsmaßnahmen können vom Winterzwischenfruchtanbau mit anschließenden Zweitfrüchten 150 dt Trs./ha geerntet werden. Da diese Mengen vom Kleegrasbau kaum erreicht werden, ergibt sich die Frage, ob nicht eine Ausdehnung der Kombination Winterzwischen- + Zweitfrüchte auf Kosten des Kleegrasbaues erfolgen sollte. Der Futteranfall würde dadurch erhöht werden, doch beträfe diese Erhöhung einseitig das Gärfutter, denn die Heuwerbung der Winterwicke bzw. des „Landsberger Gemenges" ist nur wenig verbreitet. Daher wird der Umfang des Winterzwischen- + Zweitfruchtanbaues durch den Bedarf an Gärfutter bestimmt.

Die Entwicklung bei der Suche nach den günstigsten Relationen zwischen Flächen- und Arbeitsproduktivität beim Zwischenfruchtfutterbau ist noch nicht abgeschlossen. Einer Prüfung in der Praxis wert ist u. a. der Vorschlag, zur Einsparung der Bodenbearbeitung und Bestellung schnellwüchsige Gräser in Winterzwischenfrüchte einzusäen, die nach Aberntung der Winterzwischenfrucht und bei Verabfolgung mineralischer N-Düngung weiter Futter von derselben Fläche liefern könnten (R. SCHICK, 1959). Dabei ist eine Schattenverträglichkeit der Unterkulturen im Jugendstadium Voraussetzung. Vielleicht käme neben Gräsern auch *Trifolium alexandrinum* infrage, eine Kleeart, die besonders schnellwüchsig ist und deren Wuchsfreudigkeit bei hohen Sommertemperaturen gut ausgenutzt werden könnte. Die Herkunfts- und Sortenfrage müßte dabei besonders beachtet werden, wie durch Untersuchungen von U. SIMON (1957) und HÜBNER (1958) festgestellt wurde.

Die in Deutschland gewonnenen Erfahrungen beim Anbau von Winterzwischenfrüchten mit Zweitfrüchten scheinen sich auf den Balkan auszudehnen. In Bulgarien gelingen z. B. Kleeansaaten nur selten. Außer geringem Luzerneanbau wird Futterbau bisher nur geringfügig betrieben. Nach Versuchen von A. ILIJEW (1956) im Gebiet von Plovdiw gelingt aber der Anbau von Winterwicke + Wintererbse, die, bis Anfang Mai geerntet, bis zu 80 dt Heu/ha liefern. Als Zweitfrucht werden Sudangras, Zuckerhirse oder Mais angebaut. Diese Zweitfrüchte halten die sommerlichen Trockenperioden bedeutend besser aus als Kleegrasbestände. Deshalb hat diese Kombination des Futterbaues für Gebiete mit Sommertrockenheit gute Aussichten, soweit die Niederschläge für ein sommerliches Wachstum überhaupt ausreichen.

Die Entwicklungstendenzen für den Zwischenfruchtfutterbau sind, insgesamt betrachtet, auch in den gemäßigten Breiten wenig aussichtsreich. Zwar werden neben dem zusätzlichen Futter auch noch Wurzelmengen für den Boden geliefert, die aber bei der in Mitteleuropa üblichen hohen Stalldungzufuhr nicht entscheidend ins Gewicht fallen. Außerdem kann nur bei Kleegrasuntersaaten von einer Wurzelanreicherung mit einem günstigen C/N-Verhältnis die Rede sein, die sich dann besonders für die Nachfrucht Kartoffel günstig auswirkt. (W. RENIUS, 1958). Berechtigt ist allenfalls der Anbau von Winterzwischenfrüchten mit nachfolgenden Zweitfrüchten, weil durch ihn eine Vorverlegung der Grünfutterungsperiode bei hohen und sicheren Erträgen ermöglicht wird. Die Ausdehnung der Winterzwischenfrüchte sollte sich nach dem erwünschten Umfang des Silomais- oder Futterkohlanbaues richten.

In Westeuropa sprechen arbeitswirtschaftliche Gründe gegen diese Art des Zwischenfruchtanbaues. Man zieht die billigere Futtergewinnung vom Dauergrünland oder auch den Feldfutterbau als Hauptfrucht vor, weil dadurch die spezifische Ertragsfähigkeit maritimer Gebiete bei geringem Arbeitsaufwand am besten ausgenutzt wird. Dafür nimmt man Importe an Marktfrüchten in Kauf. Nur Länder mit hoher Bevölkerungsdichte, vorwiegendem Ackerbau, starker Viehhaltung und dem Bestreben, sowohl pflanzliche als auch tierische Produkte ausreichend für den Eigenbedarf der Bevölkerung im Inlande zu erzeugen, leisten sich heute noch einen Zwischenfruchtfutterbau in stärkerem Umfange. Solange diese Notwendigkeit als Forderung erhoben wird, verdienen die ertragsstärkeren, anbausicheren und arbeitssparenden Formen den Vorzug.

III. DER BEWÄSSERUNGSFUTTERBAU

Die Beherrschung des Wasserfaktors beim Anbau von Kulturpflanzen ist seit Jahrtausenden Wunsch der Menschheit. Schon im Altertum wurden auf diesem Gebiete große Erfolge erzielt. Eine planmäßige Ausnutzung des Wassers für den Pflanzenbau setzt ein geordnetes Gemeinwesen voraus. Deshalb entstanden die ersten Kulturzentren der Menschheit an großen Strömen.

Seit dem Altertum sind die wichtigsten Bewässerungskulturen Reis und Getreidearten. In Breitengraden ohne Frost können unter Umständen zwei Ernten im Jahr erzielt werden. Häufig muß man sich aber mit einer Ernte im Jahre begnügen. Getreidearten nutzen das zugeführte Wasser nur in einem relativ kurzen Zeitraum voll aus, nämlich in der Zeit des stärksten Mengenwachstums. Anfangsentwicklung und Reife sind meistens auch ohne Zusatzwasser möglich.

Günstiger kann sich eine Wasserzufuhr auf Pflanzen mit vorwiegend vegetativer Entwicklung, wie z. B. die meisten Futterpflanzen, auswirken. Daher sind Futterpflanzen für eine Bewässerung geeigneter als Körnerfrüchte. Die pro Flächeneinheit erzielbaren Trockensubstanzerträge liegen bei den Futterpflanzen bedeutend höher als bei Reis oder Getreide. Dennoch nimmt der Futterbau im Rahmen aller Bewässerungskulturen der Erde heute noch einen bescheidenen Platz ein.

Die folgende Tabelle gibt einen Überblick über den derzeitigen absoluten und relativen Umfang der Bewässerungsflächen auf der Erde (nach W. DOEHRING, 1958):

TABELLE 26

	Bewässerungsfläche		
	in 1000 ha	in % der Ackerfläche	in % der Welt-Beregnungsfl.
Europa	2541	2,9	2,2
Asien	78922	21,8	69,0
Afrika	5912	10,7	5,2
Australien	653	3,1	0,6
Nord- und Zentralamerika	13671	5,3	12,0
Südamerika	4511	7,0	4,0
UdSSR	8000	4,0	7,0
insgesamt	114210	8,3	100,0%

Mit 114 Mill. ha umfaßt die Bewässerungsfläche z. Z. 8,3% der Ackerfläche der Erde. Von diesen 8,3% wird schätzungsweise nur $^1/_{10}$ von Futterpflanzen eingenommen. Das ist bei den vorherrschenden Ertragsrelationen zu wenig. — Über $^2/_3$ der gesamten Bewässerungsfläche liegen allein in Asien.

In den letzten Jahrzehnten sind durch die Technik neue Möglichkeiten künstlicher Wasserzufuhr erschlossen worden. Während früher Flutbewässerung, Flächen- und Furchenberieselung einseitig vorherrschten, sind heute noch Beregnung, Besprühung mit Hilfe von Plastikschläuchen und unterirdische Bewässerung als wichtigste Arten hinzugekommen.

Höchster Nutzen durch zusätzliche Bewäserung kann in Gebieten mit hohen Jahresdurchschnittstemperaturen und geringen natürlichen Niederschlagsmengen erreicht werden. Daher liegen die Gebiete mit einem hohen Anteil an Bewässerungskulturen auch in ariden Zonen, aus denen typische Beispiele angeführt werden sollen.

a) in ariden Zonen

Die wichtigsten Zentren von Bewässerungskulturen in ariden Zonen liegen in China, Indien, im Mittelmeerraum in Ägypten, im Euphrat—Tigris-Gebiet, im östlichen Südafrika, in Australien und der Sowjetunion. Von diesen Gebieten sind Indien, China, Ägypten und das Zweistromland seit dem Altertum bekannte Bewässerungsländer, während eine künstliche Bewässerung in der SU, in Südafrika und Australien erst in der Neuzeit erfolgte.

In China wird fast ausschließlich Reis als Bewässerungskultur angebaut. Bei einem Viehbesatz von nur 17,4 GV/100 ha LN ist kein planmäßiger Feldfutterbau unter Bewässerungsbedingungen üblich und nötig. Die Abfallprodukte des Ackers reichen zur Ernährung des Viehs aus.

In Indien ist der Futterbedarf bei einem RGV-Besatz von mehr als 100/100 ha LN bedeutend höher. Obwohl 20% des Ackerlandes in der Indischen Union bewässert werden, steckt der Bewässerungsfutterbau noch in den Anfängen. Die Bewässerungsflächen werden z. Z. entweder für wertvolle Exportfrüchte oder den direkten Nahrungsbedarf benötigt. Dennoch liegen die Erträge von Reis und Weizen, oft als Monokultur angebaut, auch unter Bewässerungsbedingungen nur wenig über 20 dt/ha. Im Gegensatz zu China ist das Wasser hier nur ein unzureichender Nährstoff- und Humuslieferant, daher fehlt es an N und organischer Substanz. Allein schon aus diesem Grunde sollte der Anbau von Futterleguminosen von Vorteil sein. Bisher wird erst zögernd davon Gebrauch gemacht. In geringem Umfang werden in Punjab z. B. *Melilotus parviflora* DESF. und andere, annuelle Leguminosen angebaut (H. C. MALIK, 1955). Nach R. O. WHYTE (1958) gedeihen auch *Medicago sativa*, *Trifolium alexandrinum* und *Trifolium resupinatum* recht gut unter Bewässerungsbedingungen und könnten eine wertvolle Bereicherung der Fruchtfolge darstellen. Wenn aber in diesem Lande mit dem höchsten Viehbesatz weiterhin so wenig Wert auf den Futterbau gelegt wird, so können auch die Leistungen des Viehs nicht steigen, und der herrschende Mangel an tierischem Eiweiß für die Bevölkerung bleibt bestehen.

Im Zweistromland, einem sehr alten Kulturland der Menschheit, hat die Bewässerungsfläche heute etwa dieselbe Ausdehnung wie im Altertum. Mit 6,2 Mill. ha (nach B. SKIBBE, 1958) ist die Bewässerungsfläche praktisch identisch mit der Ackerfläche. Allein 94,4% dieser Bewässerungsfläche werden von Getreide eingenommen. Für andere Kulturen, insbesondere den Futterbau, bleibt kaum etwas übrig. Kennzeichnend dafür ist auch die strikte Trennung zwischen seßhaften, ackerbautreibenden Einwohnern und den viehzüchtenden Nomaden. Eine Verlegung der Nutztierhaltung in die Bewässerungsgebiete wäre vorteilhaft. Unter dieser Voraussetzung müßten Luzerne oder Kleearten dort angebaut werden. Dies würde sich wiederum günstig auf die Getreideerträge auswirken. Hier ruhen für den Futterbau z. Z. noch große, ungenutzte Reserven.

In diesen drei alten Kulturländern mit einer über Jahrtausende reichenden Tradition der Bewässerungskultur hat sich diese Tradition bei der Wahl der anzubauenden Kulturen als Hemmschuh erwiesen. Seit den ältesten Zeiten wurden Nahrungsfrüchte zum direkten Verzehr angebaut und der Aufbau einer Viehwirtschaft vernachlässigt. Religiöse Überlieferungen und Vorurteile verstärkten häufig diese Einseitigkeit. — In den letzten Jahrzehnten ist im Irak und in Indien eine starke Bevölkerungszunahme in den Bewässerungsgebieten festzustellen. Ein Abwandern in andere Gebiete oder die Industrie kam bisher kaum infrage, so daß der Nahrungsbedarf auf engem Raum rasch wuchs. Daher werden weiterhin alle verfügbaren Bewässerungsflächen zur Erzeugung von Körnerfrüchten benutzt, um Hungerkatastrophen zu vermeiden. Der latente Hunger großer Bevölkerungskreise hat dennoch nicht vermieden werden können. Neben politischen, religiösen und sozialen Gründen trug von seiten der Landwirtschaft die Einseitigkeit der Ackernutzung zu dieser bedauerlichen Entwicklung bei. Der Aufbau einer Viehwirtschaft auf der Grundlage des Bewässerungsfutterbaues könnte eine breitere und bessere Basis für eine gesamte Ernährung schaffen. Zwar wäre eine geringe Einschränkung der Marktfruchtfläche nicht zu umgehen, die sich aber durch höhere Erträge auf der verbleibenden Fläche bei Eingliederung des Futterbaues ausgleichen ließe. Es könnten also in den Bewässerungsgebieten, die nur über ein nährstoff- und humusarmes Wasser verfügen, wie Indien und das Zweistromland, über den Futterbau höhere Erträge an Getreide erzielt und zusätzlich Futter für den Aufbau eines leistungsfähigen Viehbestandes gewonnen werden.

Von den alten Kulturländern mit vorwiegend Bewässerungsackerbau bildet nur Ägypten eine gewisse Ausnahme. In Ägypten wird *Trifolium alexandrinum* bereits seit längerer Zeit als Futterpflanze unter Bewässerungsbedingungen angebaut. Mit einer Anbaufläche von 800000 ha nimmt der Alexandrinerklee theoretisch sogar 33% der Bewässerungsfläche ein (B. SKIBBE, 1958). Da aber meistens zwei Kulturen im Jahre angebaut werden, umfaßt die Anbaufläche für diesen Klee praktisch die Hälfte, also 16—17% des Ackers. Im Rahmen der Fruchtfolgen, die gewöhnlich nur für einen Zeitraum von 2 Jahren aufgestellt werden, steht der Alexandrinerklee meistens hinter Mais, z. B. in der Folge: Baumwolle, Weizen, Mais, Klee (H. ADDISON, 1955). Da der Alexandrinerklee allgemein nach Erreichen des Höchststandes des Nilwassers, im Spätherbst, gesät wird, liefert er

Grünfutter von Dezember bis Mai. In diesem Zeitraum werden gewöhnlich 4—5, in Einzelfällen bis zu 12 Schnitte gewonnen und meistens grün verfüttert. Im Sommer herrscht Futtermangel, Getreide- und Maisstroh sind dann das gebräuchlichste Futter. — Erfolgversprechende Versuche zur Ausdehnung der Futterfläche sind mit *Setaria*, *Sorghum* und *Zea mays* gemacht worden, deren Futteranfall im Frühling und Sommer liegt, also die futterarme Zeit besser überbrücken kann (FAO Report, 1956). — Immerhin wird in Ägypten Bewässerungsfutterbau aus Gründen der Futtergewinnung betrieben, da das fruchtbare Nilwasser auch ohne Düngung eine dauernde Ackernutzung ohne Ertragsdepressionen erlaubt. Er ist auch zur Ernährung des Viehbestandes nötig. Mit etwa 80 RGV/100 ha LN erreicht dieser Bestand zwar nicht ganz die Besatzstärke Indiens auf der Flächeneinheit, ist aber dennoch bedeutend höher als in allen anderen Ländern Nordafrikas und Kleinasiens. Ein derart hoher Viehbesatz in ariden Zonen ist nur auf der Grundlage des Bewässerungsfutterbaues möglich. Im Gegensatz zu Indien zieht man es in Ägypten trotz, oder gerade wegen der hohen Bevölkerungsdichte vor, die Ernährung nicht nur auf pflanzlicher Basis zu sichern, sondern auch einen gewissen Anteil animalischer Kost beizubehalten. Aus diesem Grunde wird ein beträchtlicher Teil des Ackerlandes für den Bewässerungsfutterbau bereitgestellt, da man andererseits weiß, daß der daraus erwachsene Nutzen größer ist.

Die Sowjetunion gehört zu den Staaten, in denen ein Ackerbau unter Bewässerungsbedingungen erst in der Neuzeit begann. In den Steppengebieten Mittelasiens dient die künstliche Bewässerung in erster Linie dem Baumwollanbau. Bei der bisher üblichen Monokultur sanken die Erträge jedoch teilweise bis auf 12,5 dt/ha, so daß die Einschaltung von Futterpflanzen nötig wurde. — Der Bewässerungsfutterbau erfolgte also zunächst als Mittel zur Ertragsverbesserung anderer Bewässerungskulturen.

Als besonders geeignet für den Anbau unter Bewässerungsbedingungen erwies sich die Luzerne. Bei einer Anbaufolge von 2 Jahren Luzerne und 4 Jahren Baumwolle stiegen die Baumwollerträge z. B. auf 42—43 dt/ha (Ss. N. RYSHOW und Mitarb., 1956). I. DORMAN (1956) empfiehlt, nach der Baumwolle zuerst Mais anzubauen, dem nach Erreichung der Milchwachsreife noch eine zweite Maisaussaat im selben Jahre folgt, in die dann die Einsaat der Luzerne vorgenommen wird. Auf diese Weise kann Gär-, Grün- und Rauhfutter von einer Fruchtfolge gewonnen werden.

Werden durch die Luzerne die strukturerhaltenden und stickstoffliefernden Aufgaben erfüllt, so können zusätzlich auch andere, schnellwüchsige Futterpflanzen aus der Familie der Gramineen für den Bewässerungsfutterbau benutzt werden. Maisanbau mit und ohne Bewässerung erbringt im Südosten, im Mündungsgebiet der Wolga, Ertragsunterschiede bis zu 500% (W. J. SWINARJOW und Mitarb., 1959). Besonders dankbar sind Hirsearten für zusätzliche Bewässerung. SS. M. KADAMOW (1958) berichtet aus Usbekistan von Grünmasseerträgen in Höhe von 840—870 dt/ha in zwei Schnitten. Die in Usbekistan gezüchtete Sorghum-Sorte „Gigant Usbekistana Nr. 1“ wird bis zu 6 m hoch und liefert 1300—1500 dt Grünmasse/ha bei einem Rohproteingehalt von 12,87% in der Trs. Damit wird die bisher noch kaum ausgenutzte Wüchsigkeit von Hirsen unter Bewässerungsbedingungen deutlich. — Außerdem finden auch einjährige Leguminosen in zunehmendem Maße als Futter- und Gründüngungspflanzen in Bewässerungsfruchtfolgen Verwendung. Ursache ist wieder die nötige Zufuhr stickstoffreicher, organischer Substanz. Neben dem schon länger bekannten Persischen Klee, *Trifolium resupinatum* L., zeigten sich in jüngster Zeit auch Platterbsen-Arten unter Bewässerungsbedingungen anbauwürdig. Als besonders geeignet erwies sich *Lathyrus tingitanus* L. (L. GARANINA, 1957). Sie findet als Stoppelsaat im Herbst oder als Frühjahrsvorfrucht Verwendung und liefert bis zu 600 dt Grünmasse/ha bei einem Rohproteingehalt von 17,8—20,5%.

Der Zwang zum Anbau von Futterpflanzen im Rahmen von Bewässerungsfruchtfolgen in Mittelasien schuf erst die Voraussetzung für eine Nutzviehhaltung mit Milchgewinnung. Mit Hilfe des Bewässerungsfutterbaues wurde es möglich, für die neu geschaffene Viehhaltung ein abwechslungsreiches und nährstoffmäßig ausgeglichenes Futterangebot zu sichern. Die Suche nach geeigneten Futterpflanzen wird fortgesetzt. Die Zahl der anbauwürdigen Arten hat ständig zugenommen und umfaßt heute schon Luzerne, Kleearten, Wicken, Platterbsen, Hirsen und Mais. Trotz Einschränkung der Anbauflächen für Marktkulturen konnten deren Erträge durch erhöhte Flächenleistung ständig gesteigert werden. Die Stellung des Futterbaues hat sich endgültig gefestigt. — Dort, wo Süßwasser in ariden Gebieten der SU gespeichert werden kann, wird sich auch der Futterbau in Zukunft ausdehnen. Dafür spricht vor allem seine Ertragssicherheit.

Der Bewässerungsfutterbau kann in Gebiete vordringen, wo sein Anbau bisher unmöglich schien. Auf Hochflächen von Mexiko, 2500 m über NN, wurden durch Bewässerung z. B. erstmalig Kleearten anbauwürdig, die vierjährig im Bestand aushielten. Die Sorte „Kenland" lieferte bei 14maliger Nutzung im Jahr durchschnittlich 293 dt Heu/ha (R. E. BULLER und Mitarb., 1958). Dadurch kann auch in solchen Höhenlagen eine leistungsfähige Viehhaltung aufgebaut werden.

Südafrika und Australien gehören zu den jüngsten Erzeugungsgebieten in der Landwirtschaft. Die im Durchschnitt recht hohen Jahrestemperaturen erlauben bei ausreichender Wasserzufuhr ein ganzjähriges Wachstum. Wasser ist in diesen Steppengebieten der wachstumsbegrenzende Faktor. Im Gegensatz zu den bisher angeführten Ländern mit vorherrschendem Ackerbau dominierte in Südafrika und Australien stets die Veredlungswirtschaft. Bei einem Anteil der Dauerweide von 90% und mehr in Form der Steppe ist die Überbrückung futterarmer Zeiten Hauptsorge der Farmer. Daher wird dem Bewässerungsfutterbau, mit dessen Hilfe Futter in Trockenzeiten gewonnen werden kann, in diesen beiden Ländern ein viel größeres Interesse entgegengebracht.

In Südafrika geben die zum Indischen Ozean verlaufenden Flüsse die Möglichkeit zur Wasserspeicherung in regenreichen Zeiten. Bei vorherrschender Furchenbewässerung können zwei Ernten im Jahre gewonnen werden. Beim alleinigen Anbau von Marktfrüchten erfolgt dabei eine erhebliche Auswaschung von Nährstoffen und durch die häufige Bodenbearbeitung ein starker Schwund der organischen Substanz im Boden. Strukturschäden sind unvermeidlich. Schon aus diesem Grunde sah man sich z. B. im Bewässerungsgebiet von Valhaartz zum mehrjährigen Anbau von *Medicago sativa* gezwungen. Nach Angaben von J. S. J. du TOIT (1956) wurde folgende Bewässerungsfruchtfolge eingeführt:

Feld 1—4	Luzerne	
5	Sommerweizen,	Erdnuß
6	Erbsen,	Erdnuß
7	Winterweizen,	Erdnuß
8	Erbsen,	Erdnuß
9	Winterweizen,	Gründüngung
10	Winterweizen,	Erdnuß
11	Erbsen,	Erdnuß
12	Winterweizen,	Erdnuß

Die Luzerne wird entweder in Reinsaat oder im Gemisch mit *Festuca gigantea* (L.) VILL. + *Phalaris tuberosa* angebaut. Trotz gelegentlich auftretender Fröste können im Ablauf eines Jahres 7 Schnitte von der Luzerne gewonnen werden. Die umfangreichen Versuche von C. P. NAUDE und Mitarb. (1955) in dem Bewässerungsgebiet am Orange-River zeigen ebenfalls die guten Aussichten des Futterbaues in Südafrika unter Bewässerungsbedingungen. Ohne Düngung wurden im 5jährigen Durchschnitt bei 7 Schnitten 218 dt Luzerneheu/ha geerntet, wobei der Gehalt an Rohprotein

1948/49	17,6
1949/50	20,6
1950/51	21,2%

in der Trs. betrug. Bei zusätzlicher Mineraldüngung wurde im Vegetationsjahre 1949/50 ein Ertrag von 364 dt Luzerneheu/ha erzielt. Der höchste Rohproteinertrag betrug in diesem Falle 62,52 dt/ha. — Wenn diese Ergebnisse auch unter Versuchsbedingungen erzielt wurden, so zeigen sie doch die vorhandenen Möglichkeiten der Futtergewinnung durch Bewässerung. Da die Gräser in diesen Gebieten sehr eiweißarm sind, kommt der Gewinnung zusätzlichen, proteinreichen Futters besondere Bedeutung zu. — Der Bewässerungsfutterbau nimmt gegenwärtig etwa 100000 ha in Südafrika ein und wird sich weiterhin ausdehnen.

In Australien hat der Bewässerungsfutterbau bereits heute die dominierende Stellung im Rahmen aller Bewässerungskulturen erreicht. Von insgesamt 618521 ha Ackerland unter Bewässerung nahmen allein Beweidungsflächen mit Luzerne und Kleegras 396532 ha ein, hinzu kommen noch andere, nur zu Futterzwecken angebaute Pflanzen, z. B. Futterroggen, *Serghum* und *Paspalum dilatatum*, so daß mehr als $^2/_3$ der Bewässerungsfläche unmittelbar der Futtergewinnung dienen (K. FRENZEL, 1957). Luzerne wird beweidet, jedoch bei einer Mindesthöhe von 30 cm. Die besten Gewichtszunahmen bei Jungochsen wurden erzielt, wenn die Beweidung zum Blühbeginn der Luzerne durchgeführt wurde (R. W. McNEIL und Mitarb., 1958). — Nach Angaben von D. E. WALLIN (1957) wird als Kleegras eine Mischung von *Paspalum dilatatum* + *Trifolium repens* + *Trifolium subterraneum* bevorzugt. *Paspalum dilatatum* findet auch als Reinsaat im Bewässerungsfutterbau Verwendung. Portionsbeweidung ist üblich. Andere Ansaatmischungen bestehen aus *Lolium rigidum* + *Trifolium subterraneum* (K. V. SIMMONS und Mitarb., 1957). — Neben den Futterflächen werden besonders Gemüse, Obst, Reis und Zuckerrohr bewässert.

Die Möglichkeit einer fast ganzjährigen Grünfutterversorgung durch Bewässerung hat dazu geführt, daß sich Zentren der Milchviehhaltung in Bewässerungsgebieten entwickelt haben. Der größeren Bevölkerungsdichte wegen befindet sich der Hauptteil der Bewässerungsflächen im Südosten und Süden, in Neusüdwales und Victoria, obwohl dort, in den Zonen des Winterregens, an sich günstigere Bedingungen auch für den gewöhnlichen Futterbau herrschen.

In den letzten Jahren ist man bemüht, größere Bewässerungsflächen auch in Nordaustralien zu erschließen, wo die starke Verdunstung bei Sommerniederschlägen und die hohen Temperaturen eine schlechtere Ausnutzung der natürlichen Niederschläge bewirken. Hier sind Bewässerungskulturen vom landwirtschaftlichen Standpunkt noch nötiger als im Süden, doch fehlt es z. Z. noch an Absatzmöglichkeiten. Insbesondere könnten in diesen Zonen mit Sommerregen, wo sonst keine Leguminosen gedeihen, endlich auch Luzerne und Kleegras bei künstlicher Bewässerung angebaut werden und proteinreicheres Futter liefern. Erste Versuche haben bereits Erfolg gezeigt. Durch Variieren der Kleegrasmischung läßt sich in Nordaustralien ein ganzjähriger Weidegang durchführen. So hat sich für die Winterzeit, von Mai bis Oktober, ein Gemisch von *Lolium rigidum* + *Trifolium subterraneum*, für den Zeitraum vom Frühling bis Herbst von *Paspalum dilatatum* + *Chloris gayana* + *Trifolium repens* (Ladino) als brauchbar in Queensland erwiesen. Ganzjährig Futter liefert auch ein Gemisch von *Trifolium repens* + *Phalaris arundinacea* + *Dactylis glomerata* + short rotation-H_1-grass (C. A. SCHRÖDER, 1958). Da Fröste in Nordaustralien nicht vorkommen, liegt es in der Hand des Anbauers, den Wachstumsverlauf der einzelnen Futterpflanzenarten das Jahr hindurch aufeinander abzustimmen. — Die Erträge können recht hoch sein. In Versuchen in Queensland wurden z. B. von einer Mischung von *Trifolium repens* + *Phalaris tuberosa* + *Dactylis glomerata* + H_1-grass im Zeitraum von 18 Monaten 1556 dt Grünmasse/ha gewonnen (W. J. CARTMILL, 1958).

Australien ist das Gebiet, in dem der Futterbau die wichtigste Bewässerungskultur darstellt. In den meisten Fällen wird hier die für den Futterbau günstigste Art der Wasserzufuhr, die Beregnung, durchgeführt. Der Vorteil der „jungen" Bewässerungsländer in ariden Zonen, der Sowjetunion, Südafrikas, und Australiens liegt auch darin, daß der Einsatz der Technik nach dem neuesten Stand der Forschung erfolgen kann und nicht durch alte Traditionen gehemmt wird. Im gleichen Maße kann man feststellen, daß auch die Werteinschätzung der Futterpflanzen als Bewässerungskultur in den „jungen" Kulturländern bedeutend höher ist. Wenn die Bevölkerung arider Gebiete in der Zukunft den bisherigen Mangel und die Einseitigkeit in der Ernährung überwinden will, so führt der wirksamste Weg über den Bewässerungsfutterbau.

b) in gemäßigten Breiten

Eine zusätzliche Bewässerung zu Kulturpflanzen führt in ariden Zonen mit hohen Jahresdurchschnittstemperaturen zu Ertragssteigerungen, die gegenüber unbewässerten Kulturen 500% und mehr betragen können. In den gemäßigten Breiten sind derartige Ertragsrelationen nicht zu erzielen. Niedrigere Durchschnittstemperaturen und eine ausgeglichenere Niederschlagsverteilung lassen hier ein Wachstum während der gesamten Vegetationszeit zu. Diese Vegetationszeit ist kürzer, da sie, mit Ausnahme Neuseelands, durch den Winter eingeschränkt wird. Die mögliche Zeit des Wachstums ist also geringer als in den ariden Zonen, und in dieser Wachstumszeit könnte eher eine künstliche Temperaturerhöhung stärkere Ertragsverbesserungen erwirken als eine Zufuhr an Wasser. Dennoch kann zusätzliche Bewässerung auch in den gemäßigten Breiten von Nutzen sein. Es treten häufig kürzere Trockenperioden im Frühjahr oder Sommer auf, die zu einem Wassermangel für die Pflanzen führen. Für den Futterbau bedeutet dies eine Ungleichmäßigkeit des Wachstums, die sich in einem schwankenden Futterangebot während der Vegetationszeit äußert. Um diese erwünschte Gleichmäßigkeit im Futterangebot geht es, wenn in den gemäßigten Breiten zusätzlich bewässert bzw. beregnet wird. Es handelt sich aber, im Gegensatz zu den ariden Zonen, nur um eine graduelle Verbesserung einer schon bestehenden, leistungsfähigen Futterwirtschaft.

Die Wirksamkeit zusätzlicher Wassergaben zu Futterpflanzen nimmt mit sinkenden Niederschlägen zu. Auf Neuseeland, einem regenreichen Inselland, ist eine künstliche Beregnung selten. Es gibt jedoch Gebiete auf der Südinsel, im Regenschatten der Gebirgszüge an der Westküste, die relativ trocken sind. Dort werden z. Z. 44 000 ha künstlich beregnet, davon 41 600 ha Futterpflanzen (Report, 1955). Dreijährige Beregnungsversuche zu Luzerne brachten im Durchschnitt einen Ertragsanstieg von 34% gegenüber „unberegnet“ (B. A. LAUDER, 1959).

Einen etwas stärkeren Nutzeffekt bringt eine künstliche Beregnung in Großbritannien, insbesondere im Osten und Süden der Insel. Auf grundwasserfernen Sandböden konnten beispielsweise durch zusätzliche Beregnung und Düngung in der Umgebung von Reading pro ha 2500 kg Stw. in der Vegetationszeit mehr gewonnen werden (C. A. JEWELL und Mitarb., 1958). Da Schottland und Wales jedoch 1 000 mm und mehr an Jahresniederschlägen empfangen, wird der Bewässerungsfutterbau in Großbritannien nur lokale Bedeutung erlangen. Auch die Beseitigung der Abwasser bereitet bei den geringen Entfernungen der Städte zur See keine besonderen Schwierigkeiten.

Stärker wirkt sich eine künstliche Wasserzufuhr schon in den Niederlanden aus, wo die Niederschlagshöhe zwischen 500 und 800 mm liegt und Zeiten des Wassermangels eher auftreten können. Neben der Beregnung hat sich in den Niederlanden die Untergrundbewässerung als besonders nutzbringend erwiesen. Viele tiefliegende Dauerweiden können nur mit Pumpen entwässert werden. Umgekehrt ist es durch Einstau möglich, das Grundwasser auf der erwünschten Höhe zu halten. Dadurch sind diese Weiden auch im Sommer stets gut mit Wasser versorgt. Der dabei gewonnene Nutzeffekt für den Futteraufwuchs ist in Trockenzeiten beachtlich.

Die Bedeutung künstlicher Wasserzufuhr steigt in Europa in östlicher Richtung, wo die Niederschläge abnehmen und maritime Klimaeinflüsse geringer werden. In Mitteleuropa werden Futterpflanzen bzw. Dauerweiden zunächst dort beregnet, wo eine Abwasserverwertung vorgenommen wird. Da Gemüse und andere Marktkulturen nicht zu jedem Zeitpunkt mit Abwasser beregnet oder bewässert werden dürfen und eine Abnahme der Abwässer auch in vegetationsarmen Zeiten erfolgen muß, sind Dauerweiden oder Gräser in Feldkultur zu bequemen Empfängern dieser Wasser- und Nährstoffzufuhr geworden. — Die Vor- und Nachteile dieser Abwasserverwertung für Pflanzen, Tier und Mensch zu erörtern, ist nicht Sinn dieser Arbeit. Zumindest stellen die Anforderungen an Hygiene und Gesundheit von Mensch und Tier Hindernisse für eine schrankenlose Nutzung der Abwasser auch für den Futterbau dar.

Die Beregnung mit Klarwasser für eine zusätzliche Futtergewinnung zeigt vor allem dort nachhaltige Erfolge, wo Weidestandorte mit flacher Krume oder auf leichteren Böden beregnet werden. Das sind andererseits keine Standorte für gute Dauerweiden, es sei denn, betriebswirtschaftliche Belange erfordern die Beibehaltung auch auf einem Standort, wo sie nicht hingehören. Das kann z. B. im mitteldeutschen Trockengebiet oder in Gebieten mit durchweg leichten Böden der Fall sein, wo wenig Wiesen vorhanden sind. In solchen Fällen wird eine Beregnung immer zu beachtlichen Ertragszunahmen führen. Es fragt sich nur, ob sich ein derart hoher Aufwand auch lohnt. Untersuchungen von H. BAUMANN und Mitarb. (1954) zeigten, daß eine Weideberegnung nur dort rentabel ist, wo einmal der höchste Grad intensiver Weidenutzung erreicht ist und zum anderen die Möglichkeit besteht, zusätzlich noch Feldfrüchte, insbesondere Hackfrüchte und Gemüse, zu beregnen. Der beste Wirkungsgrad wird bei der Beregnung von Feldfutterpflanzen erzielt, weil hier leistungsfähige Zuchtsorten ein höheres Wasser- und Nährstoffangebot vorteilhafter ausnutzen. Untersuchungen von BROUWER und MARTIN (1957/58) zeigten z. B. einen durchschnittlichen Ertragszuwachs durch künstliche Beregnung bei Kleegras von 45 dt Heu/ha. Feldfutterpflanzen, die vegetativ genutzt werden, erbringen durch Beregnung eben einen höheren Ertragszuwachs als andere Feldkulturen, wie z. B. Kartoffeln und Getreide. Im Durchschnitt 4- bzw. 5jähriger Versuche in Müncheberg erbrachte eine Zusatzberegnung zu Winterweizen gegenüber „unberegnet" beispielsweise einen Ertragszuwachs von 18,4, zu Spätkartoffeln von 10,8 und zu Rotkleegras von 37,0%, obwohl der Rotklee bei 4jähriger Nutzungsdauer nur in den beiden ersten Jahren in nennenswertem Umfange im Bestand vertreten war. Es wurde also im 3. und 4. Jahr praktisch nur Gras (*Lolium italicum*) geerntet, das bei einer N-Düngung von 20 kg/ha im 3. Nutzungsjahr nur 93, im 4. Jahr bei einer Gabe von 80 kg N jedoch 151 dt Trs./ha erbrachte (RÜBENSAM und STEINBRENNER, 1960). Die Leistungsgrenze der Gräser ist unter Beregnungsbedingungen bei Zufuhr von 80 kg N/ha jedoch keineswegs erschöpft.

Solange mineralischer Stickstoff in nicht ausreichendem Maße zur Verfügung steht, sollten die Bemühungen in Mitteleuropa dahin gehen, vornehmlich Luzerne und Kleegras zu beregnen. Die ertragsstärkste Form der Futtergewinnung wird jedoch der reine Feldgrasbau mit sehr hohen Mineraldüngergaben und zusätzlicher Beregnung sein. Wann er in größerem Maße verwirklicht wird, hängt von ökonomischen Bedingungen ab.

Wenn Theodor ROEMER einst äußerte, daß die zweite Hälfte des 20. Jh. im Zeichen der zunehmenden Beherrschung des Wassers für die Landwirtschaft stehen würde, so zeigen die fertigen Anlagen und geplanten Projekte in allen Erdteilen, daß der Weg zur Beherrschung des Wassers erfolgreich begonnen wurde. Allerdings ist der Energiebedarf meistens die treibende Kraft. Die Landwirtschaft hat nur den mittelbaren Nutzen und der Futterbau profitierte bisher recht wenig von dieser Entwicklung. — Die von der Forschung bewiesene Wichtigkeit und Ergiebigkeit des Futterbaues unter Bewässerungsbedingungen lassen ihn in ariden Zonen unentbehrlich werden. Dadurch wird ein Weg gewiesen, der die Ernährungsgrundlage großer Bevölkerungsteile der Erde entscheidend verbessern könnte. — In den gemäßigten Breiten ist ein Bewässerungsfutterbau die flächenproduktivste Form der Bodennutzung.

IV. DIE DAUERWIESE

Es mag überraschen, daß die Dauerwiese im Rahmen dieser Abhandlung an letzter Stelle steht. Dies geschieht jedoch absichtlich, da die Dauerwiese im Weltmaßstab eine untergeordnete Rolle spielt. In der internationalen Statistik wird nur das Dauergrünland erwähnt; eine Trennung in Wiese und Weide erfolgt nur in wenigen Ländern, weil die Weidenutzung bei weitem überwiegt und eine Mähenutzung im Bedarfsfalle eingeschaltet werden kann. Es ist zudem nicht einzusehen, warum eine strikte Trennung dort vorgenommen werden soll, wo nur ökonomische Gründe für diese oder jene Art der Grünlandnutzung entscheidend sind. Wo weidefähiges Grünland vorhanden ist, soll es beweidet werden, und das trifft für die meisten Grünlandflächen der Erde zu. Leider gibt es aber Standorte, die eine Beweidung heute noch ausschließen und wo man zwangsläufig von Dauerwiesen sprechen muß. Diese Standorte liegen im mittel- und osteuropäischen Raum.

Reine Dauerwiesen, die nur gemäht werden, sind noch dort von Nutzen, wo Reservefutter in größerem Umfange benötigt wird. In den Tropen wird gar kein oder nur wenig Vieh gehalten. so daß ein Futterbau allein zu Futterzwecken dort entfällt. — In den Subtropen und Savannen wäre Vorratsfutterwirtschaft für die Trockenzeiten angebracht, doch zieht man in den Subtropen den flächenproduktiveren Feldfutterbau mit Weidenutzung vor, von dem gelegentlich auch Heu oder Silage gewonnen werden kann. — Savannenzonen sind extensiv genutzte Weidegebiete. Eine Mähweidenutzung wäre angebracht; reine Dauerwiesen im europäischen Sinne sind jedoch unökonomisch. Somit bleibt die Form der Dauerwiese auf die gemäßigten Breiten beschränkt. Sie hat auch hier nur dann Bedeutung, wenn ein hoher Rauhfutterbedarf durch eine längere, winterliche Aufstallungszeit besteht und dieses Rauhfutter nicht allein vom Feldfutterbau geliefert werden kann.

Die Wiese ist kein natürliches Produkt der Umwelt. Ohne Einfluß des Menschen wäre sie einer Wiederbewaldung unterworfen. Sie entstand aus der Waldweide, bei der das Unterholz durch das Vieh vernichtet wurde. Durch die Axt des Menschen wurde diese Waldlichtung beschleunigt (H. ELLENBERG, 1952). Dadurch wird deutlich, daß die Dauerwiese aus der Climax des Waldes gemäßigter Breiten hervorging und dort ihre günstigsten Wachstumsbedingungen findet.

Reine Dauerwiesen waren in Dänemark, Norwegen, Schweden und Finnland stark vertreten; sie nehmen heute noch in Mitteleuropa, Polen, der Sowjetunion, der Schweiz und in Österreich namhafte Flächen ein.
Die Gebirgswiesen unterliegen einer Sonderstellung. Ihre Existenzberechtigung ist durch den starken Heubedarf in Höhenlagen ohne Ackerbau gegeben. Auch in Zukunft steht sie außer Frage. — Anders ist es mit den reinen Dauerwiesen des Tieflandes. Hier ist den Wiesen im Kleegrasbau eine starke Konkurrenz entstanden. Der Kleegrasbau hat die Wiesen in den skandinavischen Ländern auf die nicht acker- und weidefähigen, absoluten Standorte zurückgedrängt, weil vom Kleegrasbau höhere Flächenerträge erzielt werden und seine Stellung in der Fruchtfolge sehr wertvoll ist. In Mitteleuropa ist diese Entwicklung weniger zu bemerken. Von dem 40% der LN umfassenden Dauergrünland der Bundesrepublik sind 25% Wiesen, und auch in der DDR umfassen die Dauerwiesen 12,9% des insgesamt 19,6% großen Dauergrünlandes (A. PETERSEN, 1957). In beiden Fällen übertrifft die Wiesenfläche die des Kleegrasbaues und auch die der Dauerweiden beträchtlich. Dabei sind die Wiesen ertragsmäßig den Weiden und dem Kleegrasbau im Durchschnitt klar unterlegen. Im Zeitraum von 1936—1944 betrug der Ertrag an Wiesenheu in Gesamtdeutschland 43,5, der des Kleegrasbaues 52,1 dt/ha (E. KLAPP, 1954). Das Statistische Jb. der DDR führt für 1958 und 1959 für die Wiesen in der DDR einen Durchschnittsertrag von 43,4, bei Kleegras von 58,7 dt Heu/ha an. Insofern ist es erstaunlich, daß die Dauerwiese flächenmäßig noch immer die erste Stelle im Futterbau in Mitteleuropa einnimmt.
Die Hauptursache für die große Flächenausdehnung der Wiese liegt im Standort. Neben den schon erwähnten Gebirgswiesen sind Auewiesen und Moorwiesen vorherrschend. Daneben gibt es noch Sonderflächen wie Salz-, Streu- und Rieselwiesen. Auf vielen Aue- und Moorwiesen lassen ein zu hoher Grundwasserstand und auch Überschwemmungen gegenwärtig keine andere Nutzung und auch keine intensiveren Pflege- und Bewirtschaftungsmaßnahmen zu. Erst nach umfassenden Meliorationen können Teile der heutigen Niederungswiesen, insbesondere Niederungsmoorwiesen, in produktivere Mähweide oder Acker-Wechselnutzung überführt werden. Von seiten der Forschung sind Möglichkeiten und Wege hierzu erarbeitet worden (s. u. a. W. BADEN, 1957, W. BADEN und Mitarb., 1952 und 1957, E. WOHJAHN, 1955/56 und G. WACKER, 1959). Erst durch Regulierung der Wasserverhältnisse kann der Anteil ertragsschwacher Dauerwiesen in Europa eingeschränkt werden. Dieser Weg ist leider kostspielig und dauert eine gewisse Zeit.
Man ist ferner bemüht, die Wiesenerträge durch schneller wirksame Maßnahmen zu erhöhen. Vor 100 oder 150 Jahren, als man auf die Wiese als Futterlieferant für das Vieh zur Dungerzeugung noch viel stärker angewiesen war, wurden schon durch Besanden, Berieseln, Bemoddern und ähnliche Maßnahmen Erträge von 64—72 dt in Mecklenburg und bis zu 125 dt Heu/ha in Hannover erzielt (A. v. LENGERKE, 1844). Derart große und mühevolle Arbeitsaufwendungen lohnten sich schon damals in Zeiten eines POGGE oder v. SCHWERZ. Die schon vor 100 Jahren erreichten Erträge werden in der Gegenwart selten überschritten, ob-

wohl heute durch die Technik und Düngung sehr viel bessere Möglichkeiten einer Wiesenverbesserung gegeben sind. Vierjährig durchgeführte Wiesen-Düngungsversuche in verschiedenen Gebieten der DDR brachten z. B. bei Anwendung von 30 bzw. 60 kg N/ha Ertragsverbesserungen von 16 bzw. 33% und Erträge zwischen 50 und 60 dt Trs./ha. Diese Erträge können aber noch nicht befriedigen. Solange nicht die Wasserverhältnisse reguliert sind, bleibt der Nutzeffekt einer mineralischen Düngung gering.

Von guten Wiesen müssen 80 dt Heu/ha in Mitteleuropa geerntet werden, wenn die Existenzberechtigung der Wiese gegenüber dem Feldfutterbau annähernd gesichert sein soll. Das ist in allen frischen und feuchten Lagen möglich, wenn das Grundwasser auf der erwünschten Höhe gehalten und ausreichend gedüngt wird. Nur dann kann von Wiesen als wertvollen Futterlieferanten gesprochen werden, denn die Heuwerbung ist die teuerste Form der Futtergewinnung (W. PAASCH, 1959) und kann sich nur bei hohen Erträgen bezahlt machen. Von dieser erwünschten Ertragshöhe ist man in Mitteleuropa noch weit entfernt. Daher empfiehlt es sich für die Zukunft, soweit es der Standort erlaubt, Wiesen in Mähweiden oder in Acker-Wechselnutzung zu überführen.

In Osteuropa ist der Viehbesatz wesentlich geringer, daher auch der absolute Heubedarf trotz einer langen Winteraufstallung nicht groß. Von den 590 Mill. ha Dauergrünland in der Sowjetunion werden nur 59,1 Mill. ha, also 10%, zu Heu gemacht und liefern im Durchschnitt 12,4 dt/ha (W. LARIN, 1958). Dieser geringe Ertrag wird verständlich, wenn man die Arten der Wiesen betrachtet. Nach der Statistik der Sowjetunion (1957) sind von den 59,1 Mill. ha Dauerwiesen 34,489 Mill. ha Trockenwiesen, der Rest Überschwemmungs- und Sumpfwiesen. Die Trockenwiesen dienen wahrscheinlich der Sicherung des Winterfutters in der Steppe, wo der Anbau anderer Futterpflanzen Schwierigkeiten bereitet oder zu teuer ist und man einfach Teile der Steppe mäht, um das notwendige Rauhfutter zu gewinnen, auch wenn die Erträge sehr gering sind. Hier handelt es sich also um fakultative Wiesen, die solange eine Existenzberechtigung haben, wie keine andere Form der Rauhfuttergewinnung produktiver und rentabler ist. In der Entwicklung ist der Feldfutterbau auch in Osteuropa für die Heugewinnung von größerer Bedeutung.

Auch in den USA sind die Mäheflächen im Verhältnis zu den Weideflächen gering an Umfang. Von den 255.907 Mill. ha Dauergrünland werden nur 6 Mill. ha, also 2,4%, zu Heu gemacht, könnten also unter Umständen als Wiesen angesprochen werden, obwohl offen steht, ob nicht auch, ähnlich wie in der Sowjetunion, Teile der Steppe gemäht werden. Die angeführten 6 Mill. ha liefern im Durchschnitt 18,4 dt Heu/ha (errechnet nach „Agricultural Statistics"), ein Zeichen für die mindere Qualität der Wiesen bzw. ein Hinweis für die Möglichkeit, daß auch beweidungsfähige Steppen zur Heuwerbung mit herangezogen werden.

Diese wenigen Beispiele aus den Ländern mit einem relativ hohen Wiesenanteil beweisen die recht bescheidene Rolle der Dauerwiese im Weltmaßstab. In Europa wird die Bedeutung der Wiese in den letzten Jahren noch durch eine Verstärkung

des Saftfutteranfalles auf Kosten des Rauhfutters weiter geschmälert. Maissilage ist billiger als Heu zu produzieren, und daher wird die tägliche Heumenge pro RGV teilweise schon auf 2 kg herabgesetzt und entsprechend mehr Silage gefüttert.
Für eine Beibehaltung der Dauerwiese spricht eigentlich nur die mögliche, hohe Qualität des Heues. Diese erwünschte Qualität kann jedoch nur von guten Wiesen gewonnen werden. Daher läßt sich die Problematik um die Dauerwiese in unseren Breiten in der Feststellung wiederholen, die schon A. v. LENGERKE vor mehr als 100 Jahren formulierte: „Weniger Wiesen und diese besser" (A. v. LENGERKE, 1844, S. 19).

SCHLUSSBETRACHTUNG

Neben den natürlichen Umweltfaktoren wirken sich noch eine Reihe anderer Faktoren bestimmend auf die Gestaltung des Futterbaues aus. Nur einige dieser Faktoren sollen Erwähnung finden.

Auf staatlicher Ebene üben im einzelnen Bevölkerungsdichte, Industrialisierungsgrad, Anteil von Land- und Stadtbevölkerung zueinander, Ernährungsweise, Bestrebungen zu einer Ernährungsautarkie, Zwang zur Flächen- bzw. Arbeitsproduktivität und andere Faktoren mehr einen starken Einfluß auf die Gestaltung des Futterbaues aus. Es wäre z. B. einfacher, in vielen Gebieten arider Zonen, z. B. im Orient, Getreide für die Produktion von Schweinefleisch zu erzeugen, als die sehr viel teurere Veredlung zur Milchgewinnung zu betreiben. Da die Mohammedaner aber den Genuß von Schweinefleisch ablehnen, wird gegenwärtig noch Rücksicht darauf genommen.

Die Frage der Mindest- und Höchstintensität ist von erheblichem Einfluß auf den Futterbau. In Australien, einem Lande mit sehr schwacher Bevölkerung, einer Landnutzung durch Steppen-Dauerweide und einem AK-Besatz von 0,13/100 ha LN, also mit einer sehr geringen Mindestintensität der Landnutzung, würde eine klimatisch mögliche Erweiterung des flächenproduktiveren Feldfutterbaues die z. Z. erlaubte Intensität überschreiten. Ein Bewässerungsfutterbau mit Milchviehhaltung kann dann nur in Teilgebieten mit einem sehr viel höheren AK-Besatz durchgeführt werden.

Etwas höher liegt die Mindestintensität in Ackerbaugebieten arider Steppenzonen, wie in der Sowjetunion. Sie ist absolut bei einseitigem Getreidebau durch den Einsatz des Mähdreschers aber noch gering. Der zur Erhaltung der Ertragsfähigkeit des Bodens nötige Feldfutterbau erfordert schon einen weit stärkeren Grad der Intensität, da zusätzlich Arbeitskräfte und Maschinen anderer Konstruktion erforderlich sind. Dadurch kann der ökonomisch zulässige Grad der Bodennutzung gefährdet werden.

Umgekehrt ist in dicht besiedelten Ländern mit starkem Ackerbau, wie z. B. in der DDR, von vornherein eine hohe Mindestintensität der Bodennutzung vorhanden. Daher ist es in diesem Falle leichter zu vertreten, aufwandsstärkere Formen des Futterbaues, wie den Zwischenfruchtfutterbau, einzuschalten. Die tragbare Höchstintensität wird nicht gefährdet.

Bei jeder Planung auf staatlicher Ebene ist man bemüht, die günstigste Abgrenzung der verschiedenen Formen des Futterbaues zueinander zu finden. Hierbei sind Konzessionen nicht zu vermeiden. Es kommt jedoch darauf an, nicht grobe Verstöße gegen grundlegende Erkenntnisse durchgehen zu lassen. Dazu kann nur eine über den staatlichen Rahmen hinausgehende Betrachtung verhelfen, bei der die großen Zusammenhänge auf dem Gebiete des Futterbaues sichtbar werden. Neue Möglichkeiten für eine Verbesserung der Futterwirtschaft können dabei auftreten. So ist z. B. die Anbauwürdigkeit von Futterpflanzen aus fremden Gebieten im Weltmaßstab noch nicht ausreichend geklärt; sie steckt häufig noch in den Anfängen.

Eine Betrachtung des Futterbaues in weltweitem Rahmen gibt die Möglichkeit, in „alten" Futterbauländern die Richtigkeit der Relationen der einzelnen Formen des Futterbaues zueinander zu überprüfen und schafft die Voraussetzung, in „jungen" Futterbauländern von vornherein richtige Maßnahmen bei der Einrichtung der Futterwirtschaft zu ergreifen. In vielen Gebieten der Erde ist eine Neuorientierung des Futterbaues nötig. Es gilt, die Fehler aus der Vergangenheit zu vermeiden, die durch Mißachtung des Futterbaues entstanden. „Überall in der Welt, wo Menschen den Boden nutzen, haben sie aus fruchtbaren Flächen Unland und Wüsten geschaffen, wenn sie keinen Futterbau trieben" stellt auch J. KÖHNLEIN (1957, S. 31) zu dieser Frage fest. Heute hat die Forschung die Voraussetzung geschaffen, die begangenen Fehler zu erkennen und ihnen in Zukunft zu begegnen.

Gegenwärtig werden 36% der landwirtschaftlich genutzten Fläche der Erde vom Ackerbau und 64% vom Dauergrünland eingenommen. Dabei werden vom Dauergrünland nur 10%, vom Acker dagegen 90% aller Nahrungsmittel auf Kalorienbasis erzeugt (A. T. SEMPLE, 1952). Diese Ertragsrelationen sind ein Beweis für die derzeit unzulängliche Leistung des Dauergrünlandes und ein Zeichen für seine Vernachlässigung im Weltmaßstab. Nur mit Hilfe der Forschung und durch eine weltweite Anwendung ihrer Erkenntnisse auf internationaler Ebene kann und muß hier eine Wendung herbeigeführt werden.

ZUSAMMENFASSUNG

Es wurde der Versuch unternommen, die Entwicklung der verschiedenen Formen des Futterbaues in den wichtigsten Klimazonen der Erde darzustellen. Dabei wurden Entstehung, derzeitiger Umfang, Bewirtschaftung und Erträge der Dauerweide in Halbwüsten, in den verschiedenen Steppentypen, in Savannen und den gemäßigten Breiten geschildert. In ähnlicher Weise wurden der reine Feldgrasbau in Steppen, Subtropen, Tropen und gemäßigten Breiten sowie der Kleegrasbau und Luzernegrasbau unter kontinentalen, polaren, montanen, maritimen, subtropischen und tropischen Umweltverhältnissen abgehandelt. Die Kapitel über den Anbau annueller Futterpflanzen in Haupt- und Zwischenfruchtnutzung, den Bewässerungsfutterbau und die Dauerwiese beschließen diese Abhandlung.
Zur Erkennung der Ursachen für die gegenwärtigen Relationen der verschiedenen Formen des Futterbaues zueinander war eine isolierende Betrachtung notwendig. Dabei wurden die natürlichen Umweltverhältnisse in ihrer Auswirkung auf die einzelnen Formen des Futterbaues vorrangig behandelt. Weitere, für die Gestaltung des Futterbaues wichtige Faktoren volkswirtschaftlicher und soziologischer Natur wurden nur so weit gestreift, wie es zum Verständnis der Situation des Futterbaues notwendig erschien.

In vergleichender Betrachtung wurden folgende Erkenntnisse gewonnen:

1. Die Dauerweide ist die bei weitem vorherrschende und rentabelste Form der Futtergewinnung. Sie erstreckt sich über Halbwüsten, Steppen, Savannen und gemäßigte Breiten. — Eine Dauerweidenutzung von Halbwüsten durch Schaf und Rind hat in den meisten Fällen zu schweren Schädigungen der natürlichen, sehr dünnen Pflanzendecke geführt und das Vordringen der Wüste gefördert. Die Erträge der Halbwüste liegen bei 2 dt Trs./ha. Maßnahmen zur Erhaltung des spärlichen Pflanzenbestandes liegen in einer zeitweiligen Schonung von Teilflächen zum Zwecke der Selbstaussamung und in der Nachsaat sehr dürreresistenter Gräser oder Kräuter. Sie werden bisher nur in Ausnahmefällen ergriffen.
2. Die Dauerweiden der Steppen sind flächenmäßig am größten. Sie leiden in fast allen Gebieten unter einer Überbeweidung, da die natürliche Steppenvegetation nicht für einen häufigen Verbiß durch Nutztiere geeignet ist. Das natürliche Gleichgewicht zwischen Klima, Boden und Pflanze wurde gestört.

Die Erträge der Steppenweiden liegen etwa bei 5 dt Trs./ha. — Es konnte festgestellt werden, daß 3 Steppentypen nach Niederschlagsverteilung und Vegetationsdauer existieren: Steppen der nördlichen Hemisphäre mit vorwiegend Frühjahrs- und Sommerniederschlägen und einer längeren Kälteperiode mit Schneefall, Steppen der südlichen Hemisphäre mit Sommerniederschlägen ohne Frosttemperaturen und Steppen mit vorwiegend winterlichen bzw. ganzjährig verteilten Niederschlägen auf beiden Erdhälften. Bei dem Aufbau der Futterwirtschaft müssen diese klimatischen Gegebenheiten Beachtung finden.

3. Möglichkeiten zur Bestands- und Ertragsverbesserung aller Steppenweiden liegen in der Nachsaat geeigneter Gräser ohne Umbruch und in einer Unterteilung der Flächen, da bisher die Standweide einseitig überwiegt. Zur Nachsaat in Sommerregensteppen der südlichen Hemisphäre konnte durch die Forschung eine größere Anzahl geeigneter Grasarten ermittelt werden. Häufig sind es importierte Arten aus anderen Erdteilen. In den Winterregensteppen der Erde und in den Sommerregensteppen der nördlichen Hemisphäre mit längerer Vegetationsruhe (Frost) gedeihen auch Futterleguminosen. Durch Nachsaat von Kleearten können diese Steppen wirksamer verbessert werden, so daß Reservefutter für futterarme Zeiten gewonnen werden kann. Von dieser Möglichkeit wird erst in jüngster Zeit Gebrauch gemacht.
4. Die Dauerweidenutzung der Savannen ist gekennzeichnet durch einen schnellen Futteraufwuchs und einen zu geringen Viehbesatz. Die Viehhaltung ist wegen der Tsetse-Fliege erschwert. Die Gräser der Savannen sind rohfaserreich und proteinarm, so daß viel, aber qualitativ schlechtes Futter anfällt. Eine Verbesserung der Situation wäre durch Konservierung des jungen, proteinreicheren Aufwuchses in Form von Heu oder Silage möglich. Solange dies nicht erfolgt, verliert die Dauerweide in Savannen gegenüber dem Ackerbau an Bedeutung, der bei Einschaltung von Feldfutter flächenproduktiver ist.
5. In den gemäßigten Breiten wird die Dauerweide durch eine lange Vegetationszeit, schwere Böden, gute Regenverteilung, Fleischviehhaltung bzw. Wollgewinnung und geringen AK-Bedarf begünstigt. Sie kann extrem extensiv, wie in Irland, und hochintensiv, wie in den Niederlanden, genutzt werden. Die Ertragshöhe wird durch den Aufwand bestimmt. Die Durchschnittserträge liegen z. Z. unter denen des Kleegrasbaues, können diese bei entsprechendem Aufwand aber überschreiten. In Europa verliert sie mit zunehmender Winterlänge an Bedeutung und nimmt flächenmäßig vom Westen nach Osten ab. Die günstigsten Bedingungen für die Dauerweide herrschen in Neuseeland. Von dort beginnt sich das periodisch erneuerte Grünland als ertragsstärkste Form der Weide auch auf Westeuropa auszubreiten. Der Vorteil des periodisch erneuerten Grünlandes besteht in der Ausschöpfung des Wachstumspotentials leistungsstarker Zuchtsorten von Klee- und Grasarten für eine vieljährige Nutzung. Es stellt somit eine Annäherung zum Feldfutterbau dar.
6. Feldfutterbau wird zur Aufrechterhaltung der Ertragsfähigkeit des Bodens und zur Futtergewinnung betrieben. Die natürlichen Umweltverhältnisse

sind für den Zweck maßgebend. Im Weltmaßstab überwiegt das erste Motiv. — Unterschieden wird zwischen dem reinen Feldgrasbau, dem Kleegras- oder Luzernegrasbau und dem Anbau annueller Futterpflanzen. Da der Aufwand beim Feldfutterbau höher liegt als bei der Dauerweide, muß dieser Aufwand durch höhere Erträge gerechtfertigt sein.

7. Der reine Feldgrasbau dient zur Gewinnung von Zusatzfutter in Steppengebieten mit Sommerregen, wo keine Leguminosen gedeihen. Mineralische N-Düngung ist zur Verbesserung des Futteranfalles und der Humusbildung notwendig. — In den Subtropen wird die Wüchsigkeit bestimmter Gräser auch im Feldfutterbau ausgenutzt und Grünfutter, Silage oder Heu gewonnen. —In den Tropen können bei sehr hohen mineralischen Düngergaben Höchsterträge bis zu 850 dt Trs./ha vom reinen Feldgrasbau durch *Pennisetum purpureum* SCHUM. erzielt werden. Der Nährstoffkreislauf tropischer Böden wird dadurch jedoch gestört und bei häufiger Nutzung auch die Erosion gefördert. Bei der in den Tropen selten möglichen Viehhaltung entfällt ferner der Bedarf an Futter am Erzeugungsort. Bei geringen Düngergaben dient der reine Feldgrasbau daher mehr der Strukturerhaltung beim Übergang von der Umlagewirtschaft zur kontinuierlichen Bodenbebauung. — In den gemäßigten Breiten hat der reine Feldgrasbau für die Abwasserverwertung auf Rieselflächen, für eine Winterbeweidung in milden Gebieten und für die Erzeugung von Trockenfutter bei hoher, mineralischer N-Düngung Bedeutung.
8. Der Kleegras- bzw. Luzernegrasbau hat den reinen Feldgrasbau dort verdrängt, wo Kleearten gedeihen. In ackerbaulich genutzten Steppen ist die Strukturerhaltung die wichtigste Aufgabe. In den Sommerregensteppen der nördlichen Hemisphäre ist der Anbau kleeartiger Futterpflanzen schwierig, aber möglich. Der Luzernegrasbau bringt hier geringe Erträge. — Futterleguminosen sind in den südlichen Sommerregensteppen bei Niederschlägen unter 550 mm nicht anbauwürdig. Der Kleegrasbau gelingt dagegen in Steppenzonen mit ausgeglichener Niederschlagsverteilung oder Winterregen. Hier hat er zu einer starken Leistungssteigerung der gesamten Landwirtschaft in den letzten 1½ Jahrzehnten beigetragen.
9. In den polaren Zonen ist die früher vorherrschende Dauerweide durch den Kleegrasbau fast völlig verdrängt worden, der den Heubedarf für die lange Winterfütterungsperiode sichert. Der Kleegrasbau ist der Dauerweide ertragsmäßig beträchtlich überlegen, da die Kleearten die lange Tagesdauer durch eine höhere Assimilationsrate anscheinend besser ausnutzen als die Gräser der Dauerweide. Durch den Kleegrasbau wurde der Ackerbau stark ausgedehnt und die gesamte Landwirtschaft intensiviert. — Der montane Kleegrasbau ersetzt das Berggrünland bis in Höhenlagen, wo Ackerbau noch lohnend betrieben werden kann. Die gegenwärtig angestrebte 1½jährige Hauptnutzung könnte verlängert werden, wenn ausdauernde Kleearten, wie die Mattenkleesorten in der Schweiz, auch in Mitteleuropa anbauwürdig wären.
10. In maritimen Gebieten West- und Mitteleuropas dient der Kleegrasbau in erster Linie der Futtererzeugung; die Strukturerhaltung ist bei hohem Stall-

dunganfall von nicht so großer Bedeutung. Der Kleegrasbau wird begünstigt durch ausgedehnten Ackerbau, leichtere Böden, lange Winteraufstallung, Milchviehhaltung und eine relativ hohe Intensität der Bodennutzung. Er verdrängt die Dauerweide bei schwacher und mäßiger Intensität der Landwirtschaft, verliert aber an Bedeutung, wenn eine sehr hohe Flächenproduktivität angestrebt wird. Diese hohe Flächenproduktivität kann nur durch starke mineralische N-Gaben erreicht werden, wie z. B. in den Niederlanden. Bei der gegenwärtig vorherrschenden Bewirtschaftungsweise ist Kleegras der Dauerweide ertragsmäßig überlegen, annuellen Feldfutterpflanzen, so der Folge: Winterzwischenfrucht — Mais, meistens unterlegen. Durch Verwendung polyploider Sorten können sich die Ertragsrelationen zugunsten des Klees verändern. Bei Wiesenmangel ist der Kleegrasbau unentbehrlich für die Heugewinnung und sollte auch aus Fruchtfolgegründen beibehalten werden.

11. In den Subtropen beginnt der Kleegrasbau den reinen Feldgrasbau zu verdrängen, seit durch die Forschung anbauwürdige Futterleguminosen ermittelt wurden. Er dient in gleichem Maße der Strukturerhaltung für den Anbau wertvoller Marktfrüchte wie der Futterlieferung. Bei qualitativ zufriedenstellendem Futter wird durch den Kleegrasbau auch Milchviehhaltung in den Subtropen möglich. — In den Tropen ist der Kleegrasbau in Höhenlagen möglich, da eine Reihe, meistens importierter, anbauwürdiger Futterleguminosen bekannt ist. Bei entsprechender Zusatzdüngung an Phosphorsäure und Kali könnten in tropischen Höhenlagen große Futtermengen erzeugt und in Gebiete des Bedarfes exportiert oder auch am Erzeugungsort verbraucht werden. — Im tropischen Tiefland befindet sich der Anbau kleeartiger Futterpflanzen noch in den Anfängen. Ein Anbau zur Gründüngung im Plantagenbau ist hierbei die wichtigste Aufgabe.

12. Der Anbau annueller Futterpflanzen als Hauptfrucht, wie Mais und Hirse, gewann in jüngster Zeit an Bedeutung, da hierdurch höhere Flächenerträge als vom Dauergrünland oder Kleegrasbau erzielt werden können. Diese Ertragsüberlegenheit steigt mit zunehmender Trockenheit. Daher stellen annuelle Futterpflanzen besonders in Steppenzonen, die in Ackerbau überführt wurden, eine zunehmend wichtige Futterbasis dar und ersetzen teilweise den ertragsschwachen Luzernegrasbau. Solange Ertragsfähigkeit und Bodenstruktur der Steppenböden darunter nicht leiden, ist die Ausdehnung der Annuellen vom Standpunkt des Futterbaues zu vertreten. Da Hirsen eine bessere Wirkung auf den Boden als der Mais auszuüben scheinen, sollte ihr Anteil erhöht werden. — Zu wenig Gebrauch wird in Trockenzonen von Getreidearten zur Futtergewinnung gemacht, obwohl Saatgut vorhanden und der Anbau relativ sicher ist. Sie können Weidefutter, Heu oder Silage liefern. — In den gemäßigten Breiten liefern Annuelle zusätzlich Saftfutter. Die starke Flächenausdehnung auf Kosten der Futterhackfrüchte ist der besseren Mechanisierbarkeit der annuellen Futterpflanzen zuzuschreiben und zu begrüßen.

13. Der Zwischenfruchtfutterbau beschränkt sich auf wenige Länder Europas, die bei einem hohen Ackeranteil eine starke Flächenproduktivität bevorzugen. Die etwa doppelt so hohen Produktionskosten gegenüber dem Hauptfutterbau können durch Anbau der ertragsstärksten (Winterzwischenfrucht + Zweitfrucht) oder aufwandärmsten Form (Untersaat) etwas vermindert werden. Für die Zukunft hat der Zwischenfruchtfutterbau Bedeutung, wenn die Ertragsfähigkeit des Bodens verbessert, die Zeit der Grünfütterung wesentlich verlängert und bei einer starken Bevölkerungsdichte sowohl die pflanzliche als auch tierische Ernährung aus eigenem Aufkommen gedeckt werden sollen.
14. Der Bewässerungsfutterbau nimmt etwa $^1/_{10}$ aller Bewässerungskulturen ein und hat besonders in ariden Zonen ohne Frosttemperaturen Bedeutung, wo bei zusätzlicher Wassergabe sechs Ernten/anno erzielt werden können. In den alten Kulturländern diente künstliche Bewässerung nur dem Anbau von Körnerfrüchten, da eine Viehhaltung nur gering war und außerhalb der Bewässerungszone betrieben wurde. Diese Tradition hat sich in China, Indien und dem Zweistromland bis heute erhalten. — In den neuen Bewässerungsländern, z. B. in der Sowjetunion und Südafrika, wurde Bewässerungsfutterbau im Rahmen von Fruchtfolgen zur Strukturerhaltung nötig. Dabei zeigte sich, daß Pflanzen mit vorwiegend vegetativer Entwicklung zusätzliche Wassergaben produktiver verwerten als Körnerfrüchte und bedeutend höhere Trs.-Erträge von der Fläche liefern. Insofern wird in Ländern mit überwiegender Veredlungswirtschaft, wie Südafrika und Australien, auch Bewässerungsfutterbau mit Luzerne, Kleegras und annuellen Futterpflanzen in größerem Umfange betrieben. Dadurch können die futterarmen Zeiten der Steppenweiden überbrückt und eine leistungsstarke Milchviehhaltung auch in diesen Zonen aufgebaut werden. Gleichzeitig wird der Vorfruchtwert für die anderen Bewässerungskulturen verbessert. Die Erträge des Bewässerungsfutterbaues liegen etwa fünfmal höher als die des gewöhnlichen Feldfutterbaues und schätzungsweise zwanzigmal höher als die der Steppenweiden. Durch Einführung des Bewässerungsfutterbaues könnten die Erträge von Reis und Getreide in den alten Bewässerungsländern, z. B. in Indien, wesentlich gesteigert und zusätzlich Futter für die starke Rindviehhaltung erzeugt werden. — Die Ertragsrelationen des Bewässerungsfutterbaues zu den anderen Formen des Futterbaues sind in den gemäßigten Breiten geringer als in den ariden Zonen. Trotzdem verwerten Futterpflanzen zusätzlich angebotenes Wasser produktiver als andere Feldkulturen. Höchsterträge werden bei Beregnung vom reinen Feldgrasbau mit hoher Mineraldüngung erzielt. — Aus Gründen erhöhter Wirtschaftlichkeit sollten in den gemäßigten Breiten Beregnungsanlagen für eine vielseitige Nutzung (Futterpflanzen + Marktfrüchte) geschaffen werden.
15. Die Dauerwiese spielt im Weltmaßstab eine untergeordnete Rolle. Ihre Daseinsberechtigung als reine Mähwiese ist nur dort gegeben, wo lange Aufstellungszeiten Rauhfutter erfordern, hohe Erträge die kostspielige Heu-

werbung noch lohnend gestalten, die Trittfestigkeit der Narbe nicht gewährleistet ist und keine bessere Möglichkeit der Rauhfuttergewinnung, z. B. durch Kleegras besteht. Die reine Dauerwiese wird daher auf ihre „absoluten“ Standorte zurückgedrängt, da sie der Dauerweide ertragsmäßig unterlegen ist. Sonst ist die Mähweide die günstigste Nutzungsform, die in Mitteleuropa erst nach umfassenden Meliorationen zu erreichen ist. — Auf Moorstandorten ist, bei Beherrschung des Wasserfaktors, eine Acker-Grünland-Wechselnutzung oder das periodisch erneuerte Grünland anzustreben.

16. Nahezu $^2/_3$ der landwirtschaftlichen Nutzfläche der Erde werden von Grasländereien eingenommen. Trotz dieser großen Flächenausdehnung werden vom Grasland nur 10%, vom Ackerland dagegen 90% der Nahrungsmittel für die Menschheit gewonnen. Diese Relation zeugt von der wenig ausgenutzten Leistungsreserve des Graslandes im Weltmaßstab. Durch die Forschung sind Möglichkeiten zur Leistungsverbesserung des Graslandes eröffnet worden. Diese Möglichkeiten gilt es durch internationale Zusammenarbeit zu nutzen.

РЕЗЮМЕ

Была сделана попытка оценить различные формы возделывания кормовых растений в мировом масштабе и обсудить их проблематику. Описываются происхождение, развитие, теперешний объем, методы производства, урожаи и возможности улучшения важнейших форм возделывания кормовых растений. При этом были обсуждены: Постоянное пастбище в полупустынях, в трех важнейших типах степи с зимним дождем, летним дождем и с распределенными осадками, в саваннах и умеренных широтах; возделывание злаковых трав на полях в степи, в субтропиках, тропиках и в умеренных широтах; возделывание смеси злаковых склевером или злаковых с люцерной в континентальных, полярных, морских, субтропических и тропических условиях окружающей среды; возделывание однолетних кормовых растений в качестве главной и промежуточной культуры; возделывание кормовых растений с орошением и форма постоянного луга. Для распознавания причин настоящего значения и взаимных отношений отдельных форм возделывания кормовых растений использовался изолирующий метод исследования. При этом прежде всего обсуждались естественные условия окружающей среды, других в экономическом и социологическом отношениям для оформления возделывания кормовых растений важных факторов коснулись лишь постольку, поскольку это было необходимо для понятности.
Благодаря сравнительному наблюдению и оценке результатов многочисленных опытов удалось показать возникшее из-за недооценки, неправильное развитие возделывания кормовых растений и разработать предложения для будущего развития отдельных форм возделывания кормовых растений в различных климатических зонах. Подчеркивается необходимость тесного международного исследования с тем, чтобы определить для каждой климатической зоны взаимное разграничение различных форм возделывания кормовых растений и чтобы иметь возможность соблюсти допустимую интенсивность пользования. В 16 пунктах подводятся итоги разультатов исследований.

SUMMARY

It was attempted to assess the various forms of forage production at international level and discuss the problems involved. The origin, development, present extent, managemental methods, yields and possibilities of improvement of the most important forms of forage production are outlined. The following subjects were discussed: permanent pasture in semi-deserts, the three most important types of steppe with winter rain, summer rain resp. distributed precipitations, in savannahs and temperate regions, pure field grass cropping in steppes, subtropical, tropical and temperate regions, clover/grass resp. alfalfa/grass growing under continental, polar, mountainous, maritime, subtropical and tropical environmental conditions, cultivation of annual forage crops for the utilization of main and catch crops, forage production with irrigation and permanent meadow.
For determining the causes of the present importance and mutual relations of the individual forms of forage production the isolating method of examination was employed. Primarily the natural environmental conditions were dealt with. Other economic and sociological factors important to the development of forage production were touched only as far as was regarded necessary for understanding.
By comparing and evaluating numerous results of examination it was possible to point out misdevelopments caused by disregarding forage production and to make proposals concerning the future development of the individual forms of forage production in various climatic regions. The necessity of a close international research is stressed so as to find out the most favourable mutual demarcation of the various forms of forage production for each climatic region and to maintain the intensity of utilization. The results of the examinations are summarized by 16 points.

LITERATURVERZEICHNIS

[1] ACHARYA, C. N. und J. IHA: Studies on the building up of soil fertility by phosphatic fertilization of legumes. Influence of a legume rotation on the microbiological properties of legumes. J. Indian Soc. Soil Sci. **2**, 21—28, Juni 1954.

[2] ADDISON, H.: Land, Water and Food. London, Chapman and Hall, LTD, 248 S. (1955).

[3] AGARWAL, R. R. und J. S. R. YADAV: Saline and Alkali Soils of the Indian gangetic Alluvium in Uttar Pradesh. J. Soil Sci. **5**, 300—06, Juli 1954.

[4] AGERBERG, L. S.: Vallangäggning enligt 20 ars erfarenheter fran försöksverksamhet och jordbruksdrift vid försöksgardarna i Norrbotten. Kungl. Lantbrukshögskolan Statens Lantbruksförsök, Statens Jordbruksförsök. Medd. Nr. 90, 1—67 (1958).

[5] AGRAWAL, A. N.: Indian Agriculture and its Problems. Ranjit Printers and Publishers, Delhi 1951.

[6] Agriculture in Asia and the Far East: Development and Outlook. FAO, Rome, Sept. 1953.

[7] Agriculture in the World Economy. FAO, Rome, 76 S. (1957).

[8] Agricultural Legislation in India, Vol. 8 ,,Agric. Production and Development" Ministry of Food and Agric., Gov. of India Press, Delhi 1952.

[9] Agricultural Statistics. United States, Gov. Printing Office, Washington 1950.

[10] Agricultural Statistics. US Dep. of Agric., US Gov. Pr. Office, Washington 1955.

[11] AIYER, A. K. Y. N.: Field Crops of India. The Bangalore Print. and Publishing Co. LTD Bangalore City, 4. Edition (1954).

[12] ALBERTSON, F. W., G. W. TOMANEK und A. RIEGEL: Ecology of drought cycles and grazing intensity on grasslands of central great plains. Ecolog. Monogr. **27**, 27—44, Jan. Hays, Kans., Fort Hays Kansas State Coll. (1957).

[13] ALDER, F. E.: Some effects of fertilizers on the output of leys with particular reference to extension of the grazing season. J. Brit. Grassland Soc. **9**, 29—33, März, Hurley, Berks, Grassland Res. Stat. (1954).

[14] ALEXEJEW, M. A.: Das grüne Fließband. Berlin 1952: Dt. Bauernverl.

[15] ANDREAE, B.: Die Feldgraswirtschaft in Westeuropa. 138 S. Berlin, 1955: Verl. Paul Parey.

[16] ANDREW, C. S. und W. W. BRYAN: Pasture studies on the coastal lowlands of subtropical Queensland. III. The nutrient requirements and potentialities of Desmodium uncinatum and white clover on a lateritic podzolic soil. Austrl. J. agric. Res. **9**, 267—85, Mai 1958.

[17] ANDREW, W. D. und C. A. NEAL-SMITH: The effect of associate perennial grasses on a simple pasture mixture of Phalaris and subterranean clover. Austr. J. agric. Res. **7**, 367—76, Sept. 1956.

[18] Annual Review of World Production and Consumption of Fertilizers, FAO, Rome, Nov. 1955.

[19] ANTHONY, K. R. M. und S. G. WILLIMOTT: A study of soil fertility in Zandeland. Empire J. exp. Agric. **24**, 75—88, Jan. 1956.
[20] A summary of some aspects of agricultural experimental work, Grassland work. Nyasaland Fenr. For. **4**, Nr. 3, 6—7 (1957/58).
[21] BADE, F.: Brot für ganz Europa, 230 S. Hamburg und Berlin 1952: Verl. Paul Parey.
[22] BADEN, W.: Nachhaltige Verbesserung von Grünland auf Moor und Anmoor. Mitt. d. DLG **72**, 413—16, April und 441—43, Mai 1957.
[23] BADEN, W., D. SCHRÖDER, A. JANNER, L. SCHNEIDER: Ertragsverhältnisse und Leistungssteigerung auf nordwestdeutschem Moorgrünland. Mitt. ü. d. Arb. d. Moorvers. Station Bremen VII 1952.
[24] BADEN, W. und JANNER, A.: Intensivierung der Grünlandnutzung auf Niedermoorböden mit Übergängen zu Mineral- und Marschböden. Landw.-Angew. Wissenschaft Nr. 67, 5—84 Hiltrup/Westfalen 1957: Landw. Verl. GmbH
[25] BARNES, C. P.: Environment of Natural Grassland. Yearbook of Agriculture, Grass, 45—55. US Dep. of Agric. US Gov. Print. Office, Washington 1948.
[26] BARNES, O. K. und A. L. NELSON: Mechanical Treatment for Increasing the Grazing Capacity of Shortgrass Range. Bulletin Nr. 273. Univ. of Wyoming, Agric. Exp. Station (1945).
[27] BASSON, W. J.: Glycine javanica as a permanent legume in subtropical citrus orchards. Farming South Africa **30**, 411—12. Sept. 1955.
[28] BAUMANN, H. und W. KREIL: Die Weideberegnung. Dt. Landwirtschaft **5**, 496—500, Okt. 1954.
[29] BAYER, A. W.: The Ecology of Grasslands, (S. 539—50) aus: „The Grasses and Pastures of South Africa" von D. Meredith, 771 S. Print. in the Union of South Africa by Cape Times Limited. (1955).
[30] BENNETT, G. M.: Phalaris tuberosa in Hawkes Bay. New Zealand J. Agric. **98**, 553—58 15/6 (1959).
[31] Bericht über die Lage der Landwirtschaft gemäß § 4 des Landwirtschaftlichen Gesetzes. Grüner Bericht, 1957.
[32] BHARUCHA, F. R. und K. A. SHANKARNARAYAN: Studies on the Grasslands of the Whestern Ghats, India. J. Ecology **46**, 681—705, Bombay. 1958
[33] BIRCH, H. F. und M. T. FRIEND: The organic matter and nitrogen status of East African soils. J. Soil Sci. **7**, 156—67, Jan. 1956.
[34] BLAKE, C. A.: Phalaris as special-purpose on dairy farms. New Zealand J. Agric. **93**, 437—39, 15/11 (1956).
[35] BLATTMANN, W.: Ein Beitrag zur Frage Dauerweide oder Kleegrasweide. Landbauforschung Völkenrode H. 2 (1957.)
[36] BLIN, H.: Prairies temporaires, prairies artificielles et amélioration du sol. Agric. prat. **121**, 172—74, Apr. 1957.
[37] BLYDENSTEIN, J., C. R. HUNGERFORD, GERALD. I. GAY und R. R. HUMPHREY: Effect of domestic livestock exclusion on vegetation in the Sonorandesert. Ecology **38**, 522—26, Juli 1957.
[38] BOER, T. A. de: Grünlandvegetationskartierung in den Niederlanden. Angew. Pflanzensoziologie, Festschr. Aichinger **2**, 1232—34 (1954).
[39] BOER, T. A. de, W. D. JAGTENBERG: De grazopbrengsten in 1955. Verlag Centr. Inst. landbouwkund. Onderzoek, 82—88, Sept. 1956.
[40] BOGDAN, A. V.: Herbage plants at the grassland research station Kitale, Kenya. East African agric. J. Kenya, Tranganyika, Uganda, Zanzibar **20**, 151—65, Jan. 1955.
[41] BOGDAN, A. V.: Indigenous clovers of Kenya. East African agric. J. Kenya, Tanganyika, Uganda, Zanzibar **22**, 40—45, Juli 1956.
[42] BOGDAN, A. V.: The selection of tropical ley grasses in Kenya. General Considerations and methods. East African agric. J. Kenya, Tanganyika, Uganda, Zanzibar **24**, Nr. 3. 206—17, Jan. 1959.

[43] BOUCHE, J. und P. COLAS: La révolution fourragère en Champagne Crayeuse. Bull. Engrais Nr. 400, 3—6, Okt. 1957.
[44] BROSGUL, M. M.: Die Fruchtfolgen in den Sowchosen. Die sozialistischen staatlichen Landwirtschaftsbetriebe in der UdSSR. Berlin 1953: Dt. Bauernverlag.
[45] BROUWER, W. und K. H. MARTIN: Untersuchungen über Beregnung und Zusatzdüngung. Wasser und Nahrung H. 1, 36—41 (1957/58).
[46] BULL, L. B.: Some Advances in Research on Problems of the Animal Industry in Australian during the last 25 Years. Emp. J. of Exp. Agric. **26**, Nr. 102, 92—103, April 1958.
[47] BULLER, R. E. und M. GONZÁLEZ: Performance of alfalfa varieties, red clover, and alsike clover grown under irrigation at approximately 8800 feet above sea level in Mexico. Agronomy J. **50**, 19—22 Jan. 1958.
[48] BUMPUS, E. D.: Legume nodulation in Kenya. I. Exploratory experiments. East African agric. J. Kenya, Tanganyika, Uganda, Zanzibar **23**, 91—99, Okt. 1957.
[49] CALLAGHAN, A. R.: Balancing Development of new and old lands in Southern Australia. J. of the Austral. Inst. of Agric. Sci. **20**, Nr. 2, 105—11 (1954.)
[50] CALLAGHAN, A. R.: Land development in South Australia. Brit. agric. Bull. **7**, 6—13, Mai 1956.
[51] CALLAGHAN, F. R.: Pasture Research and Development in New Zealand. Emp. J. Exp. Agric. **26**, 152—68, April 1958.
[52] CAMPBELL, D. A.: A conservation farming system for New Zealand hill country. New Zealand J. Agric. **95**, 161—72, 15/8 (1957).
[53] CAPUTA, J.: Etude des variéties de trèfle violet *(Trifolium pratense)*. Schweizer Landw. Monatshefte **37**, 199—205, April/Mai 1959.
[54] CARTMILL, W. J.: Irrigated Pastures. Rep. Dep. Agric. Stoc. Queensland, Brisbane 1957/58.
[55] CASSIDY, G. J.: Gympsie Farmers try Townsville Lucerne. Queensland Agric. J. **84**, No. 7, 394—97, July 1958.
[56] CASTRO, J. de: Geography of Hunger. London 1955: Victor Gollancz LTD.
[57] CHILD, R., N. A. GOODCHILD und J. R. TOOD: A fertilizer experiment with Napier grass. Emp. J. exp. Agric. **23**, 220—25, Juli/Okt. 1955.
[58] COLLIER, I. A.: The reclamation and improvement of land in New Zealand for sheep farming. J. Brit. Grassland Soc. **12**, 284—85, Dez. 1957.
[59] COOKE, G. W. und H. V. GARNER: The importance of organic matter in crop production. J. Roy. agric. Soc. England **115**, 27—40 (1954.)
[60] CORBETT, J. L.: Studies on the extension of the grazing season. 1. The evaluation of selected strains of some grass species for winter grazing. J. Brit. Grassland Soc. **12**, 81—96, Juni 1957.
[61] CORBETT, J. L.: Studies on the extension of the grazing season. 2. Pasture management for foggage production. J. Brit. Grassland Soc. **12**, 187—96, Sept. 1957.
[62] CORBY, H. D. L.: Tropical Legumes for better Pasture. Queensl. agric. J. **84**, Nr. 9, 527—36 (1958).
[63] CORKILL, L.: Pasture plant breeding in New Zealand. Agric. Rev. **3**, Nr. 6, 31—37, Nov. 1957.
[64] CRAVEN, E. H.: Lucern knows no drought and improves poor soil. Farming South Africa **33**, Nr. 2, 20—22, Mai 1957.
[65] CREHU, F. du: Le chou fourragère. Étude biologique Problèmes variétaux. Ann. Amélior. Pl. Paris **7**, Nr. 3, 313—36 (1957).
[66] CUTHBERTSON, E. G.: Pasture Management in the Western Macquarie Region. Agric. Gaz. New South Wales **68**, 2—8, 46, Jan. 1957.
[67] DABAGHAO, P. M.: A field experiment on natural grassland in the former baroda state. Indian J. agric. Sci. **24**, 239—52, Sept. 1954.
[68] DANN, R. P.: Pasture Species for the South-West. Agric. Gaz. New South Wales **68**, 618—23, Dez. 1957.

[69] DAVIES, W.: The Grass Crop, its Development, Use, and Maintenance. London 1954: E. u. F. N. Spon, LTD.
[70] DAVIES, W.: Das englische Wechselwirtschaftssystem (Ley farming). In: Eurp. Wirtschaftsrat, Arbeitstagung, 31—35 (1954a).
[71] DAVIES, W.: The grassland environment. Proc. Nutrit. Soc. **16**, 1—38 (1957).
[72] DAZ, O.: Adaption of Plants and Animals (S. 250—54) aus: „The Future of Arid Lands" v. G. F. White, Public. Nr. 43 of the Amer. Ass. for the Advancement of Science, Washington DC. Sec. Print. (1957).
[73] DEGENAAR, S. A.: Methods of soil cultivation. Farming South Africa **29**, 372—73, 376 Aug. 1954.
[74] DEMIDENKO, T. T. und M. I. PETRENKO: *) Zwischenreihennutzung — eine Möglichkeit zusätzlicher Erzeugung eiweißhaltigen Futters. Ackerbau **5**, Nr. 12, 52—55, Dez. 1957.
[75] DEMIDENKO, T. T. und M. I. PETRENKO:*) Mischanbau mit Mais in der Ukrainischen SSR. Ackerbau **4**, Nr. 11, 75—78, Nov. 1956.
[76] Dep of Agric., Nyasaland: A Summary of some aspects of agricultural experimental work 1957/58, Grassland work. Nyasaland Fmr. For. **4**, Nr. 3, 6—7 (1958).
[77] DEQUIN, H.: Milchviehhaltung in den Wüstengebieten Arabiens. Der Tierzüchter **11**, Nr. 13, 344—46, 5/7 (1959).
[78] Der Europäische Wirtschaftsrat — Handbuch OEEC: Herausgegeben vom Bundesministerium für wirtschaftliche Zusammenarbeit. Verl. f. Publizistik GmbH. Bad Godesberg: 1956.
[79] DESROCHES, R.: Le ray-grass italien „la meilleure et la pire" des graminées fourragères. Bull. Engrais 1957, Nr. 398, 3—7, Juli/Aug. 1957.
[80] DIELS, L.: Pflanzengeographie. Samml. Göschen, Bd. 389, Berlin 1945: W. de Gruyter.
[81] DINGSWALL, A. R.: High country tussock grassland improvement in Canterbury. New Zealand J. Agric. **91**, 554—55, Dez. 1955.
[82] DOEHRING, W.: Die Bewässerungsgebiete der Erde. Kali-Briefe, Fachgeb. 3, **4**, Nr. 4, 1—12, April 1958.
[83] DORMAN, I.: *) Aussaat von Mais in Baumwollfruchtfolgen. Erf. Aust. i. d. Landw., Serie Getreide und Futterpflanzen, Nr. 12, Arb. Nr. 89, 1—3 Dez. 1956.
[84] DRAKE, F. R. und J. K. KEHOE: Pasture trials on the Marlo plains. J. Dep. Agric., Victoria **52**, 529—36, Dez. 1954.
[85] DREAU, G.: Enfin du pâturage durant l'été grâce au dactyle. Agric. prat. **120**, 277—79, Juni 1956.
[86] DULEY, F..L. und I. I. COYLE: Farming where rainfall is 8—20 inches a year. Yearbook of Agriculture, Water, 407—15. Washington 1955: US Print. Office.
[87] DURING, C.: Pasture topdressing in North Island. New Zealand J. Agric. **93**, 40—55, 16/7 (1956).
[88] DÖRING, C.: Pasture topdressing in North Island. New Zealand J. Agric. **93**, 159—68, 15/8 (1956).
[89] EBERT, D.: Ein Beitrag zur Frage des Leguminosengrasbaues. Dt. Landwirtschaft **8**, 190—95, April 1957.
[90] ELLENBERG, H.: Wiesen und Weiden und ihre standörtliche Bewertung. 143 S. Stuttgart 1952: Eugen Ulmer.
[91] ELLIOTT, A. G.: South Island pasture seed mixtures. New Zealand J. Agric. **94**, 152, 15/2 (1957).
[92] ENGLER, A. und K. PRANTL: Die natürlichen Pflanzenfamilien nebst ihren Gattungen und wichtigeren Arten. III. Teil, 3. Abtl. Leipzig 1894.
[93] EVANS, J. B.: The Possibilities of Beef Production in Southern Africa. Emp. J. of Exp. Agric. **18**, Nr. 70, 81—94, April 1950.

[94] EVENARI, M., D. DOLLER: Desert Agriculture: Problems and Results in Israel (S. 390—418) aus: ,,The Future of Arid Lands“ v. G. F. White. Public. No. 43 of the Amer. Ass. for the Advancement of Science, Washington DC. Sec. Printing (1957).
[95] EVERIST, S. L.: Our best Fodder Trees. Qd. agric. J. **84**, No. 10, 581—82 (1958.)
[96] FAITHFUL, W.: Seed production in New Zealand chewings fescue. New Zealand J. Agric. **95**. 293, 295, 297, 299, 16/9 (1957).
[97] FAO: Agriculture in Asia and the Far East. Development and Outlook, FAO, Rome, Sept. 1953.
[98] FAO Report of the first Meeting of the FAO Working Party on the Development of the Grazing and Fodder Resources of the Near East (1956). Agric. Division, FAO of the United Nations, May, Rome.
[99] FAO Yearbook of Food and Agricultural Statistics Part. I Production, Rome 1954 und 1956.
[100] FERRER, M.:*) Zacate Merkeron para regiones tropicales. Agric. Aic. Mer. Nr. 5. 8—10 und 52 (1957/58).
[101] FISHER, A.: The Grass Ley in South Africa (S. 685—96) aus: ,,The Grasses and Pastures of South Africa“ v. Meredith. Print. in the Union of South Africa by Cape Times Limited 771 S. (1955).
[102] FOURASTIÉ, J.: Die große Hoffnung des 20. Jahrhunderts. Köln-Deutz 1954: Bund Verlag GmbH.
[103] FRENZEL, K.: Künstliche Bewässerung in Australien. Bremen-Horn 1957: Walter Dorn-Verl.
[104] FUCHS, K.: Weiden- und Futterverbesserung. AID-Heft Nr. 90 (1955).
[105] FÜRSTE, K.: Anbauerfahrungen mit Alexandrinerklee. 1. Mitt. Z. f. Acker- u. Pflanzenbau **107**, 317—30, Jan. 1959.
[106] GAJEWSKAJA, L. Ss. und JE. Ss. KRASSNOPOLIN:*) Pflanzenwechsel auf Schafweiden in der Lehmwüste und Vorgebirgshalbwüste Mittelasiens unter dem Einfluß der Beweidung. Bot. J. **41**, 962—75, Juni 1956.
[107] GANGSTAD, E. O.: Grass for the prairie. Garden J. New York bot. Garden **6**, 188—89, 198, Nov./Dez. 1956.
[108] GARANINA, L.:*) Platterbsen-Saaten zur Gründüngung unter Baumwolle und als Futterpflanze. Baumw. Wirtsch. **7**, Nr. 10, 26—29, Okt. 1957.
[109] GARAUDEAUX, J.: Tout agriculteur peut améliorer ses prairies. Potasse **31**, 95—99, Mai/Juni 1957.
[110] GARLAND, K. R.: Irrigation of ,,Mallee fringe“ soil, Phalaris and Rhodes grass do well. J. Agric., Victoria **55**, 172—87 (1957.)
[111] GARLAND, K. R.: Productivity of pastures in Victoria's North-West irrigation area. J. Agric. **55**, 695—97, 699, 701, 703, 705—06 (1957).
[112] GARNER, F. H.: Ley farming in the fens. J. Brit. Grassland Soc. **10**, 96—105, Juni 1955.
[113] GIOBEL, G. und E. AKERBERG: Swedish Grasslands. Kungl. Lantbrukshögskolan and Statens Lantbruksförsök Statens Jordbruksförsök, publ. in co-operation with Sveriges Fröodlareförbund and Svensk Frötidning (1953).
[114] GÖRLITZ, H.: Ergebnisse der Stickstoffsteigerungsversuche auf Wiesen 1954—1957. Z. f. landw. Versuchs- u. Untersuchungswesen **4**, H. 6, 497—506 (1958).
[115] GÖTZ, W.: Technik und Futtermaisanbau. Technik und Landwirtschaft **8**, 289—91 (1956).
[116] GRAHAM, J. A.: Value of short-rotation ryegrass in the Manawatu. New Zealand J. Agric. **88**, 530—33, 15/6 (1954).
[117] GRAUMANN, H. O.: Creeping Alfalfa. Crops and Soils **10**, Nr. 4, S. 4 (1958).
[118] GREENWAY, P. J.: Ecological observations on an extinct East African volcanic mountain. J. Ecology **43**, 544—63, Juli 1955.

[119] GREIG, D. M.: The future of land development in New Zealand. Proc. New Zealand Soc. Animal Product. **14**, 45—51 (1954).
[120] GRIERE, L.: Prairie naturelle oú prairie temporaire. Bull Engrais 1956, Nr. 383, 16—19 (1956).
[121] GROF, B.: Elephant grass shows promise for grazing. Queensland Agric. J. **84**, Nr. 2, 70—73, Febr. 1958.
[122] GUNNING, B. A.: Land development on cut-over pine forests at Tokoroa. New Zealand J. Agric. **93**, 20—26, 16/7 (1956).
[123] GUYER, H.: Die Eignung von Ladino-Weißklee unter schweizerischen Umweltverhältnissen. Schweiz. Landw. Monatshefte **37**, 206—11, April/Mai 1959.
[124] HALL, T. D., MEREDITH, D. und R. E. ALTONA: Production from grassland in South Africa. Emp. J. of Exp. Agric. **18**, Nr. 69, 8—18 (1950).
[125] HALLSWOOTH, E. G. und G. J. CLOWES: The Composition of some coastal Pastures in New South Wales and its Relationship to Milk Production. Emp. J. Exp. Agric. **28**, Nr. 69, 60—80, Jan. 1950.
[126] HALONEN, REINO ja JUUSELA und TANELI: Suomen peltojen maalajit, muikkauskerrookson syvyys js maan happamuus. (The soil types of the fields in Finland, the depth of the tilled layer and the acidity of the soil). Maatalousticteellinen Aikakauskirja **29**, 150—66 (1957).
[127] HARLAN, J. R.: Theory and Dynamics of Grassland Agriculture. 281 S. Princeton, New Jersey, Toronto, London, New York 1956: D. van Nostrand Comp. Inc.
[128] HART, J.: Growing millets in Queensland. Qd. agric. J. **84**, Nr. 12, 703—13 (1958).
[129] HAYLETT, D. G.: Advances in Crops and Pastures in the Union of South Africa in the last twenty-five Years. Emp. J. of Exp. Agric. **26**, 169—82, April 1958.
[130] HAYS, O. E.: Legumes seeded in corn. Soil conservat. **22**, 226—27, Mai 1957.
[131] HENNING, H.: Der Schafschwingelsamenbau in der Griesen Gegend Mecklenburgs unter besonderer Berücksichtigung der unterschiedlichen Wurzelentwicklung der Herbst- und Frühjahrsaussaat. Wiss. Z. d. Univ. Rostock, Math.-Naturw. Reihe, 2. Jg., H. 4 (1954).
[132] HILL, D.: Das dänische Beispiel. Eine Schriftenreihe für Landwirtschaft, H. 3, Berlin und Hamburg 1957: Verl. Parey.
[133] HOFFMANN, E.: Grundriß der Ernährungswirtschaft. Stuttgart 1952: Verlag Eugen Ulmer.
[134] HOFFMANN, E.: Statistische Daten über die Landwirtschaft Finnlands. (unveröffentlicht) (1955).
[135] HORNE, F. R.: Basic factors in Herbage Production. J. of the Brit. Grassland Soc. **14**, Nr. 1, 1—6, März 1959.
[136] HÜBNER: Ergebnisse einer Herkunftsprüfung mit Alexandrinerklee (*Trif. alexandrinum* L.). Tierzüchter **10**, Grünland **7**, 73—76, 5/12 (1958).
[137] HUGHES, G. P.: Tall fescue and lucerne drills for winter and summer grass. J. Brit. Grassland Soc. **10**, 135—38, Juni 1955.
[138] HUGHES, G. P.: The production and utilization of winter grass. J. agric. Sci. **45**, 179—201, Dez. 1954.
[139] HUNT, I. V.: Grassland management in New Zealand. Scott. Agric. **37**, 61—64 (1957).
[140] HURWITZ, S.: The cereals in the crop rotation. Ktavim (Rec. agric. Res. Stat., Israel) **4**, Nr. 3, 5—24, Nov. 1955.
[141] IKONNIKOW, W. K.: *) Die Agrotechnik mehrjähriger Futterpflanzen in Abhängigkeit vom Bodenrelief. Ackerbau **5**, Nr. 12. 56—58, Dez. 1957.
[142] ILIJEW, A.: *) Die Ausweitung des Futterbaues in Bulgarien. Landw. Blatt **1**, 150—55. Sofia (1956).
[143] JACOBSEN, A. P.: Die dänische Landwirtschaft. Ber. üb. Landw. N. F. **34**, 713—25 (1956).

[144] JÄNTTI, A.: Der Stickstoffhaushalt des Grünlandes unter verschiedenen klimatischen Bedingungen. Vortrag, geh. a. d. Intern. Grünlandtagung der DAL, Berlin, 16./17. 6. (1958.)
[145] JASNY, N.: Die Landwirtschaft in der Sowjet-Union. Agrarwirtschaft **7**, H. 8, 248—55, August 1958.
[146] JESSUP, R. J.: Potatoes and soil fertility. Agric. Gaz. New South Wales **69**, 99—101, Febr. 1958.
[147] JEWELL, C. A. und R. S. TAYLOR: Grassland Irrigation. Agriculture **65**, 27—32, April 1958.
[148] JONES, M.: Grass- its production and use all the year round. J. Brit. Grassland Soc. **10**, 107—13, Juni 1955.
[149] JORDAN, S. M.: Reclamation and Pasture management in the semiarid Areas of Kitui District, Kenya. East African agric. J. Kenya, Tanganyika, Uganda, Zanzibar **23**, 84—88, Okt. 1957.
[150] JORDAN, H. V., S. P. CROCKETT und C. E. BARDSLEY, Jr.: Some effects of Kudzu versus continous corn on soil properties and crop yields. Soil Sci. Soc. America, Proc. **20**, 225—27, April 1956.
[151] JUNGEHÜLSING, H.: Lohnt der Zwischenfruchtbau noch? Dt. Landw. Presse **80**, 435, Nov. 1957.
[152] KADAMOW, Ss. M.:*) Sorghum — eine hochertragreiche Futterpflanze. Ackerbau **6**, Nr. 3, 61—65, März 1958.
[153] KALTOFEN, H.: Ertragssteigerung und Senkung des Pflegeaufwandes auf Weiden. Dt. Landwirtschaft **10**, H. 7, 326—29 (1959).
[154] KASDORF, K.: Frühjahrsfrüh- und Spätherbstweide. Diss. Rostock 1955.
[155] KELLOGG, C. A.: Grass and the Soil. Yearbook of Agriculture — Grass. US Gov. Pr. Office, Washington. 49—55 (1948).
[156] KERGUELEN, M.: Les legumineuses ont-elles encore leur place dans la prairie temporaire? Bull. Engrais 1958, 43—48, März 1958.
[157] KERMANN, K.: Landwirtschaftlicher Aufbau in unterentwickelten Ländern. Bremer Aussch. f. Wirtschaftforsch., Bremen 1954: Friedr. Trüjen-Verl.
[158] KERR, J. A. und A. C. ARVIER: Sweet Sudan grass — a new variety. Queensland agric. J. **78**, 187—90, April 1954.
[159] KLAPP. E.: Wiesen und Weiden. Berlin und Hamburg 1954: Verlag Parey.
[160] KLAPP, E.: Mäheklee oder Weidekleegras? Z. f. Acker- und Pflanzenbau **109**, H. 1, 1—32 (1959).
[161] KLAUDER, G.: Stand und Absatzverhältnisse der neuseeländischen Vieherzeugnisse. Ber. üb. Landw., Neue Folge, **34**, 317—46 (1956).
[162] KOECHLIN, J. und J. ROCHAIN: Introduction de plantes fourragères dans la vallée du Niari (Afrique équatoriale française). C. R. hebd. Séances Acad. Sci. Paris, **244**, 2180—82, 15/4 (1957).
[163] KÖHNLEIN, J.: Futterbau und Bodenfruchtbarkeit. 9. Sonderheft zur Z. Landw. Fo., 20—31 (1957).
[164] KÖHNLEIN, J. und H. VETTER Ernterückstände und Wurzelbild. 138 S. Berlin und Hamburg 1953: Verl. Parey.
[165] KÖHNLEIN, J., H. FISCHER und H. WEISSENBERG: Über die Ausdauer von Hochzuchtgräsern auf dem Dauergrünland. Z. Acker- u. Pflanzenbau **99**, 294—314, Mai 1955.
[166] KÖHNLEIN, J. und N. FENSE: Über den Maisanbau in Schleswig-Holstein. 2. Mitt. Die Erträge von Silomais im Vergleich mit anderen Futterpflanzen in Schleswig-Holstein und Erfahrungen bei der Konservierung. Tierzüchter **9**, Grünland **6**, 36—38, 5/5 (1957).
[167] KÖNNECKE, G.: Forschungsaufgaben und Feldversuche 1953—55 des Institutes für Acker- und Pflanzenbau der Martin-Luther-Universität Halle-Wittenberg. Köthen 1956, 382 S.

[168] KOMMODOW, W. W.:*) Verbesserung der Weiden an Hängen im Zentralen Schwarzerdegebiet. Ackerbau **5**, Nr. 7, 62—64, Juli 1957.
[169] KOTOWA, G. P. und W. A. FJEDOROW:*) Methoden der Aussaat von Grünmais im Zentralen Schwarzerdegebiet. Ackerbau **5**, Nr. 5, 32—39, Mai 1957.
[170] KREIL, W.: Der Weg zu vorbildlichen Weidekomplexen und Weidezentren. Landw. u. Gartenbauausstell. der DDR, Dessau 1959.
[171] KROHN, H. B.: Die Futtergetreidewirtschaft der Welt 1900—54. Ber. ü. Landw., 165. Sonderheft, 144 S., Hamburg und Berlin 1957: P. Parey.
[172] KWASSNIKOW, W. W., Ja. N. MUCHORTOW, N. W. KUSCHILKINA, K. G. TURBIN: Der Einfluß von Sudangras und Sudangrasgemischen auf die Bodenstruktur. Nachr. Landwirtschaftswiss. **2**, Nr. 4, 49—54, April 1957.
[173] KYNEUR, B. W.: Rhodes Grass — Lucerne Pasture at Kairi. Queensland agric. J. **84**, Nr. 7. 358—406, Juli; Nr. 8, 453—460, August 1958.
[174] LACHAUD, J.: Quelques aspects de l'intensification de la production fourragère dans le Sud-Ouest. Bull. Engrais 1957, Nr. 394, 5—8.
[175] LAITY, J.: Long-term rotational pasture. J. Brit. Grassland Soc. **11**, 104—06, Juni 1956.
[176] LAMPRECHT, M. P.: Artificial pastures do well in the Karroo. Farming South Africa **33**, Nr. 10, 13—16, Jan. 1958.
[177] LARIN, W.: Besonderheiten der Grünlandwirtschaft der UdSSR. Stand der Erfassung von Wiesen und Weiden. Vortrag, geh. a. d. Intern. Grünlandtagung der DAL-Berlin, 16/17. 6. (1958.)
[178] LAU, G.: Erfolgreiche Rationalisierung. H. 1 d. Schriftenreihe f. d. Landw., Berlin 1955: Verl. Parey.
[179] LAUDER, B. A.: Lucerne Irrigation Trial at Winchmore. New Zealand J. of Agric. **98**, Nr. 1, 57—60, Jan. 1959.
[180] LENGERKE, A.v.: Anleitung zum praktischen Wiesenbau. 2. Aufl., 394 S. Prag 1844.
[181] LEVY, E. BRUCE: J. Farmers Club No. 6, Wellington 1949.
[182] LEVY, E. BRUCE: Grasslands of New Zealand. 2. Edition, Wellington, 3 22 S. (1955).
[183] LUNDEGARD, H.: Klima und Boden. 5. Aufl. 584 S. Jena 1957: Verl. Gustav Fischer.
[184] LYNCH, P. B.: Pasture production in New Zealand. New Zealand J. Agric. **93**, 77—78, 16/7 (1956).
[185] MACLEAN, S. M.: Meadow fescue. New Zealand J. Agric. **92**, 568—69, 15/6 (1956).
[186] MALIK, H. C.: Studies in Indian clover (Senji) in the Punjab. Indian J. agric. Sci. **25**, 67—71, März 1955.
[187] MATHIESS, H. J. und K. H. SEIBOLD: Die Mechanisierung der Getreideernte in Dänemark und Schweden. AID-Heft Nr. 46 (1953).
[188] McCANN, J.: Pastures on wheat farms in wimmera and mallee report an 1954 competition. J. Dep. Agric. Victoria **53**., 97—104 (1955).
[189] McLACHLAN, K. D.: Phosphorus, sulphur and molybdenum deficiencies in soils from Eastern Australia in relation to nutrient supply and some characteristics of soïl and climate. Austral. J. agric. Res. **6**, 673—84, Sept. 1955.
[190] McNEIL, R. W. und D. C. STEVENS: Lucerne grazing tests in South-Australia. Australas. Irrig. and Past. Imp. **3**, Nr. 9, 26—27 (1958).
[191] McPHERSON, G. K.: Persistency of short-rotation ryegrass under flood irrigation. New Zealand J. Agric. **93**, 272, 15/9 1956.
[192] MEIKLEJOHN, JANE: Nitrogen problems in tropical soils. Commonwealth Bur. Soil Sci., Soils Fertilizers **18**, 459—63 (1955).
[193] MEREDITH, D. und C. J. ROSE: Grasslands in South Africa Agriculture (S. 531—38) aus „The Grasses and Pastures in South Africa" von D. Meredith, 771 S., Print. in the Union of South Africa by Cape Times Limited (1955).

[194] MEREDITH, D., D. C. SCOTT und C. J. ROSE: The Preservation and Utilisation of Grassland Products (S. 672—84) aus „The Grasses and Pastures of South Africa" v. D. Meredith, 771 S. Print. in the Union of South Africa by Cape Times Limited (1955).

[195] MES, M. G., S. SAUBERT von HAUSEN und N. O. van GYLSWYK: A comparative study of the growth and yield of a number of Crotalaria species suitable for green-manuring. South African J. Sci. **53**, 181—85, Jan. 1957.

[196] MILES, L. G. und D. ROSSNER: Bovah — a new grazing Oat for Queensland. Queensland agric. J. **78**, 311—15, Juni 1954.

[197] MILLINGTON, A. J.: Ley farming in the Australian wheat belt. Wld. Crops **9**, 98—102, März 1957.

[198] MOORE, J. H.: The Science and Practice of Grassland Farming. London, Edinburgh, Paris, Melbourne, Toronto und New York 1952: Th. Nelson and Sons LTD.

[199] MOSERT, J. W. C. und C. H. DONALDSON: Veld burning. Observations in the Central Orange Free State. Farming South Africa **32**, Nr. 6, 34—39, Sept. 1956.

[200] MOSS, G. R.: The Waiouru tussock lands. New Zealand J. Agric. **93**, 3—10, 16/7 (1956).

[201] MOUAT, A. H. und A. STUART: Fodder crop production in Otago and Southland. New Zealand J. Agric. **93**, 607—12, 15/12 (1956).

[202] NAUDE, C. P., T. P. PRETORIUS und J. J. NOTHING: Fertilizer and Irrigation Experiments at Upington Agricultural Research Station 1942—52, Sci. Bull. No. 359 (1955).

[203] NENAROKOW, M. I. und M. G. SWESSKIN:*) Die Luzernesorte Pawlowskaja 7. Selektion und Samenzucht **23**, Nr. 6, 59—60, Nov./Dez. 1958.

[204] OGNEW, J. M.*): Mais-Leguminosengemisch für Silage. Ackerbau **6**, Nr. 4, 92—93, April 1958.

[205] OOSTHUIZEN, S. A.: Cowpea hay. Farming South Africa **32**, Nr. 6, 50—52, Sept. (1956.)

[206] ORAM, P. A.: Pastures and Fodder Crops in Rotations in Mediterranean Agriculture. FAO Agric. Development Paper Nr. 57, Rome 1956.

[207] OWENS, E. M.: Grassland production for dairying in New Zealand. J. Brit. Grassland Soc. **12**, 155—56, Sept. 1957.

[208] OYENUGA, V. A.: The composition and agricultural value of some grass species in Nigeria. Emp. J. of Exp. Agric. **25**, 237—55, Juli 1957.

[209] PAASCH, W.: Kosten der Futtermittel. Dt. Landw. **10**, Sonderheft Futterwirtschaft, 11—13 (1959.)

[210] PABOT, H.: Rapport au Governement de Syrie sur l'écologie végétale et ses applications. FAO Report No. 663, Rome (Mimeo) 1957.

[211] PÄTZOLD, H.: Die Entwicklung der Landwirtschaft von Ländern verschiedener natürlicher und ökonomischer Struktur unter dem Einfluß des Kleegrasbaues. Wiss. Z. d. Univ. Rostock, Jg. 4, H. 1, math.-nat. Reihe, 67—110 (1954/55).

[212] PÄTZOLD, H.: Dreijährige Untersuchungen über die Nachfruchtwirkung von Rotklee, verschiedenen Gräsern und Kleegrasgemischen. Z. Acker- u. Pflanzenbau **105**, 50—60, Jan. 1958.

[213] PASPALUM: Queensland agric. J. 78, 149—57, Mai 1954.

[214] PATEL, B. M. und B. G. SHAW: Studies on roughages in Kaira District (Bombay State). Chemical composition of wheat fodder (*Triticum sativum*). Indian J. agric. Sci. **27**, No. 4, 445—50 (1957).

[215] PATEL, G. D.: The Land Problems of Reorganized Bombay State. N. M. Tripathi private LTD. Booksellers, Bombay 1957.

[216] PATIL, B. D.: Reseed the denuded Grassland. Indian Farming **6**, No. 4, 45—47, Juli 1956.

[217] Pâturage et Production Fourragère dans l'Europe des Nord-Ouest 1954: Mission d'Assistance Technique Nr. 123 publié par l'Organ. Eurp. de Coop. Econ. Paris

[218] PEARSE, C. K., A. P. PLUMMER und D. A. SAVAGE: Restoring the Range by Reseeding. Yearbook of Agric., Grass. 227—33. Washington 1948: US Gov. Pr. Office.
[219] PENDERS, J. M. A.: Maßnahmen zur Förderung wirtschaftsschwacher Gebiete der niederländischen Landwirtschaft. Ber. üb. Landwirtschaft, N. F. Bd. **34**, 699—712 (1956).
[220] PENDLETON, J. W., J. A. JACKOBS, F. W. SLIFE und H. P. BATEMAN: Esteablishing legumes in corn. Agronomy J. **49**, 44—48, Jan. 1957.
[221] PENTZ, J. A.: Grasses in Soil and Water Conservation, (S. 712—23) aus „The Grasses and Pastures of South Africa" von D. Meredith, 771 S. Printed in the Union of South Africa by Cape Times Limit. (1955).
[222] PERNU, A.: Finnlands Landwirtschaft. Agrarpolitische Revue **15**, H. 4 (Nr. 134.) 154—69, Dez. 1958.
[223] PETERBURGSKI, A. W.:*) Die Bedeutung des Stickstoffs in der Landwirtschaft der UdSSR. Düngung und Ernte **2**, Nr. 11. 15—25 (1957).
[224] PETERSEN, A.: Die Gräser als Kulturpflanzen und Unkräuter auf Wiese, Weide und Acker. 4. Aufl. 290 S. Berlin 1954: Akademie-Verl.
[225] PETERSEN, A.: Programmatische Ausführungen über eine erweiterte Anwendung des Kleegrassystems und des sideralen Systems. Abhdl. d. Dt. Akad. d. Wissensch. Berlin. Klasse f. Philosophie, Geschichte, Staats-, Rechts- u. Wirtsch. Wissenschaften, Jg. 1955, Nr. 1. 36 S. (1955).
[226] PETERSEN, A.: Grünland und Ackerfutterbau. Lehrbriefe für das Fernstudium (1957).
[227] PETERSEN, A.: Das Grünland in der Deutschen Demokratischen Republik. Vortrag, Internat. Grünlandtagung Berlin, 16./17. 6. (1958.)
[228] PIENAAR, C. J.: Grasslucerne. A valuable Ley and Pasture Crop. Farming South Africa 33, Nr. 8, 49—54, Nov. 1957.
[229] PLOWES, D. C. H.: The seasonal variation of crude protein in twenty common veld grasses at Matopos, Southern Rhodesia, and related observations. Rhod. agric. J. **54**, 33—55, Jan./Febr. 1957.
[230] POHJAKALLIO, O. und A. SALONEN: Orientoitumisvaiheen tulokset Muddusniemen koetilan nurmikasvitutkimuksissa. J. sci. agric. Soc. Finland 28, 1—47 (1956).
[231] PÖHLS, E.: Die moderne Heuwerbung unter Berücksichtigung der besonderen Verhältnisse Mecklenburgs. Wiss. Z. d. Univ. Rostock, math.-nat. Reihe **7**. 465—72 (1958).
[232] POLOWITZKI, I. Ja.:*) Beispiele der Ertragssteigerung im Nordkasachischen Gebiet. Nachr. landwirtsch. Timirjasew-Akad. Nr. 3, 53—62. (1956).
[233] Potatoe yield increases on subterranean clover land. Agric. Gaz. New South Wales **65**, 565—66, Nov.
[234] PRJANISHNIKOW, D. N.: Der Stickstoff im Leben der Pflanze und im Ackerbau der UdSSR. 203 S. Berlin 1952: Akad.-Verlag.
[235] PURCHASE, H. F.: Effective nodulation Vs. bag nitrogen in growth of subterranean clover. J. Austral. Inst. agric. Sci. **24**, 35—38, März 1958.
[236] QUIGG, J. B.: Government Assistance to Farmers in the United Kingdom. New Zealand J. Agric. **95**, 133—37, 15/8 (1957).
[237] RENIUS, W.: Gründüngung zu Kartoffeln mit Klee und Kleegras. Kartoffelbau **9**, 18—19, Jan. 1958.
[238] RENSBURG, H. J. van: Land usage in semi-arid parts of Tanganyika. East African agric. J. Kenya, Tanganyika, Uganda, Zanzibar **20**, 247—53, April 1955.
[239] RENSBURG, H. J. van: Run-off and soil erosion tests, Mpwapwa, Central Tanganyika. East African agric. J. Kenya, Tanganyika, Uganda, Zanzibar **20**, 228—31, April 1955.

[240] RENSBURG, H. J. van: Commparative values of fodder plants in Tanganyika. East African agric. J. Kenya, Tanganyika, Uganda, Zanzibar **22**, 14—19, Juli 1956.

[241] Report of the Farm Production Statistics of New Zealand 1953/54. Wellington 1955.

[242] REYNOLDS, D. G.: Temporary pasture mixtures in North Otago. New Zealand J. Agric. **93**, 469—71, 15/11 (1956).

[243] REYNOLDS, D. G.: Improvement of high-country tussock land in the Omarama District. New Zealand J. Agric. **94**, 132—33, 15/2 (1957).

[244] RICKARD, D. S.: Irrigation in Canterbury. New Zealand J. Agric. **93**, 487, 15/11 (1956).

[245] ROBERTSON, W. G.: Row lucerne for grazing. Queensland agric. J. **79**, 131—38, Sept. 1954.

[246] ROBINSON, G. S.: Chou moellier is reliable summer and autumn forage crop. New Zealand J. Agric. **91**, 591—93, 15/12 (1955).

[247] ROBINSON, G. S. und M. W. CROSS: Overdrilling pumice pastures. New Zealand J. Agric. **95**, 283, 285, 287—88, 16/9 (1957).

[248] ROBINSON, J. B. D., H. R. EVANS und T. R. BROOK: Camber Bed Cultivation of Ground-Water (Vlei) Soils. I. Experimental Crop Yields. East African agric. J. Kenya, Tanganyika, Uganda, Zanzibar **24**, Nr. 3 184—91, Jan. 1959.

[249] ROEMER, Th. und F. SCHEFFER: Lehrbuch des Ackerbaues. 3. Aufl. 484 S. Berlin 1949: Verl. Parey.

[250] ROWLAND, J. W.: Pasture improvement in the high rainfall maize growing areas in Southern Rhodesia. Rhodesia agric. J. **54**, 73—81, Jan./Febr. 1957.

[251] RÜBENSAM, E. und K. STEINBRENNER: Über den Einfluß der Beregnung auf den Ertrag einiger landwirtschaftlicher Kulturpflanzen bei hoher mineralischer N-Düngung. Albrecht Thaer Archiv, 4. H. 7, 507—25 (1960).

[252] RUSSELL, E. J.: Soil Conditions and Plant Growth. 8. Edition, New Impression 1953. London, New York, Toronto 1953: Longmans, Green and Co.

[253] RUSSELL, J. S.: Nitrogen Fertilizer in Australian Agriculture. J. Austral. Inst. agric. Sci. **23**, 110—19, Jan. 1957.

[254] RUTHENBECK, H. F.: Die Entwicklung der Landwirtschaft in Japan, Indien und China. Ber. üb. Landwirtschaft N. F. Bd. 36, H. 2, 421—58 (1958).

[255] RYSHOW, Ss. N. und I. A. DORMAN *): Die Fruchtbarkeit bewässerter Böden in Mittelasien bei Monokultur der Baumwolle und beim Anbau in der Fruchtfolge. Bodenkunde **9**, 34—36 (1956).

[256] SAXBY, S. H.: The history of subterranean clover in New Zealand. New Zealand J. Agric. **92**, 518—28, 15/6 (1956).

[257] SCHALLER, F. W. und W. E. LARSON: Effect of wide spaced corn rows on corn yields and forage establishment. Agronomy J. **47**, 271—76, Juni 1955.

[258] SCHAEFER, W.: Die betriebswirtschaftlichen Grundlagen der englischen Landwirtschaft. AID-Heft 44 (1954).

[259] SCHICK, R.: Der Ackerfutterbau unter besonderer Berücksichtigung des Maises. Dt. Landw. **10**. Sonderheft Futterwirtschaft 26—30 (1959).

[260] SCHICKELE, R.: Die Weidewirtschaft in den Trockengebieten der Erde. Schrift. Reihe d. Inst. f. Weltwirtschaft u. Seeverkehr a. d. Univ. Kiel. Jena 1931: Verl. Gustav Fischer.

[261] SCHILLER, O.: Die Leistungen der sowjetischen Viehwirtschaft. Agrarwirtschaft **7**, H. 3, März 1957.

[262] SCHOKOLSKAJA, S. Ju.: Die Böden Afrikas. Berlin 1953: Akademie-Verlag.

[263] SCHRÖDER, C. A.: Irrigated pasture all over the year. Queensland agric. J. **84**, No. 11, 639—42 (1958).

[264] SCHRÖDER-LEMBKE, G.: Die Einführung des Kleegrasbaues in Mecklenburg (Manuskript).

[265] SCHWERDTFEGER, G.: Arbeitsproduktivität und Grünlandanteil. Tierzüchter, Grünland, Jg. 7, Nr. 1, Jan. 1958.
[266] SCHWERZ, J. N. von: Anleitung zum praktischen Ackerbau. Stuttgart und Tübingen 1823: Cotta'sche Buchhandl.
[267] SCOTT, J. D.: Principles of Pasture Management (S. 601—23) aus „The Grasses and Pastures of South Africa" v. D. Meredith, 771 S. Printed in the Union of South Africa by Cape Times Lim. (1955).
[268] SEMPLE, A. T.: Improving the Worlds Grasslands. 147 S. London 1952: Leonard Hill Ltd. 9. Eden Street.
[269] SIMMONS, K. V.: Establishment of legumes sown with rice. Agric. Gaz. New South Wales **68**, 198—99, 217, April 1957.
[270] SIMMONS, K. V. und C. R. HOOD: Sweet corn growing on the Murrumbidgee Irrigation Area. Agric. Gaz. New South Wales **68**, 453—60, Sept. 1957.
[271] SILBAUGH, J. F.: Lay off the grass. Agric. Res. **3**, Juli 1954.
[272] SIMON, U.: Weitere Versuche mit Alexandrinerklee, Italienischem Rotklee und deren Gemengen mit Welschem Weidelgras. Bayer. landwirtsch. Jb. **34**, 609—16. (1957).
[273] SINUA, S. M. und N. S. R. N. DEY: Suitability of some introduced legumes in Indian agriculture. Allahabad Farmer **30**, 186—98, Sept. 1956.
[274] SIOLI, H.: Betrachtungen über den Begriff „Fruchtbarkeit" eines Gebietes anhand der Verhältnisse in Böden und Gewässern Amazoniens. Fo. u. Fortschritte **28**, H. 3, 65—72 (1954).
[275] SIOLI, H.: Die Bedeutung der Limonologie für die Erforschung wenig bekannter Großräume zu praktischen Zwecken anhand der Erfahrungen im Amazonasgebiet. Fo. u. Fortschritte **29**, H. 3, 73—86 (1955).
[276] SKERMAN, P. J.: Bullamon lucerne — a plant worth watching. J. Austral. Inst. agric. Sci. **23**, 337—39, Dez. 1957.
[277] SKIBBE, B.: Agrarwirtschaftsatlas der Erde. 248 S. Gotha 1958: Haack.
[278] SNEVA, F. A., D. N. HYDER und C. S. COOPER: The influence of ammonium nitrate on the growth and yield of crested wheatgrass on the Oregon High Desert. Agronomy J. **50**, 40—44, Jan. 1958.
[279] STAMP, L. D.: The Land of Britain, its use and misuse. London 1950: Longmans, Green and Co.
[280] Statistik Årsbok för Finland: Suomen Tilastollinen Vuosikirja. publ. by the Central Statistik Office Helsinki 1955.
[281] Statistik der UdSSR: Moskau (Orig. russisch) 1957.
[282] Statistisches Jahrbuch der DDR: 1959, 5. Jg. Berlin 1960: VEB Dt. Zentralverlag.
[283] Statistisches Jahrbuch über Ernährung, Landwirtschaft und Forsten: 1956. Hamburg, Berlin 1957: P. Parey.
[284] STEEN, E.: Fran exploatering till markvard i svensk betesdrift (From soil exploitation to soil improvement in Swedish pasture management). Växt-närings-Nytt **14**, No. 4, 19—22 (1958).
[285] STRANGE, R.: Forage legumes for medium altitudes in Kenya. East African agric. J. Kenya, Tanganyika, Uganda, Zanzibar **20**, 221—24, April 1955.
[286] STRANGE, R.: Observations on the Growth of nonirrigated Lucerne. East African agric. J. Kenya, Tanganyika, Uganda, Zanzibar **24**, No. 3, 171—73, Jan. 1959a.
[287] STRANGE, R.: A comparison between Russian Comfrey and Lucerne. East African agric. J. Kenya, Tanganyika, Uganda, Zanzibar **24**, No. 3, 203—05, Jan. 1959b.
[288] STRINGFIELD, G. H. und M. S. ANDERSON: Maize in the USA. Wld. Crops **10**, 87—91, März (1958).
[289] SWINARJOW, W. I. und P. W. GONTSCHAROW: *) Saaten nach Rückgang der Frühjahrsüberschwemmung und Stoppelsaaten im Wolgadelta. Mais **4**, Nr. 1, 48—49, Jan. 1959.

[290] SYMONS, J.: Developing tussock grassland in Waimate county with topdressing and oversowing. New Zealand J. Agric. **92**, 486—91, 15/5 (1956).

[291] TAYLOR, C. R.: Oversowing short-rotation ryegrass into pumice pastures in Rotorua district. New Zealand J. Agric. **92**, 357—62, 16/4 (1956).

[292] TEAKLE, J. H.: Pasture farming at Biloela regional experiment Station. Queensland agric. J. **79**, 17—23, Juli 1954.

[293] THERON, J. J.: The Recuperation of Soils under Grass (S. 697—711) aus: ,,The Grasses and Pastures of South Africa" v. D. Meredith, 771 S. Printed in the Union of South Africa by Cape Times Limit. (1955).

[294] THOMAS, B. und C. B. FAIRBAIRN: The white bent *(Nardus stricta)*: Its composition, digestibility and probable nutritive value. J. Brit. Grassland Soc. **11**, 230—34, Dez. 1956.

[295] THOMPSON, R. K. und A. D. DAY: Spring oats for winter forage in the Southwest. Agronomy J. **51**, 9—12, Jan. 1959.

[296] TODD, C. T.: Production of lucerne in Kenya. Fertilizer Feeding Stuffs J. **46**, 22—23, 2/1 (1957).

[297] TOIT, J. S. J. du: Rotations under irrigation. Farming South Africa **32**, Nr. 3. 54—56, 73—75. Juni 1956.

[298] TOMANEK, G. W. und F. W. ALBERTSON: Variations in cover, composition, production, and roots of vegetation on two prairies in Western Kansas. Ecolog. Monogr. **27**, 267—81, Juli 1957.

[299] VAGELER, P.: Grundriß der tropischen und subtropischen Bodenkunde. 217 S. Berlin 1930: Verlagsges. f. Ackerbau m.b.H.

[300] VAGELER, P.: Zur Bodengeographie Algeriens. Ergänzungsheft zu ,,Petermanns Geographischen Mitt." herausg. v. E. Neef. Gotha 1955: H. Haack.

[301] VALLE, O.: Die Entwicklung des finnischen Pflanzenbaues nach dem zweiten Weltkrieg. Maataloustieteellinen Aikakauskirja J. Sci. agric. Soc. Finland **29**, 167—76 (1957).

[302] VÁSQUEZ, L. Néstor: *) Pastos mejorados. Agric. trop. 369—71, Juni, Bogota 1957.

[303] VETTER: Die Wirkung der Ernterückstände. Mitt. der DLG **70**, 126—30, 10/2 (1955).

[304] VICENTE-CHANDLER, J., SERVANDO SILVVA und JACINTO FIGARELLA: The Effect of Nitrogen Fertilization and Frequency of Cutting on the Yield and Composition of three tropical Grasses. Agron. J. **51**, No. 4, 202—06, April 1959.

[305] VIRTANEN, A. J.: Über die Stickstoffernährung der Pflanzen. Sond. Abdruck aus den ,,Annales Academiae scientiarum Fennicae", Seria A, Tom XXXVI, U 12, Helsinki: 27 S. (1933).

[306] VIRTANEN, A. J.: Biological N-Fixation. Proc. of the 3. Intern. Congress of Biochemistry, Brussels 1955, Academie Press Inc. Publ. New York. 425—33 (1956).

[307] VOISIN, A.: Grazing management in Northern France. J. Brit. Grassland Soc. **12**, 150—54, Sept. 1957.

[308] VOSSCHMIDT, Th.: Die finnische Landwirtschaft und ihr Genossenschaftswesen. Ber. üb. Landwirtschaft N. F. Bd. **34**, 735—61 (1956).

[309] WACKER, G.: Der mehrjährige Kleegrasbau auf feinkörnigen, grundwassernahen Sandböden. Wiss. Z. d. Univ. Rostock, math.-nat. Reihe, Jg. 5, H. 1 (1955/56).

[310] WACKER, G.: Die Niedermoordauerwiese, ein Hemmnis bei der Entwicklung der Rindviehwirtschaft. Dt. Landwirtschaft Jg. 10, H. 6, 292—95. (1959).

[311] WACKER, H.: Die künstliche Grünfuttertrocknung in Deutschland. Kurzber. f. Landwirtsch. u. Ernährung, Lfg. 6,683 (1957).

[312] WACKER, H. und G. KÜNNEMANN: Mengenerträge und Qualitäten an Trockengrünfutter durch Junggraserzeugung auf dem Dauergrünland. Z. Acker- u. Pflanzanbau **105**, 19—32, Jan. 1958.

[313] WAHLEN, F. T.: Landwirtschaft in USA, der Sowjetunion und in Westeuropa. Agrarpol. Revue **14**, (Nr. 129), H. 9, 357—68, Mai 1958.
[314] WALKER, T. W.: The nitrogen cycle in grassland soils. J. Sci. Food Agric. **7**, 66—72, Jan. 1956.
[315] WALKER, T. W.: The use of fertilizers in New Zealand. Agric. Rev. **3**, No. 1, 10—17, Juni 1957.
[316] WALKER, T. W., A. P. ADAMS und H. D. ORCHISTON: The effects and interactions of sulphur, phosphorus, and molybdenum on the growth and composition of clovers. New Zealand J. Sci. Technol. Sect. **36**, 470—82, Febr. 1955.
[317] WALLIN, D. E.: Establishing Paspalum in irrigated pastures. Agric. Gaz. New South Wales **68**, 294—97, Juni 1957.
[318] WALTER, H.: Die Vegetation Osteuropas. 2. Aufl., 180 S. Berlin 1943: Verlag Parey.
[319] WALTER, H.: Einführung in die Phytologie. Bd. III Grundlagen der Pflanzenverbreitung. 525 S. Stuttgart 1951: Verl. Eugen Ulmer.
[320] WALTER, H.: Die Verbuschung, eine Erscheinung der subtropischen Savannengebiete und ihre ökologischen Ursachen. Vegetatio, Acta Geobotanica **5**, 6—11 (1954).
[321] WARING, E. J. und H. R. RICHARDSON: Pasture experiments at Hawkesbury Agricultural College. Agric. Gaz. New South Wales **65**, 2—4, 45—46, Jan. 1954.
[322] WEINMANN, H.: The Chemistry and Physiology of Grasses (S. 571—610) aus „The Grasses and Pastures of South Africa" v. D. Meredith. 771 S. Printed in the Union of South Africa by Cape Times Limit. (1955).
[323] WEINSCHÄNK, G. und J. TRILLHAAS: Probleme der Intensivierung in nordwestdeutschen Futterbaubetrieben. Agrarwirtschaft **7**, H. 12, 387—96, Dez. 1958.
[324] WETZEL, M.: Der Futterroggen, die Futterroggengemische und die sonstigen Futtergemische des Winterzwischenfutterbaues als Lieferanten von Futter und Wurzeln. Wiss. Z. d. Univ. Rostock, math.-nat. Reihe **7**, 89—166 (1957/58).
[325] WHITEHEAD, R. S.: Development of deteriorated hill country. New Zealand J. Agric. **88**, 47, 15/1 (1954).
[326] WHYTE, R. O.: International Development of Grazing and Fodder Resources. II. The Study and Interpretation of Vegetation. J. Brit. Grassland Soc. **12**, 217 — 27, Sept. 1957.
[327] WHYTE, R. O.: International Development of Grazing and Fodder Resources. V. India. J. Brit. Grassland Soc. **13**, Nr. 3, 203—23, Sept. 1958.
[328] WILLIAMS, O. B.: Studies in the ecology of the Riverine Plain. II. Plant soil relationships in three semiarid grasslands. Austral. J. agric. Res. **7**, 127—39, März 1956.
[329] WILJAMS, W. J.: Über das Trawopolnaja-System der Landwirtschaft. Berlin 1951: Verl. Kultur und Fortschritt.
[330] WILSON, A. S. R. und T. J. LANSBURY: Centrosema pubescens, ground cover and forage crop. in cleared rain forest in Ghana. Emp. J. Exp. Agric. **26**, 104, 351—64 (1958).
[331] WOJAHN, E.: Ein Beitrag zur Wechselnutzung auf Niederungsmoor. Wiss. Z. d. Univ. Rostock, math.-nat. Reihe **5**, H. 2 (1955/56).
[332] WOOLFOLK, E. J., D. F. COSTELLO und B. W. ALLRED: The Major Range Types. Yearbook of Agriculture, Grass, S. 205—11. Washington 1948: US Gov., Pr. Office.
[333] YATES, J. J.: Seed-setting in subterranean clover *(Trifolium subterraneum* L.) II. Strain-environment interactions in single plants. Austral. J. agric. Res. **9**, 754—66, Nov. 1958.

*) Die Arbeiten der mit diesem Zeichen versehenen Autoren wurden nicht im Original eingesehen, sondern aus dem Landwirtschaftlichen Zentralblatt entnommen.

SACHREGISTER

VERZEICHNIS DER LATEINISCHEN PFLANZENNAMEN

AUTORENVERZEICHNIS

FSC
www.fsc.org
MIX
Papier | Fördert gute Waldnutzung
FSC® C083411

Kolibri 360 GmbH
Ferdinand-Jühlke-Straße 7
99095 Erfurt, Deutschland
produktsicherheit@kolibri360.de